郝家礼 | 编著

海水观赏鱼1000种

图鉴珍藏版

中国农业出版社

图书在版编目（CIP）数据

海水观赏鱼1000种图鉴珍藏版 / 郝家礼编著. —北京：中国农业出版社, 2014.1（2019.6重印）
ISBN 978-7-109-18582-1

Ⅰ. ①海… Ⅱ. ①郝… Ⅲ. ①海产鱼类－观赏鱼类－鱼类养殖－图集 Ⅳ. ①S965.8-64

中国版本图书馆CIP数据核字(2013)第267715号

中国农业出版社出版
（北京市朝阳区麦子店街18号楼）
（邮政编码 100125）
责任编辑 姚佳

北京中科印刷有限公司印刷 新华书店北京发行所发行
2015年6月第1版 2019年6月北京第3次印刷

开本：787mm×1092mm 1/16 印张：22
字数：546千字
定价：98.00元

写在前面

Haishui Guanshangyu 1000 Zhong Tujian Zhencangban

一、鱼类的分类和命名

全世界的鱼类大约有2万种，对同一种鱼各地都有不同的叫法，显得非常混乱，所以必须要对鱼类进行统一的、科学的、系统的分类。科学家们不只对鱼类进行了分类，而是对所有的生物都进行了分类。生物的分类是按照血缘关系、形态、生态、生理以及化石演化关系分门别类进行的。生物的分类由7个等级（阶元）组成，即:界—门—纲—目—科—属—种。每一个阶元下面又包含一个或多个下一等级的阶元。这样就可以将众多的、繁杂的生物，非常系统地排列起来。世界上通用拉丁文命名，这样每种鱼在全世界就有了一个统一的名称。例如：“*Acanthurus achilles*”翻译成中文名就是亚氏刺尾鱼，拉丁名采用的是双名制，前面的“*Acanthurus*”是属名，后面的“*achilles*”为种名。

二、鱼类的形态特征

1. 鱼类的形态

2. 鱼体区域划分

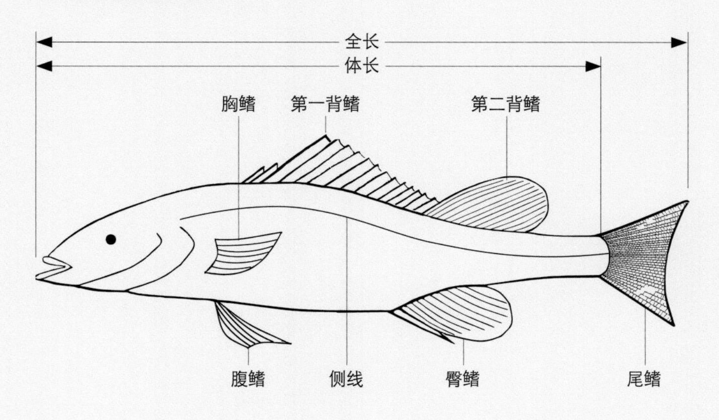

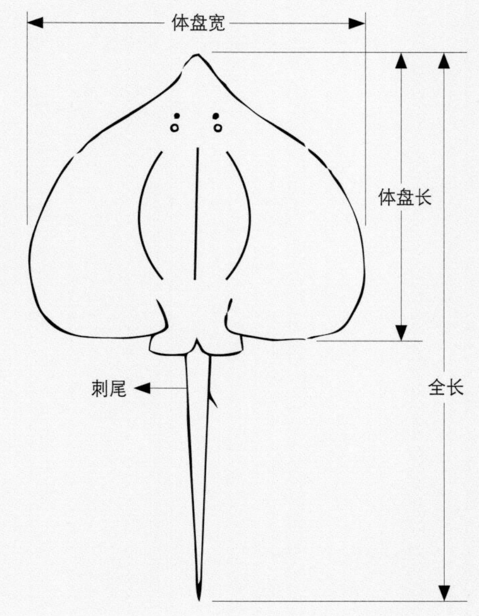

3. 斑纹

横纹（与脊椎垂直的纹）

纵纹（与脊椎平行的纹）

4. 尾鳍

尾鳍是鱼类分类的重要标准之一，除海马、魟、黄鳝等鱼类外，绝大多数鱼类都有尾鳍，鲨、鲟的尾鳍上下叶不对称，被称之为歪尾型；相反，上下叶对称的尾鳍称之为正尾型。正尾形又分为多种形状。

（1）正尾形。

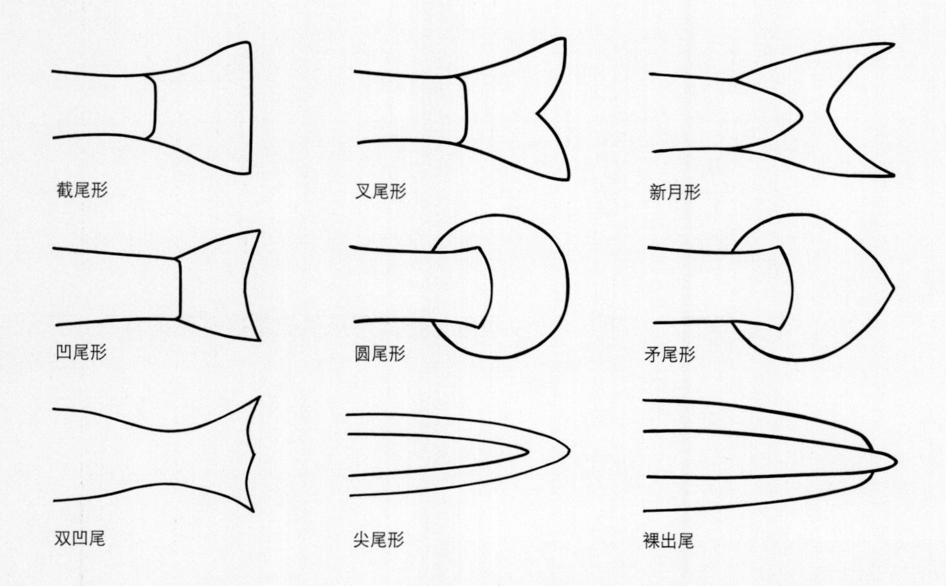

（2）歪尾形。

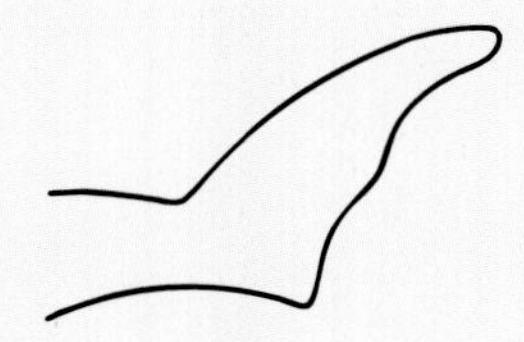

三、栖息环境

自然界的一切生物都有其特定的生活环境，都有各自要求的适宜的环境条件，环境决定着这些生物的形态、生理、行为和生活方式。

生活在不同环境里的鱼类具有不同的习性，我们在饲养不同生境的鱼类时，要为鱼类创造不同的环境条件，有的要铺沙、有的要制造洞穴、有的要制造强劲的水流、有的需要明亮的光照、有的需要昏暗的条件，这样它们才会生活得更好。

环境的突然改变，会引起鱼类的应激反应。鱼类的应激反应可分为两个阶段，第一阶段从进入水族箱的几秒钟开始（实际上早在被捕获的那一刻起，就已经进入应激状态了），具体表现为惊慌和无休止地游泳。几十分钟以后鱼类开始第二阶段的应激反应，它们往往扎在水族箱角落或洞穴中，当身体实实在在地接触到固体物质时，才会有安全感。鱼类在比较温和的应激原作用下，可以通过调节机体的代谢和生理机能逐步适应，使鱼体达到一个新的平衡状态，这就需要水族箱里有足够多的洞穴或足够厚的底沙，同时给予昏暗和安静的环境。如果应激原过于强烈，持续时间又很长，鱼类会因能量耗尽，抵抗力下降，疾病暴发而死亡，特别是白点病，会突然爆发。

四、食性

鱼类要生存以及繁育后代，就必须不断地从外界摄取食物，不同的生活环境存在着不同的饵料生物，鱼类总是首先摄取最容易获得的食物，这样就可以以最小的成本获取最大的利益。祖祖辈辈长期摄食这种（或这类）食物的结果，便形成了鱼类的食性。同时，也使鱼类在生理上发生了适应性变化，例如口的形状、消化系统的演化、鱼类的行为、鱼类的性格，等等。鱼类的饵料大体上可以分为三类：最喜欢吃的、比较喜欢吃的和不喜欢吃的。鱼类总是首先选择它最喜欢吃的食物，当这种食物不能完全满足需要的时候，它会选择那些比较喜欢吃的食物，当比较喜欢的食物也不能满足的时候，迫不得已它才会去吃那些不喜欢的食物。

市场上出售的各种各样的人工饵料都可以喂鱼，但都不是鱼类最喜欢吃的食物，甚至连比较喜欢的食物都算不上。只有投喂多种多样的新鲜饵料和活饵料，鱼类才能健康地生长，才会出现鲜艳的体色，所以，要不断更换饵料的种类，做到五味令“鱼”口爽。丰年虫和糠虾都是鱼类的良好饵料。

热带观赏鱼中的孔雀鱼和红剑原本是生活在海淡水交界处的河口鱼类，它们既可以生活在淡水中，也可以生活在海水中。用刚出生的孔雀或红剑的幼鱼喂海水鱼是非常好的开口饵料和日常饲料。

五、鱼类的性格

食性决定鱼类的性格，性格决定鱼类的行为。在自然界中，凶猛地鱼类不会经常吃到食物，每次获得的食物都是经过激烈厮杀与搏斗的结果，但只要吃到一次食物，就可以在相当长的一段时间内不再吃食；温和性鱼类不需要搏斗与厮杀就可以得到食物，这些鱼类的食物细小，营养价值相对较低，它们需要不间断地摄食，甚至边吃边拉。在海洋中植物的种类和数量远远少于动物的种类和数量，因此，海水鱼中没有真正意义上的素食主义者。

自然界的规律就是大鱼吃小鱼，小鱼吃虾米（但也不尽然）。只有你相当了解了鱼类的性格以后，才能知道鱼类与鱼类、鱼类与无脊椎动物、无脊椎动物相互之间的利害关系，把没有食物链关系的生物放在一起，才能使它们和谐相处在同一个水族箱中。

六、 海水中的金属元素

水里面溶解有许多金属元素，这些金属元素是水生动植物不可或缺的营养元素，同时又对鱼类的鳃及黏膜组织具有很大的毒害作用，在自然界中腐殖质、细菌及其分泌物是很好的螯合剂，它们可以把金属元素严严实实地包裹起来，这样水生动植物既可以吸收、利用这些金属元素，又不会对其造成伤害。在配制人工海水时所使用的人工海盐，其金属元素也都是裸露的，同样对鱼类和海洋无脊椎动物具有毒害作用，当配好海水以后放入活石、打开灯光，细菌、真菌、原生动物以及藻类就会爆发生长，称之为“爆藻”，其目的就是培养天然螯合剂，把金属元素包裹起来（如果不放活石，细菌也会繁殖起来，而且水族箱会显得更干净，只不过时间会长一些）。爆藻时，在水族箱缸壁、活石等物体上会发现一层滑滑的黏膜，这层黏膜是由细菌、真菌以及原生动物组成的小的生态系统，称其为生物膜。生物膜形成后，会吸收海水中有机和无机污染物为自身营养并繁殖后代，从而达到净化水质的目的。此时的生物膜由好氧菌组成，生物膜在繁殖的过程中会不断加厚，当厚度达到2mm时，内层的生物膜由于缺氧的缘故逐渐被厌氧菌取代。生物膜不断地加厚，由一层变为两层，内层的厌氧菌将大量的代谢物透过外层的好氧菌排到海水中，因而使外层的好氧菌受到破坏而脱落，此时的厌氧菌处在氧气充足的环境中，故而也开始脱落，这一过程被称之为生物膜的老化。老化的生物膜脱落之后还会形成新的生物膜并开始下一个循环。生物膜是鱼类的良好饵料，所以，擦缸时最好留下一面不擦。脱落的好氧性生物膜并没有死去，如果把它们收集起来单独放在一个容器中，不使之附着在其他物体上，让它们在海水中不断翻滚，只要海水中有充足的营养和适宜的温度，它们便能很好地繁殖起来。这些没有附着在其他物体上的、没有形成膜的微生物群体，称为"活性污泥"，具有很强的净化水质的作用。乙二胺四乙酸二钠是一种很好的螯合剂，如果时间紧迫，在配制人工海水时，按与海盐对等的分子量加入适量的乙二胺四乙酸二钠，开启水泵只要水族箱里的海水交换一次，就可以把金属盐类完全包裹起来，可以省去爆藻的过程。

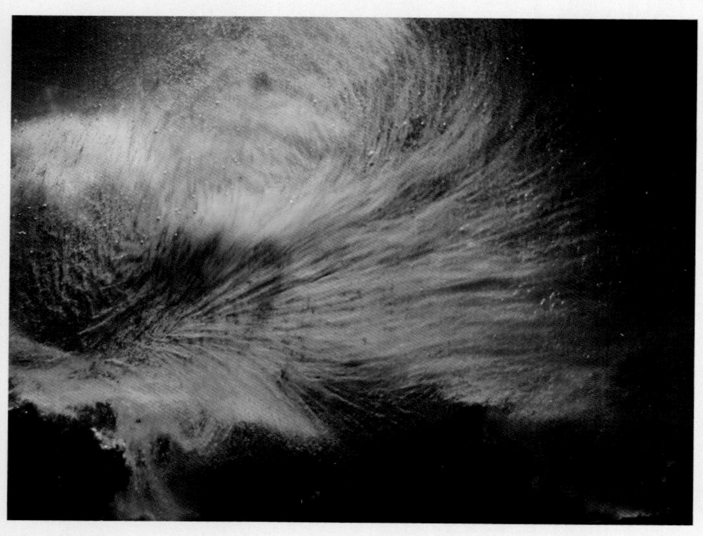

藻类大量爆发

七、 海水的盐度和比重

每千克海水中所含无机盐的总量叫做海水盐度，用"‰"表示。测量海水盐度的方法比较复杂，因此，常用比重计测量海水的比重。

海水密度是指单位体积海水的质量，用"kg/m^3"表示。在1个标准大气压力下，海水密度与3.98℃蒸馏水密度的比值，叫做海水的比重。虽然海水密度与海水比重是两个不同的概念，但二者的数值是一样的，习惯上人们常使用海水比重。海水比重有一个特征：在盐度不变的情况下，当温度降低时比重就会增加；相反，当温度升高时比重就会降低。所有关于海水养殖的书籍中，所标注的海水比重，都是在1个标准大气压和15℃条件下设定的，这一点在日常水质量管理中要特别提请注意。

大洋中的平均盐度为35‰，由于蒸发、降水、洋流等因素的干扰，不同纬度、不同海域的盐度有所不同。饲养赤道附近的鱼类时，盐度为28‰，海水比重1.022；饲养红海及阿拉伯湾的鱼类时，盐度为39‰，海水比重1.030；饲养温带鱼类时，盐度为31‰，海水比重1.024。

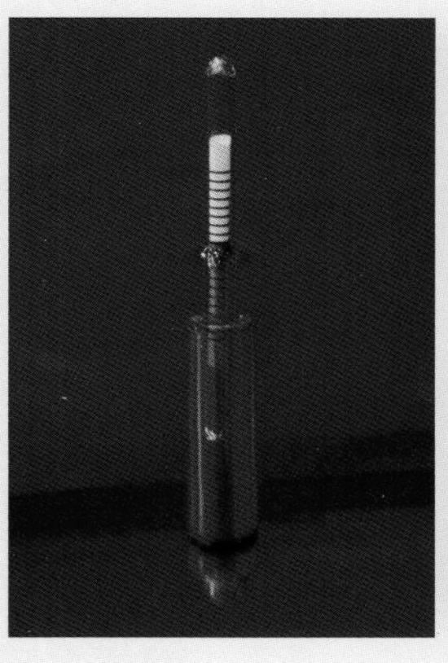
浮漂式比重计

指针式比重计

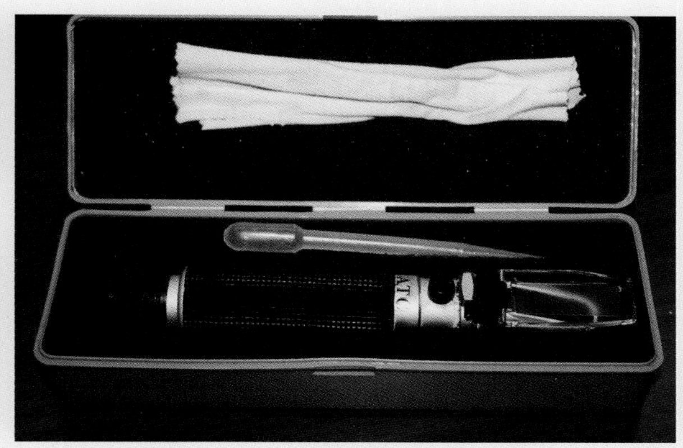

光学比重计

为了方便读者，现将不同温度下海水比重与盐度的关系介绍如下：

15℃时，海水比重、盐度对照表

比重	盐度‰	比重	盐度‰
1.017	21.70	1.024	30.70
1.018	23.00	1.025	32.00
1.019	24.30	1.026	33.40
1.020	25.50	1.027	34.70
1.021	26.80	1.028	36.00
1.022	28.10	1.029	37.30
1.023	29.40	1.030	38.70

20℃时，海水比重、盐度对照表

比重	盐度‰	比重	盐度‰
1.017	22.90	1.024	32.10
1.018	24.20	1.025	33.40
1.019	25.50	1.026	34.70
1.020	26.90	1.027	36.00
1.021	28.20	1.028	37.40
1.022	29.50	1.029	38.80
1.023	30.80	1.030	40.10

21℃时，海水比重、盐度对照表

比重	盐度‰	比重	盐度‰
1.017	23.30	1.024	32.40
1.018	24.60	1.025	33.80
1.019	25.90	1.026	35.10
1.020	27.20	1.027	36.40
1.021	28.60	1.028	37.70
1.022	29.90	1.029	39.10
1.023	31.20	1.030	40.40

22℃时，海水比重、盐度对照表

比重	盐度‰	比重	盐度‰
1.017	23.60	1.024	32.80
1.018	25.00	1.025	34.10
1.019	26.30	1.026	35.40
1.020	27.60	1.027	36.80
1.021	28.90	1.028	38.10
1.022	30.20	1.029	39.50
1.023	31.50	1.030	40.80

23℃时，海水比重、盐度对照表

比重	盐度‰	比重	盐度‰
1.017	23.80	1.024	33.10
1.018	25.30	1.025	34.40
1.019	26.60	1.026	35.70
1.020	27.90	1.027	37.20
1.021	29.20	1.028	38.50
1.022	30.50	1.029	39.80
1.023	31.80	1.030	41.10

24℃时，海水比重、盐度对照表

比重	盐度‰	比重	盐度‰
1.017	24.20	1.024	33.50
1.018	25.60	1.025	34.80
1.019	26.90	1.026	36.10
1.020	28.30	1.027	37.50
1.021	29.60	1.028	38.80
1.022	30.90	1.029	40.10
1.023	32.20	1.030	41.20

25℃时，海水比重、盐度对照表

比重	盐度‰	比重	盐度‰
1.017	24.60	1.024	33.90
1.018	25.90	1.025	35.20
1.019	27.20	1.026	36.50
1.020	28.60	1.027	37.80
1.021	29.90	1.028	39.10
1.022	31.20	1.029	40.40
1.023	32.60	1.030	—

26℃时，海水比重、盐度对照表

比重	盐度‰	比重	盐度‰
1.017	25.00	1.024	35.60
1.018	26.30	1.025	36.90
1.019	27.60	1.026	36.90
1.020	29.00	1.027	38.20
1.021	30.30	1.028	39.50
1.022	31.60	1.029	40.80
1.023	33.00	1.030	—

27℃时，海水比重、盐度对照表

比重	盐度‰	比重	盐度‰
1.017	25.30	1.024	34.60
1.018	26.60	1.025	36.00
1.019	28.00	1.026	37.30
1.020	29.30	1.027	38.60
1.021	30.60	1.028	39.90
1.022	31.90	1.029	41.20
1.023	33.30	1.030	—

28℃时，海水比重、盐度对照表

比重	盐度‰	比重	盐度‰
1.017	25.70	1.024	35.10
1.018	27.00	1.025	36.40
1.019	28.40	1.026	37.70
1.020	29.70	1.027	38.60
1.021	31.00	1.028	39.90
1.022	32.30	1.029	41.30
1.023	33.70	1.030	—

29℃时，海水比重、盐度对照表

比重	盐度‰	比重	盐度‰
1.017	26.10	1.024	35.50
1.018	27.40	1.025	36.80
1.019	28.80	1.026	38.10
1.020	30.10	1.027	39.40
1.021	31.40	1.028	40.70
1.022	32.70	1.029	—
1.023	34.00	1.030	—

八、水温

鱼类和海洋无脊椎动物都是变温动物，它们的体温会随环境温度的变化而变化。但是，这种适应环境的能力是十分有限的。河口鱼类属于广温性鱼类，它们能够适应相对较大的温度变化，而珊瑚礁鱼类则属于狭温性鱼类，不能适应较大的温度变化。无论广温性鱼类还是狭温性鱼类，都不能接受突然的温度变化。

全世界的海洋连成一片，理论上鱼类可以到处活动，但实际除了个别鱼类在全球分布之外，绝大多数鱼类只分布在一定的区域范围内，限制鱼类到处活动（特别是南北活动）的唯一因素就是水温。

水族箱的水温应控制在26℃，昼夜温差不超过1℃。

九、光照

光源在单位时间内发出的光量称作“光通量”，单位为lm（流明）。光量在一定的立体角度中发射的光通量称为发光强度，单位为cd（坎德拉）。单位面积上受到光通量照射，所产生的光照度称为光出射度，单位为lx（勒克斯）。1lm的光通量均匀地照射在1米^{2}的平面上，所产生的光出射度为1lx。

金属卤素灯是在高压汞灯的基础上，添加了各种各样的金属卤化物而制造出来的，根据添加的金属卤化物的种类和比例，可以制造出上万种不同光色的灯具。

钠铊铟灯：色温6 000K，显色指数60~65，光效75~80lm/W；

镝灯（俗称小太阳）：色温6 000K，显色指数85~90，光效80lm/W；

卤化锡灯：色温5 000K，显色指数92~94，光效50~60lm/W。

在实践中，强光带的珊瑚每升海水需要60~70lm的光通量，正好与金属卤素灯每瓦的光效大致相符，因此，我们在为水族箱配置灯具时，只要计算好水族箱的容水量，然后每升海水配制1W的金属卤素灯就可以了。在设计珊瑚造景时，将强光珊瑚（脑珊瑚、纽扣等）放在上面，中光珊瑚（香菇、尼罗河、闪千手、笙珊瑚等）放在中层，弱光珊瑚（海葵、千手佛等）放在下面。

这里还有几个问题需要阐明：

1. **水对光的折射、反射及吸收** 水对光有很强的折射、反射和吸收作用，水的折射率与照射的角度有关，角度越大，折射率越高。

2. **光的穿透力** 光通量对灯的长度或灯的直径的比率叫做“光速比”，光速比越大，灯光在水中的穿透力就越强。同等光效的灯管不如灯泡的穿透力强，同样光效的灯泡，大灯泡不如小灯泡穿透力强；但穿透力越强，照射的面积就越小。

3. **光色** 光色有两个涵义，一是肉眼直接看到的光源的颜色称为表色，表色又称“色温”。光谱越长的光，色温越低；光谱越短的光，色温越高。色温的单位为“K”。二是光源照射到物体上所产生的直观效果，称为“显色性”（又称“演色性”），我们把太阳光的显色指数定为100。由于灯具光谱与太阳光的光谱或多或少都会有一些差距，所以，当灯具光源照射到物体上时`，或多或少都会使原来物体的颜色失真。失真的程度越小，显色指数就越高，显色性就越好，就越接近自然。然而，蓝色光的波长对与珊瑚共生的虫黄藻的光合作用最有利，因此在水族箱上面还应该架设蓝色灯做为“补灯”。也可以选择专门为温室植物而设计的植物灯，会发出紫色或淡紫色光，对光合作用更为有利。

十、pH

水（H_2O）是由阳离子氢（H）和阴离子氢氧根（OH）组成的，氢离子浓度的负对数叫做pH，pH=7为中性，<7为酸性，>7为碱性。远离河口地区之外，天然海水表层的pH大都为8.2~8.3，水族箱的酸碱度应保持在8.1~8.4。

酸性的海水可以使鱼类血液的pH随之下降，从而导致鱼类的离子交换和酸碱平衡产生紊乱，还会导致血液的载氧能力降低，代谢机能下降。酸性的海水还会使氨氮产生毒性，鱼类的粪便、残饵以及动物的尸体，经过化学氧化及细菌分解便产生了氨，氨经过亚消化单胞杆菌转化成亚硝酸盐，氨和亚硝酸盐具有很大的毒性，亚硝酸盐经过消化细菌转化为毒性较小的硝酸盐。这里顺便提一下蛋白质分离器（简称“蛋分”），蛋分可以在残饵、粪便尚未分解成氨氮之前将其分离出去，它的工作原理是：在蛋分底部泵入的气体形成大量的微小气泡，气泡在上升的过程中，有机溶质及细小颗粒会在气泡表面张力、静电吸附和自然捕捉的作用下，被携带到蛋分上层的收集杯中，清洁的海水重新回到水族箱中。氮属于营养元素，在水族箱里种植一些海藻可以帮助吸收海水中的营养元素和二氧化碳，但藻类在水族箱中仅仅起到点缀作用，依靠藻类吸收二氧化碳和营养元素其作用是微乎其微的。

水族箱里的动植物进行呼吸作用时会产生二氧化碳，使海水呈现酸性，二氧化碳与高钙活石中的氧化钙会形成碳酸氢钙，这样就减少了海水中二氧化碳含量，碳酸氢钙是海水pH的缓冲剂。影响水族箱里酸碱度变化的因素，一方面取决于生物量的多少，另一方面取决于缓冲能力的大小，增加水族箱里的碳酸氢钙含量，能增加海水的缓冲作用，它可以减缓海水pH的大起大落，但最根本的措施就是适当减少水族箱里的生物量和投饵量。

海水pH可以使用pH试纸测量，在购买pH试纸时应选择pH5.5~9.0的精密试纸，而不要选择pH1~14的广泛试纸。

海水观赏鱼分布示意图

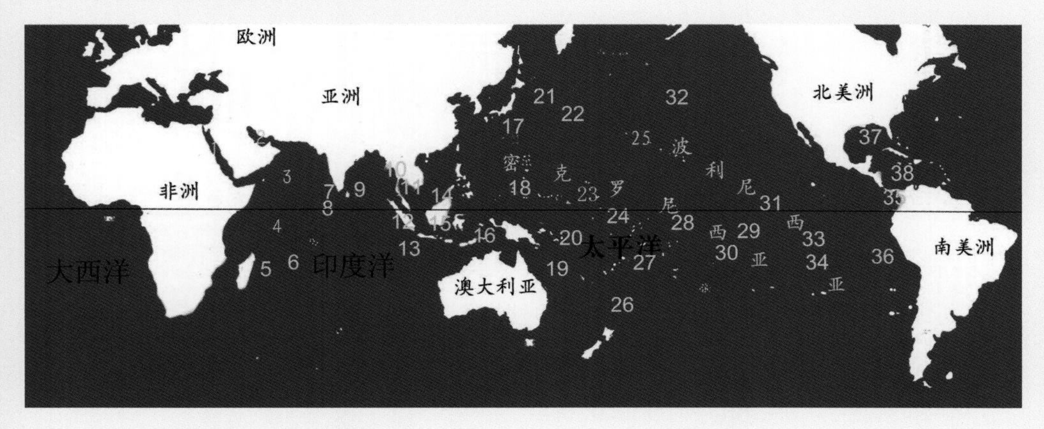

1.红海 2.波斯湾 3.阿拉伯海
4.塞舌尔群岛 5.留尼汪岛 6.毛里求斯岛
7.马尔代夫 8.查戈斯群岛 9.斯里兰卡
10.安达曼群岛11.马来半岛 12.科科斯群岛

13.圣诞岛 14.加里曼丹岛 15.巴厘岛 16.帝汶岛
17.琉球群岛 18.帕劳群岛 19.大堡礁 20.珊瑚海
21.伊豆诸岛 22.小笠原诸岛 23.俾斯麦群岛
24.所罗门群岛 25.新喀里多尼亚 26.豪勋爵岛
27.马绍尔群岛 28.斐济群岛 29.萨摩亚群岛
30.汤加群岛 31.社会群岛 32.夏威夷群岛
33.土阿莫土群岛 34.皮特凯恩岛
35.加拉帕戈斯群岛 36.复活节岛 37.墨西哥湾
38.加勒比海

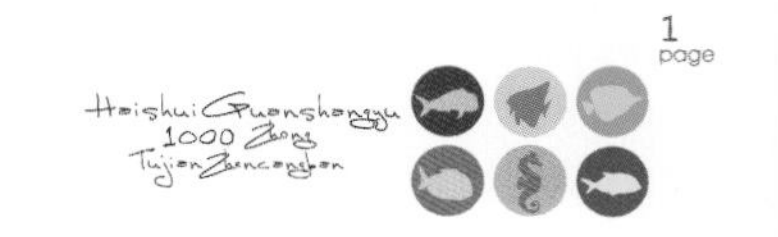

目录　Contents

花鮨亚科 / 75

拟雀鲷科 / 85

天竺鲷科 / 91

鲹 / 97

笛鲷 / 101

雀鲷科 / 171

鹦嘴鱼 / 239

鳚、拟鲈、鰕和鰕虎鱼 / 243

刺尾鱼 / 271

篮子鱼 / 285

比目鱼 / 291

鲀形目 / 295

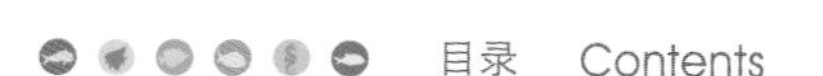

箱鲀科 / 305

刺鲀 / 311

鲀科 / 313

其他 / 319

Haishui Guanshangyu
1000 Zhong

海洋生物的生理与生态

在海洋里会发光的动物比比皆是，深海小角鲨、松球鱼、灯眼鱼、灯鲈都是会发光的鱼。

此外，还有灯笼鱼科、灯眼鱼科、发光鲷科等40多科内的部分种类也会发光。在水族箱里养一些会发光的动物别有一番情趣。

松球鱼

“狗头”为什么常把尾巴卷起来？原来“狗头”的大脑分为完整的两半，每半个大脑管半个身体，当其中半个大脑睡觉时，身体就会失去平衡，把尾巴卷起来是为了保持身体的平衡。

黑斑叉鼻鲀

鱼类在集群活动时，个体之间挨得非常近，在高速运动的情况下绝对不会发生刮蹭、追尾，更不会发生迎面相撞的事故，这是因为鱼类的侧线具有远距离触觉的特异功能，即侧线通过水的震动，身体不必直接接触物体，就可以感觉到物体的存在，并能准确地测量出彼此之间的距离。

眶刺双锯鱼

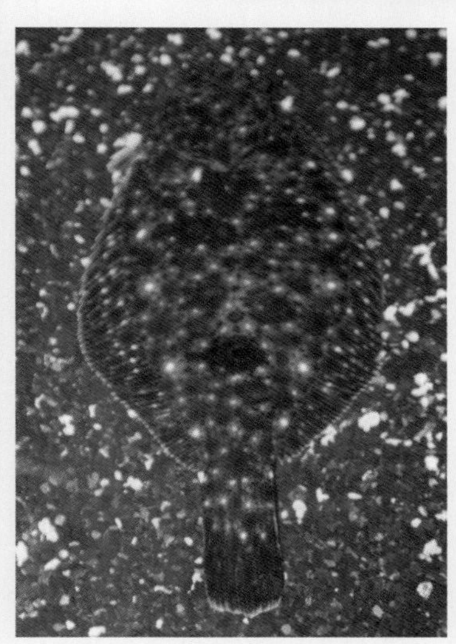
眼斑副棘鲆

比目鱼可以随时改变体色，与背景色保持一致，当它趴在什么颜色的沙子上时，身体就变成什么颜色，比目鱼的色素感应细胞集中在头部，如果头部趴在白色的沙子上，而身体却趴在黑色的沙子上时，头部变成白色身体也跟着变成白色，有点儿顾头不顾尾。

水和空气对光的折射率不同，人在陆地上看水中的物体会产生偏差，只有垂直看的时候，不会有偏差。同样，在水中看空中的物体时也有偏差。射水鱼就有一手绝活，它在射击树叶上的昆虫时，身体与水面呈75°，而且射出的水柱呈弧线，但命中率几乎是100%。

射水鱼

在珊瑚礁海域，如果鱼类身上长了寄生虫，自己无法将其除掉，飘飘及清洁虾就可以帮忙祛除。“鱼医生”飘飘为其他鱼类治病受到所有鱼类的尊敬，而且不用到处奔波，不担任何风险就可以填饱肚子。纵带钝齿鳚看到后暗下决心——努力向飘飘“学习”，经过世世代代的努力终于变成了飘飘的模样，但依然有少许差异，例如头顶上的颜色稍有差别，另外嘴也有点儿不一样，飘飘的嘴是端位的，而纵带钝齿鳚的嘴是下位的。

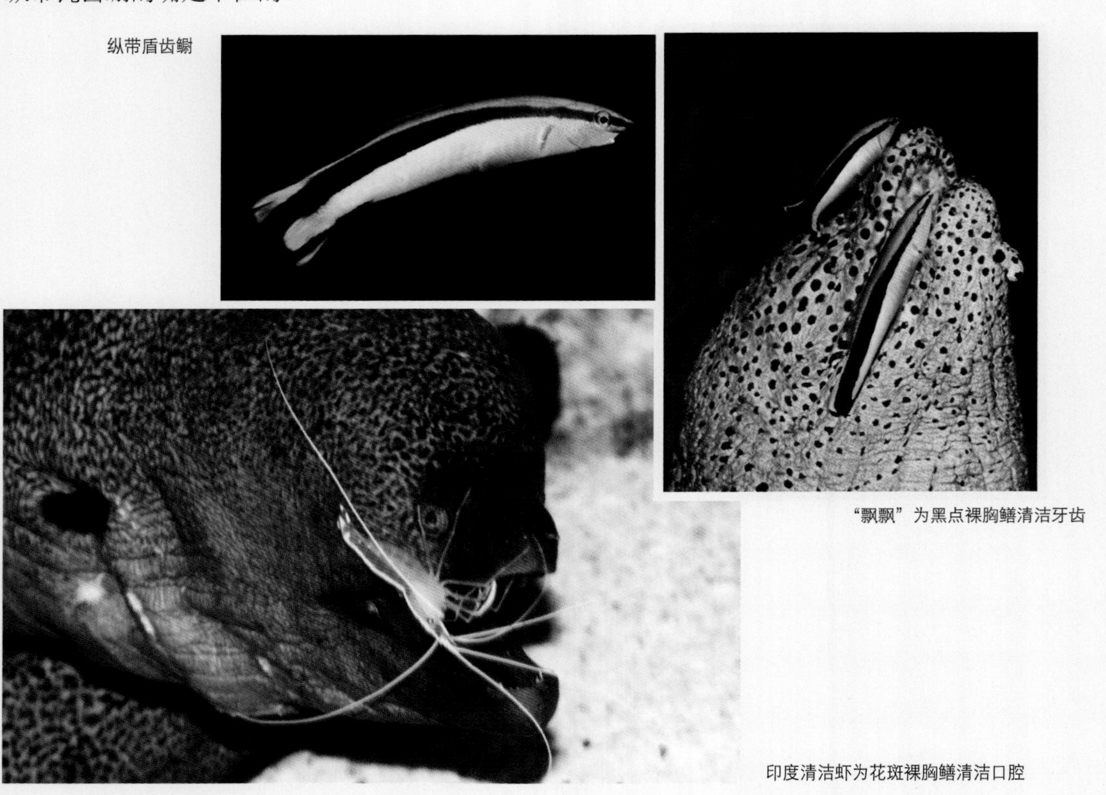

纵带盾齿鳚

“飘飘”为黑点裸胸鳝清洁牙齿

印度清洁虾为花斑裸胸鳝清洁口腔

海蛇的毒性是眼镜蛇毒性的50倍，一般的海洋生物都害怕它。毫无攻击能力的斑花蛇鳗，化妆成海蛇的样子狐假虎威。

斑花蛇鳗

钝塘鳢属的鱼类虽然居住在珊瑚礁沙质海底的洞穴中，但这些鱼都不会挖洞，同样居住在这里的瞽虾会挖洞，但瞽虾天生没有眼睛。于是，钝塘鳢就借住在瞽虾的洞穴中，钝塘鳢捕到猎物时从嘴角遗漏下的残渣余孽就够瞽虾吃的了，当遇到危险时钝塘鳢马上钻回洞穴中，瞽虾立即把洞口封死。

瞽虾与小笠原钝塘鳢共栖

声波在水里的传播速度大约等于空气中声速的5倍，当大风浪尚未到达之前的几个小时，水母就能预测到风浪即将到来，并且提前沉入海底。

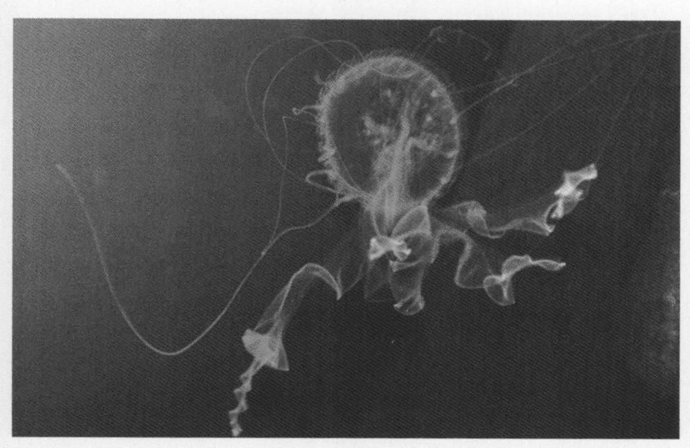

水母

蛞蝓是雌雄同体，繁殖时它们会串成一大串，位于前面的是雌性，位于后面的为雄性；位于中间的蛞蝓相对于前面一个，它就是雄性，相对于后面一个它就是雌性。

蛞蝓

生活在海藻场里的草海龙，鳍条变成海藻叶子的形状，体色也会随着光线的强弱随时调节。这种伪装的本领叫“拟态”。

草海龙

弱小鱼类为了躲避敌害的侵袭往往会集结成群，这样一方面可以使一个个弱小的个体，变成一个强大的群体起到威慑敌害的作用。另一方面互相之间可以壮胆，使自己得到心理上的安慰，鱼群越大个体死亡的几率就越小。

线纹鳗鲇

日本锯鳐

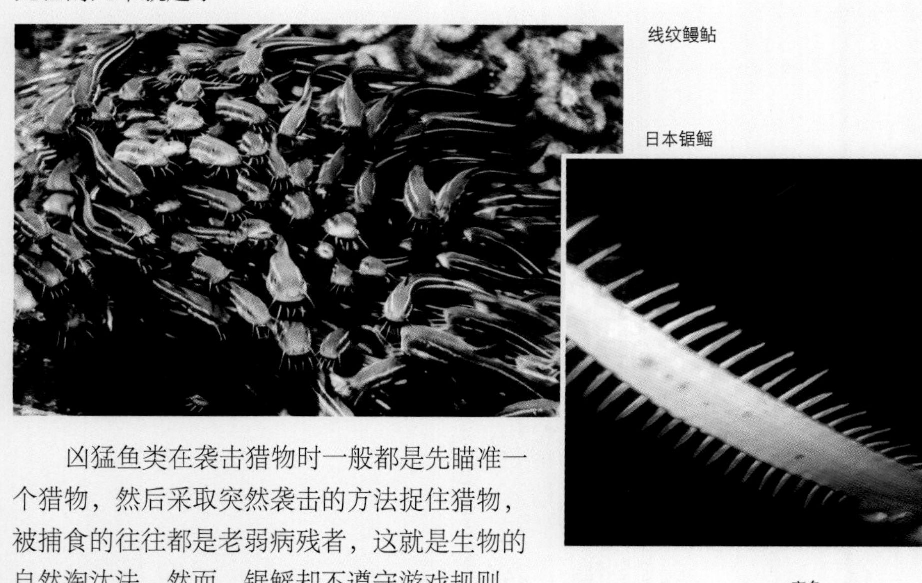

凶猛鱼类在袭击猎物时一般都是先瞄准一个猎物，然后采取突然袭击的方法捉住猎物，被捕食的往往都是老弱病残者，这就是生物的自然淘汰法。然而，锯鳐却不遵守游戏规则，直接冲入鱼群，晃动身体抡起它那狼牙棒般的锯吻，众多猎物瞬间大片死伤。

病鱼

鱼群中如果有鱼生了病，它会默默地离开群体独自游走，这样不是很危险吗？其实鱼类与生俱来就具有一种伟大的自我牺牲精神。一方面是病鱼怕把疾病传染给族群中的其他鱼类；另一方面病鱼离开了群体很快就会被凶猛鱼类吃掉，这样就可以减少一条健康的鱼被吃掉的可能。

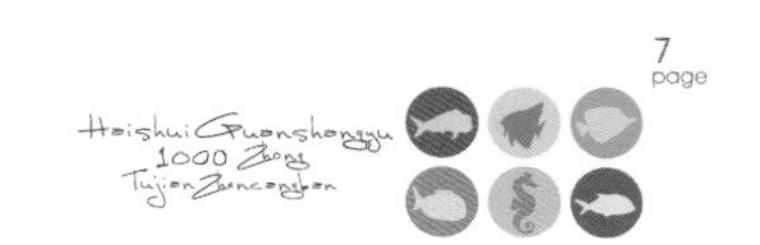

海星是贝类的天敌，夏威夷海星虾是海星的天敌，这个小虾正准备把比自己大好几倍的海星吃掉。自然界的万物就是一物降一物。

夏威夷海星虾正在吃海星

章鱼独身住在固定的洞穴中。它们到处搜集石头，然后用石头堆成巢穴。章鱼喜欢扎堆居住在一起，一座座石头巢穴连成一片，在海底形成“章鱼城堡”。回到家后它会用腕抓起石头将洞口封住。封住洞口以后仍然不放心，睡觉时它的8只腕中总有一只伸出洞外，在水中晃来晃去警觉地值班，一旦遇到敌情马上惊醒并喷出墨汁迅速逃跑。

繁殖季节章鱼妈妈将洞口用石头封住，从此不吃任何东西，经过6个月的艰辛呵护，待到小章鱼出生时章鱼妈妈因心力衰竭而死去。一般雌章鱼的寿命只有1年，雄章鱼2年。

章鱼

Haishui Guanshangyu 1000 Zhong Tujian Zhencanban

银鲛

银鲛属软骨鱼纲，全头亚纲，是鲨鱼的祖先，头部和前半身粗大，后部细长。雄鱼的头顶有一个抓获器，可以抓住雌鱼。现存的银鲛种类稀少，全世界约有28种，极难捕获，十分罕见。

柯氏兔银鲛

分类：银鲛目，银鲛科，兔银鲛属

拉丁名：*Hydrolagus colliei*

俗名：银鲛。鱼体灰褐色，布满白色斑点。第一背鳍呈三角形，第二背鳍低平。栖息于深海海域。性格凶猛，以鱼类为食。最大体长：75cm。光照：暗。分布：大西洋、北太平洋。

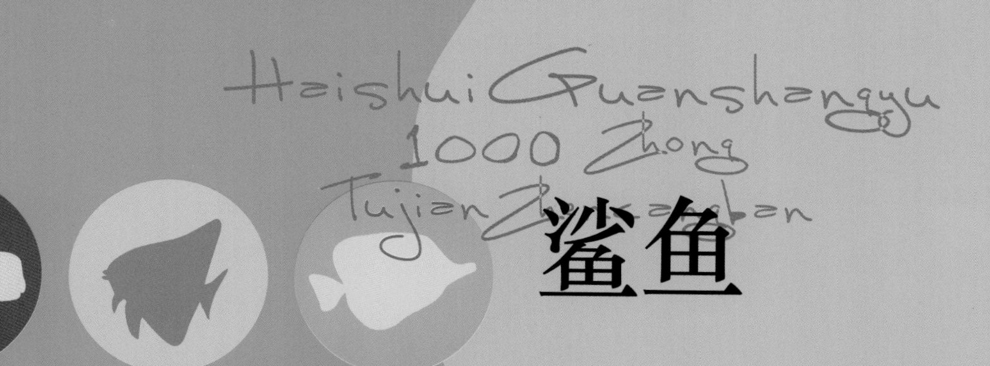

鲨鱼

鲨鱼属软骨鱼纲侧孔总目。身体里没有带骨膜的硬骨，头部两侧有5~7对鳃裂，鳃裂外面没有鳃盖骨只有鳃盖膜保护着鳃丝。鲨鱼的繁殖方式有卵生、卵胎生、胎生3种方式。全世界的鲨鱼有344种左右。

皱唇鲨

分类：真鲨目，皱唇鲨科，皱唇鲨属
拉丁名：*Triakis scyllium*
俗名：皱唇鲨。幼鱼体表有9~13条暗褐色横纹，成鱼时横纹散开或消失。有6个鳃孔，栖息于近海浅水处。性格凶猛，以底栖动物、鱼类为食。最大体长：2m。光照：明亮。分布：西北太平洋。

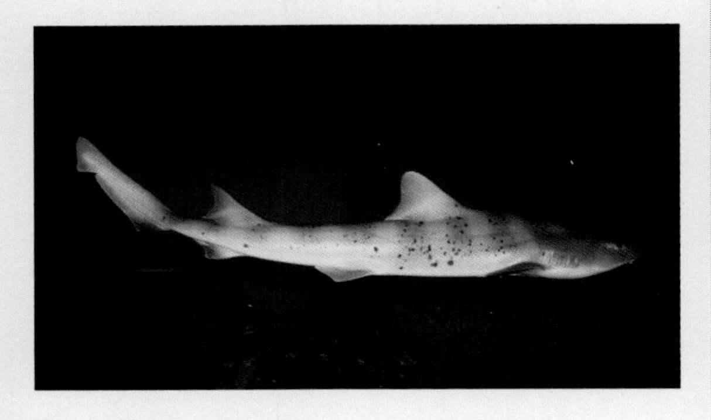

半带皱唇鲨

分类：真鲨目，皱唇鲨科，皱唇鲨属
拉丁名：*Triakis semifasciata*
俗名：豹鲨。鱼体灰褐色，体侧有12~13个深褐色圆斑。栖息于沿岸岩礁海域水深15m左右的沙质海底上。性格凶猛，以底栖动物、鱼类为食。最大体长：2m。光照：柔和。分布：我国东海、南海以及印度尼西亚。

乌翅真鲨

分类：真鲨目，真鲨科，真鲨属
拉丁名：*Carcharhinus melanopterus*
俗名：黑鳍鲨。各鳍的末端呈黑色。栖息于近海岩礁及珊瑚礁海域。性格凶猛，以鱼类、头足类、海狮等海洋哺乳动物为食。最大体长：1.6m。光照：明亮。分布：印度洋—太平洋。

白边真鲨

分类：真鲨目，真鲨科，真鲨属
拉丁名：*Carcharhinus albimarginatus*
俗名：牛鲨。背部深灰色，腹部白色，臀鳍末端及后缘白色，体侧有一不明显的白色带。栖息于南北纬30°之间的沿海、珊瑚礁、沙泥底的河流入海口，甚至可进入淡水湖泊中。性格凶猛，以鱼类为食。最大体长：2.7m。光照：柔和。分布：南北纬30°之间的太平洋、大西洋、印度洋。

三齿鲨

分类：真鲨目，真鲨科，三齿鲨属

拉丁名：*Triaenodon obesus*
俗名：白鳍鲨。体型修长，灰色，吻短而宽，眼眶后缘有缺刻。栖息于近海岩礁及珊瑚礁海域、水深10~40m处。性格凶猛，以鱼类为食。最大体长：1.5m。光照：柔和。分布：印度洋—太平洋。

柠檬鲨

分类：真鲨目，真鲨科，柠檬鲨属
拉丁名：*Negaprion acutideus*
胸鳍背面为暗色，鱼体呈柠檬黄色。栖息于沿海潮间带至水深30m处，也栖息于内湾、河口、珊瑚礁及潟湖的静水中。性格凶猛，以鱼类、头足类、海洋哺乳动物为食。最大体长：3.3m。光照：明亮。分布：印度洋—西太平洋。

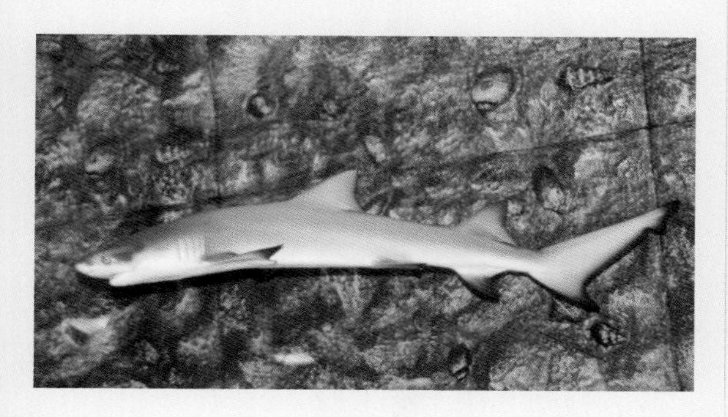

猫鲨

分类：真鲨目，猫鲨科，猫鲨属
拉丁名：*Scyliorhinus caniculus*

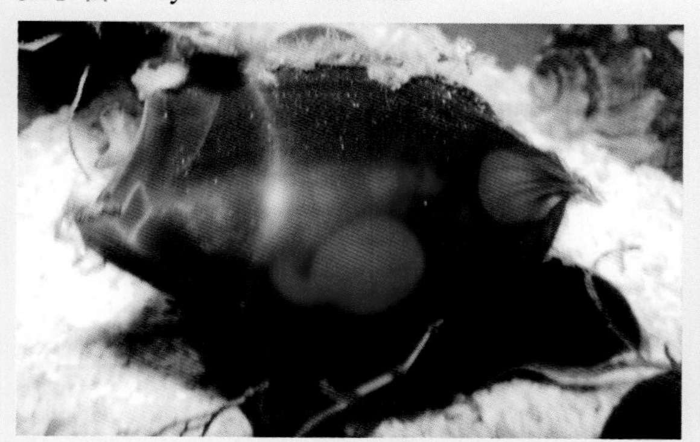

卵

鱼体黄褐色有深色斑纹。栖息于近海水深80~100m的海底或岩礁下面。性格凶猛，以小型鱼类为食。最大体长：1.2m。光照：柔和。分布：大西洋、太平洋的热带及亚热带海域。

幼鱼

成鱼

虎纹猫鲨

分类：真鲨目，猫鲨科，猫鲨属
拉丁名：*Scyliorhinus torazame*
俗名：猫鲨。鱼体褐色，体侧及背部具暗色斑块。栖息于水深100m以下。性格凶猛，以小型鱼类为食。最大体长：50cm。光照：柔和。分布：西北太平洋。

云纹猫鲨

分类：真鲨目，猫鲨科，猫鲨属
拉丁名：*Scyliorhinus tokubee*
体型修长，灰褐色，有6~9条暗色横纹及浅色斑点。栖息于近海底层。性格凶猛，以小型鱼类为食。最大体长：84cm。光照：明亮。分布：西太平洋。

路氏双髻鲨

分类：真鲨目，双髻鲨科，双髻鲨属
拉丁名：*Sphyma lewini*
俗名：锤头鲨。鱼体橄榄绿色至灰褐色，头部宽大呈“T”形，眼睛在头部两侧。栖息于外海深水海域。性格凶猛，以头足类、鱼类为食。最大体长：4.2m。光照：明亮。分布：温带和热带海域。

灰斑竹鲨

分类：须鲨目，竹鲨科，斑竹鲨属
拉丁名：*Chiloscyllium griseum*
幼鱼身上有白斑，成鱼时白斑消失通体为灰褐色。栖息于岩礁和珊瑚礁海域水深20m左右的沙质海底。性格凶猛，以底栖动物、贝类、虾、蟹、鱼类为食。最大体长：1m。光照：暗。分布：印度洋—西太平洋。

条纹斑竹鲨

分类：须鲨目，竹鲨科，斑竹鲨属
拉丁名：*Chiloscyllium plagiosum*
身体细长，深棕色，体侧有12~13条黑色横纹，并散布白色小斑点。栖息于岩礁、珊瑚礁海域且贝类及海藻多的沙质海底上。性格凶猛，以贝类、虾蟹及小型鱼类为食。最大体长：1m。光照：暗。分布：印度洋—西太平洋。

点纹斑竹鲨

分类：须鲨目，竹鲨科，斑竹鲨属
拉丁名：*Chiloscyllius punctatum*
俗名：狗鲨。幼鱼时身体上有淡黑色斑点，成鱼后斑点消失，体色呈棕色。栖息于岩礁及珊瑚礁海域，水深20m左右的沙质海底。性格凶猛，以贝类、虾、蟹、鱼类为食。最大体长：1m。光照：暗。分布：印度洋—西太平洋。

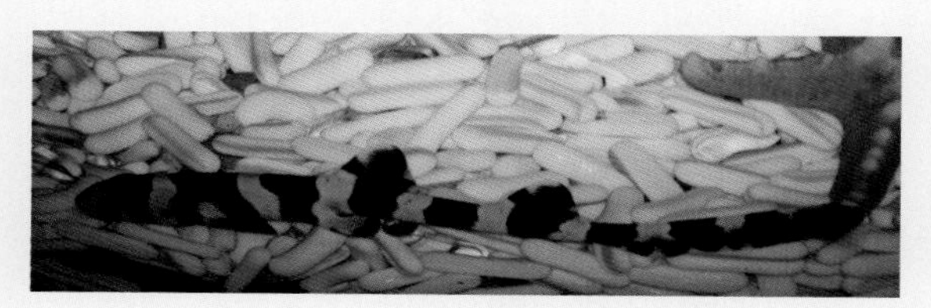

宽纹虎鲨

分类：虎鲨目，虎鲨科，虎鲨属
拉丁名：*Heterodontus japonieus*
俗名：牛角鲨。一种小型鲨类，身上有10~14条斑纹。栖息于温带沿海水深10~50m的沙质海底。性格凶猛，以贝类、甲壳类、鱼类为食。最大体长：1.2m。光照：明亮。分布：西北太平洋。

狭纹虎鲨

分类：虎鲨目，虎鲨科，虎鲨属
拉丁名：*Heterodontus zebra*
身上有30余条斑纹。栖息于水深10~50m的沙质海底。性格凶猛，以软体动物、甲壳类、小型鱼类为食。最大体长：1m。光照：明亮。分布：西太平洋。

澳大利亚虎鲨

分类：虎鲨目，虎鲨科，虎鲨属
拉丁名：*Heterodontus portusjacksoni*
俗名：澳洲虎鲨。鱼体灰色，有灰褐色纵纹。栖息

宽纹虎鲨

绞口鲨

于外海深海的洞穴中。性格凶猛，以海胆、小型鱼类为食。最大体长：150cm。光照：明亮。分布：澳大利亚南部外海。

锥齿鲨

分类：鲭鲨目，锥齿鲨科，锥齿鲨属
拉丁名：*Odontaspis Taurus*
俗名：沙虎鲨。牙齿像锥子一样，头部侧扁，吻短而尖。栖息于近海岩礁及珊瑚礁海域。性格凶猛，以鱼类为食。最大体长：2m。光照：柔和。分布：温带海域、印度洋—西太平洋。

绞口鲨

分类：须鲨目，绞口鲨科，绞口鲨属
拉丁名：*Ginglymostoma cirratum*
俗名：护士鲨。身体圆柱形，体灰褐色。栖息于沿海岩礁、珊瑚礁海域。性格凶猛，以鱼类、头足类、甲壳类为食。最大体长：4m。光照：明亮。分布：大西洋及东太平洋。

斑点长尾须鲨

分类：须鲨目，竹鲨科，长尾须鲨属
拉丁名：*Hemiscyllium ocellatus*
俗名：肩章鲨。鱼体灰褐色，全身布满褐色圆点，胸鳍上方有一大型黑色眼斑。栖息于岩礁及珊瑚礁洞穴中。性格凶猛，以小型无脊椎动物为食。最大体长：92cm。光照：柔和。分布：澳大利亚西北部海域。

斑纹须鲨

分类：须鲨目，须鲨科，须鲨属

拉丁名：*Orectolobus maculates*

俗名：须鲨。鱼体灰褐色，有暗色鞍状斑及带白边的斑点，嘴边有许多赘肉。栖息于珊瑚礁海域。性格凶猛，以虾、蟹、软体动物、鱼类为食。最大体长：3.2m。光照：柔和。分布：印度洋—太平洋。

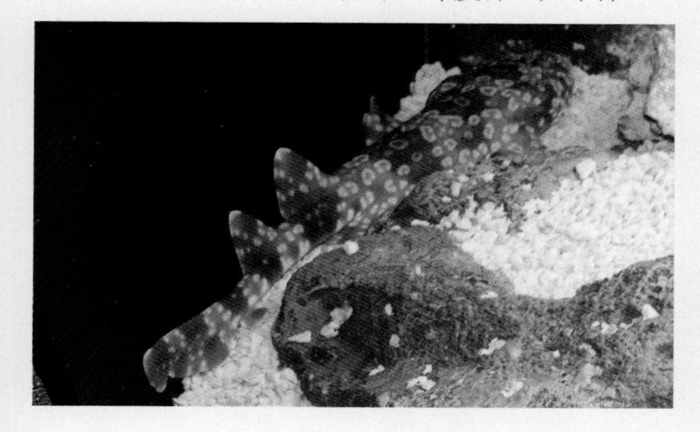

豹纹鲨

分类：须鲨目，豹纹鲨科，豹纹鲨属

拉丁名：*Stegostoma fasciatum*

鱼体灰黄色，幼鱼背部有深褐色鞍状斑纹，成鱼形成棕色斑点。栖息于岩礁及珊瑚礁海域底层。性格凶猛，以鱼类为食。最大体长：3m。光照：柔和。分布：印度洋—西太平洋。

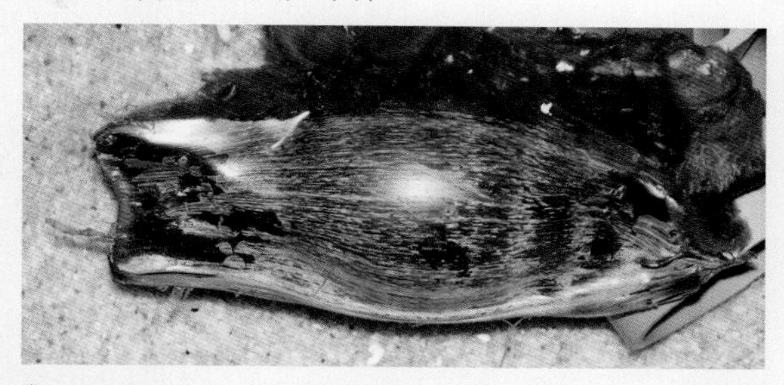

卵

幼鱼

鲸鲨

分类：须鲨目，鲸鲨科，鲸鲨属

拉丁名：*Rhincodon typus*

豹纹鲨成鱼

背部灰色或褐色，具明显的灰色斑点及横纹，腹部白色，身体粗壮，眼睛无瞬膜，胸鳍宽大，尾鳍分叉。栖息于外海宽阔海域。性格温柔，以虾、小型鱼类为食。最大体长：20m。光照：明亮。分布：沿赤道全球分布。

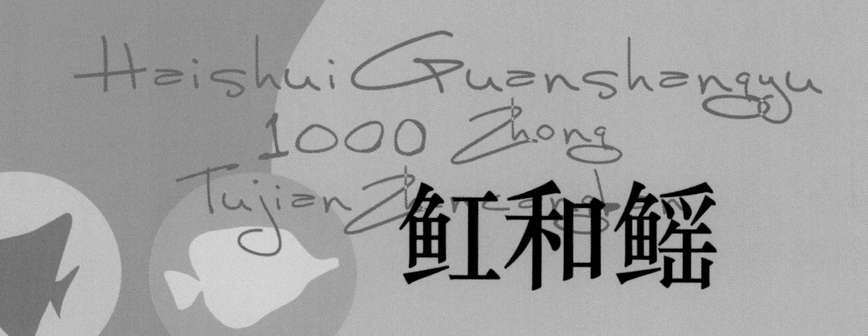

魟和鳐

魟和鳐鱼属于软骨鱼纲下孔总目。身体扁平形，两侧的“翅膀”由胸鳍演变而来，背鳍长在尾柄上，嘴和鳃孔长在腹面，尾根处有一根毒刺。魟和鳐鱼生活在温暖海域的沙质海底，常常将自己埋在沙子下面。以甲壳动物、软体动物、鱼类为食。傍晚时分成群活动于海水表层。

及达尖犁头鳐

分类：鳐形目，尖犁头鳐科，尖犁头鳐属
拉丁名：*Rhynchobatus djiddensis*
俗名：尖头鲨。身体为扁平的三角形，吻部尖而长向前延伸，吻长约为体长的一半，背部具多行粗大结刺。栖息于水深50m以内的近岸沙质海底。性格温柔，以底栖动物、甲壳类、贝类及小型鱼类为食。最大体长：3.1m。光照：柔和。分布：西太平洋。

许氏犁头鳐

分类：鳐形目，犁头鳐科，犁头鳐属
拉丁名：*Rhinobatos schlegeli*
俗名：琵琶鲨。体盘近似三角形，尾纵扁，背部深棕色，腹部白色。栖息于近海水深50~100m的沙质海底。性格温柔，以无脊椎动物、小型鱼类为食。最大体长：1m。光照：柔和。分布：西太平洋。

团犁头鳐

分类：鳐形目，圆犁头鳐科，犁头鳐属
拉丁名：*Rhina ancylostoma*
俗名：鲎头鳐。背部灰褐色且散布着灰色至蓝灰色圆斑。栖息于温暖海域底层。性格凶猛，以底栖无脊椎动物、鱼类为食。最大体长：3m。光照：柔和。分布：印度洋—西太平洋温暖海域。

日本锯鳐

分类：锯鳐目，锯鳐科，锯鳐属
拉丁名：*Pristis japonicus*
俗名：锯鳐。吻部极长，20对尖利的牙齿外露。栖息于岩礁、珊瑚礁附近的沙质海底。性格凶猛，以鱼类为食。最大体长：1m。光照：柔和。分布：西北太平洋 。

日本锯鳐之吻

日本锯鳐

中国团扇鳐

分类：鳐形目，团扇鳐科，团扇鳐属
拉丁名：*Platyrhina sinensis*
俗名：黄点鲥。鱼体扁平呈团扇状，尾粗大而长。栖息于岩礁海域水深50m以内的沙质海底。性格凶

猛，以底栖动物、鱼类为食。最大体长：70cm 。光照：柔和。分布：西北太平洋。

鸢鲼

分类：鲼形目，鲼科，鲼属

拉丁名：*Myliobatis tobijei*

俗名：黑背鳐。体近棱形，尾细长，尾刺有毒。栖息于岩礁及珊瑚礁附近的沙质海底。性格凶猛，以底栖动物、浮游甲壳类及鱼类为食。体盘最宽：5m。光照：柔和。分布：西北太平洋、中西太平洋。

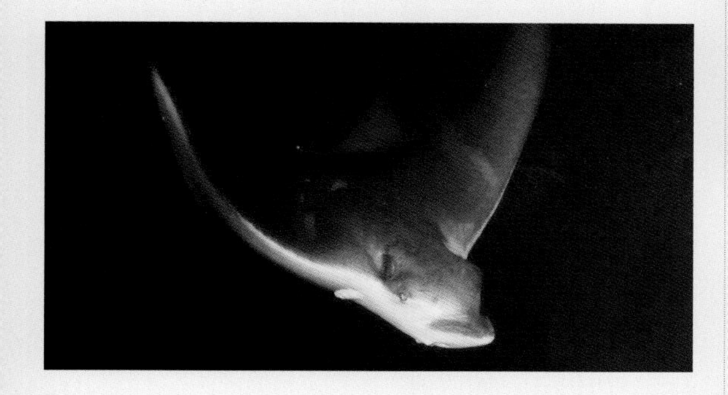

爪哇牛鼻鲼

分类：鲼形目，牛鼻鲼科，牛鼻鲼属

拉丁名：*Rhinoptera javanica*

俗名：叉头燕魟。头部前缘凹入，体背部褐色，腹部白色，尾细长如鞭。白天静卧于沙质海底，黄昏时分成群游动于海水表层。性格凶猛，以鱼类为食。最大体长：2m。光照：明亮。分布：印度洋—西太平洋。

纳氏鹞鲼

分类：鲼形目，鹞鲼科，鹞鲼属

拉丁名：*Aetobatus narinari*

俗名：雪花鳐。背部黑色且有白色至蓝色小圆点，腹部白色。栖息于岩礁及珊瑚礁外围沙质海底。性格凶猛，以底栖动物、浮游甲壳类及鱼类为食。最大体盘宽：5m。光照：柔和。分布：印度洋—西太平洋。

日本燕魟

分类：鲼形目，燕魟科，燕魟属

拉丁名：*Gymnura japonica*

俗名：燕魟。鱼体近似三角形，体盘宽大于体盘长。栖息于沙质海底。性格凶猛，以底栖鱼类、甲壳类为食。最大体盘宽度：1m。光照：柔和。分布：西北太平洋。

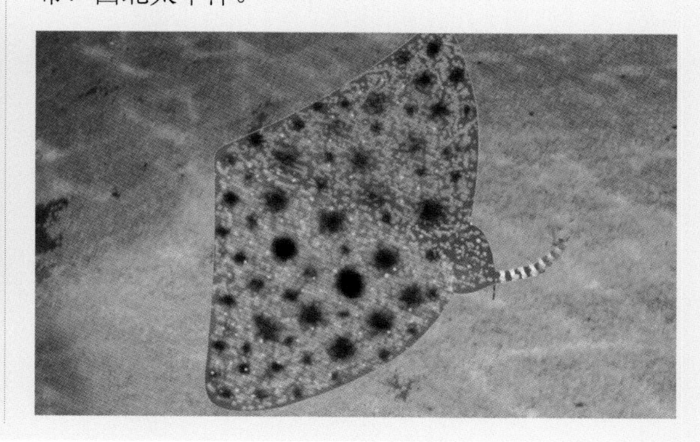

褐黄扁魟

分类：鳐形目，扁魟科，扁魟属

拉丁名：*Urolophus aurantiacus*

俗名：金魟。鱼体黄褐色，尾短，尾刺有毒。栖息于岩礁海域水深10~20m的沙质海底。性格凶猛，以底栖动物、小型鱼类为食。最大体长：40cm。光照：柔和。分布：西北太平洋。

花点魟

分类：鳐形目，魟科，魟属

拉丁名：*Dasyatis uarnak*

背部黄褐色，密布黑褐色圆形或多边形斑点。栖息于水深20~50m处的岩礁、珊瑚礁沙底。性格凶猛，以底栖鱼类、甲壳类及软体动物为食。最大体盘宽度：2m。光照：柔和。分布：印度洋、西太平洋。

赤魟

分类：鳐形目，魟科，魟属

拉丁名：*Dasyatis akajei*

俗名：老板鱼。背部褐色，腹部白色，尾细长如鞭，尾刺有剧毒。栖息于水深10m左右的沙底。性格凶猛，以贝类、甲壳类为食。最大体盘宽度：90cm。光照：柔和。分布：西太平洋。

蓝斑条尾魟

分类：鳐形目，魟科，条尾魟属

拉丁名：*Taeniura lymma*

俗名：蓝点魟。身体为扁平的圆盘形，背部黄褐色，布满蓝色圆斑。栖息于珊瑚礁潟湖中的沙质海底。性格温柔，以底栖鱼类、底栖无脊椎动物为食。最大体盘宽度：25cm。光照：柔和。分布：印度洋、太平洋、红海。

黑斑条尾魟

分类：鳐形目，魟科，条尾魟属

拉丁名：*Taeniura meyeni*

俗名：云石魟。鱼体呈圆盘状的扁平形，背部灰色有黑色斑纹。栖息于近海沙质海底。性格凶猛，以底栖动物为食。最大体盘宽：2m。光照：柔和。分布：印度洋—太平洋。

海鳝 海鳗

海鳝、海鳗属于硬骨鱼纲，鳗形目。大多性格凶猛残暴，口裂很大，口内有向内倾斜的、有毒的尖锐牙齿。善于钻洞，白天独自躲在洞穴中，夜晚主动出来觅食。

黑体管鼻鳝

分类：鳗鲡目，海鳝科，管鼻海鳝属
拉丁名：*Rhinomuraena quaesita*
俗名：五彩鳗。身体呈极细的蛇形，雄鱼体色为蓝色，雌鱼黄色，幼鱼黑色。栖息于珊瑚礁洞穴中。性格凶猛，以鱼类为食。最大体长：1.2m。光照：暗。分布：印度洋—太平洋。

幼鱼

雄鱼

布氏弯牙海鳝

分类：鳗鲡目，海鳝科，弯牙海鳝属
拉丁名：*Strophidon brummeri*
俗名：白鳗。鱼体极细长，背部灰色，腹部白色，头部有黑色小斑点，背鳍边缘白色，口裂大，牙齿尖锐锋利。栖息于珊瑚礁及热带、亚热带岩礁海域的洞穴及碎石堆中。性格凶猛，以无脊椎动物、小型鱼类为食。最大体长：80cm。光照：暗。分布：印度洋—太平洋。

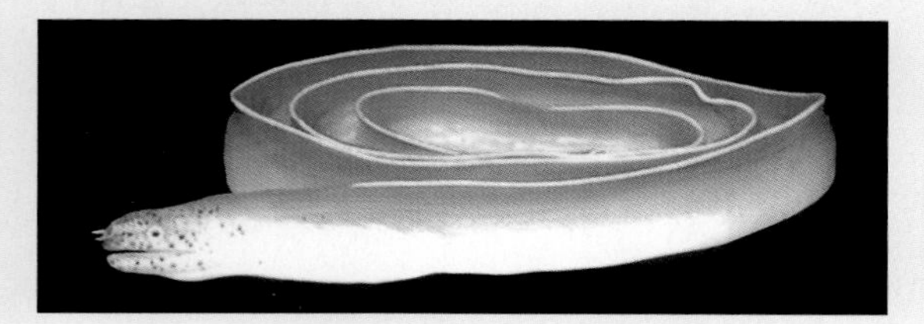

大头尾鳝

分类：鳗鲡目，海鳝科，尾鳝属
拉丁名：*Uropterygius macrocephalus*
俗名：海鳝。全身黑褐色，体侧散布黑色至茶褐色斑点。栖息于岩礁、珊瑚礁海域洞穴中。性格凶猛，以鱼类、头足类为食。最大体长：30cm。光照：柔和。分布：印度洋—太平洋。

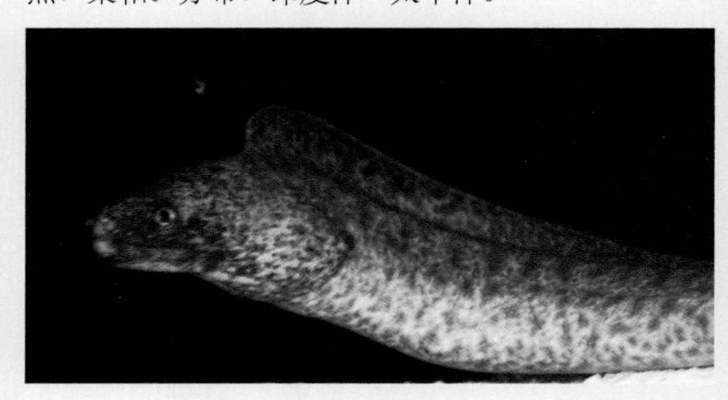

云纹海鳝

分类：鳗鲡目，海鳝科，蛇鳝属
拉丁名：*Echidna nebulosa*
俗名：雪花鳗。鱼体白色至灰黄色变化较大，体侧有25~30个黑色星状斑。栖息于珊瑚礁海域水深10m以内的浅水中。性格凶猛，以甲壳类、头足类、鱼类为食。最大体长：70cm。光照：暗。分布：印度洋—太平洋。

条纹海鳝

分类：鳗鲡目，海鳝科，蛇鳝属
拉丁名：*Echidna zebra*

俗名：斑马鳝。全身有43~76个环带。栖息于珊瑚礁洞穴中。性格凶猛，以甲壳类、头足类、鱼类为食。最大体长：1m。光照：暗。分布：印度洋、太平洋、红海。

多带海鳝

分类：鳗鲡目，海鳝科，蛇鳝属

拉丁名：*Echidna polyzona*

俗名：斑马海鳗。幼鱼全身有25~30个黑褐色环带，成鱼时全身变成棕褐色。栖息于珊瑚礁浅水区的洞穴中。性格凶猛，以甲壳类、头足类、鱼类为食。最大体长：60cm。光照：暗。分布：印度洋—太平洋。

泽鳝

分类：鳗鲡目，海鳝科，蛇鳝属

拉丁名：*Enchelycore lichenosa*

俗名：雪花海鳗。鱼体深棕色，体侧有3排苔藓状斑纹。栖息于岩礁海域的洞穴中。性格凶猛，以头足类、鱼类为食。最大体长：90cm。光照：暗。分布：西北太平洋南部及东南太平洋。

豹纹海鳝

分类：鳗鲡目，海鳝科，海鳝属

拉丁名：*Muraena pardalis*

身体红褐色，全身布满不规则的、带棕色边的白色斑点，背部斑点小，腹部斑点大。栖息于岩礁及珊瑚礁的洞穴中。性格凶猛，以头足类、鱼类为食。最大体长：1m。光照：暗。分布：印度洋—太平洋。

爪哇裸胸鳝

分类：鳗鲡目，海鳝科，裸胸鳝属

拉丁名：*Gymnothorax javanicus*

俗名：糯鳗。全身棕色，鳃孔黑色。栖息于水深150m左右的珊瑚礁洞穴中。性格凶猛，以头足类、鱼类为食。最大体长：2.5m。光照：暗。分布：印度洋—太平洋。

黑斑裸胸鳝

分类：鳗鲡目，海鳝科，裸胸鳝属
拉丁名：*Gymnothorax favagineus*
俗名：丝带鳗。身上黑斑独立而分离。栖息于岩礁、珊瑚礁洞穴中。性格凶猛，以头足类、鱼类为食。最大体长：2.5m。光照：暗。分布：印度洋—太平洋。

黑点裸胸鳝

分类：鳗鲡目，海鳝科，裸胸鳝属
拉丁名：*Gymnothorax melanospilus*
身体布满黑色圆斑或不规则的斑点。栖息于岩礁、珊瑚礁洞穴中。性格凶猛，以虾、蟹、头足类、鱼类为食。最大体长：2m。光照：暗。分布：印度洋—太平洋。

蠕纹裸胸鳝

分类：鳗鲡目，海鳝科，裸胸鳝属
拉丁名：*Gymnothorax kidako*
鱼体黄色至棕色，全身布满深棕色横纹，嘴角有一块黑斑。栖息于岩礁海域水深10m左右的洞穴中。性格凶猛，以头足类、鱼类为食。最大体长：80cm。光照：暗。分布：印度洋—太平洋，西太平洋。

斑点裸胸鳝

分类：鳗鲡目，海鳝科，裸胸鳝属
拉丁名：*Gymnothorax meleagris*

俗名：白口大海鳝。体色深棕色略带紫色，全身布满白色小圆点，鳃孔黑色，口腔内白色。栖息于珊瑚礁水深10m左右的洞穴中。性格凶猛，以头足类、鱼类为食。最大体长：1m。光照：暗。分布：印度洋—太平洋。

花斑裸胸鳝

分类：鳗鲡目，海鳝科，裸胸鳝属

拉丁名：*Gymnothorax neglectus*

俗名：花斑海鳝。鱼体黄褐色至红褐色，全身密布深色小斑点。栖息于岩礁海域水深200m左右的洞穴中。性格凶猛，以头足类、鱼类为食。最大体长：80cm。光照：暗。分布：西北太平洋。

黄边裸胸鳝

分类：鳗鲡目，海鳝科，裸胸鳝属

拉丁名：*Gymnothorax flavimarginatus*

俗名：大海鳗。全身深棕色，布满黑色斑点，垂直鳍有黄绿色荧光边。栖息于珊瑚礁浅水处的洞穴中。性格凶猛，以头足类、鱼类为食。最大体长：1.2m。光照：暗。分布：印度洋—太平洋。

波纹裸胸鳝

分类：鳗鲡目，海鳝科，裸胸鳝属

拉丁名：*Gymnothorax undulates*

俗名：豹纹海鳝。鱼体黑色布满白色波纹状，头部黄色。栖息于珊瑚礁洞穴中。性格凶猛，以头足类、鱼类为食。最大体长：80cm。光照：暗。分布：印度洋—太平洋。

幼鱼

成鱼

细纹裸胸鳝

分类：鳗鲡目，海鳝科，裸胸鳝属

拉丁名：*Gymnothorax fimbriatus*

俗名：花斑海鳗。体色淡青色至淡棕色，头顶金黄色，体侧有3~5排黑色斑块。栖息于珊瑚礁浅水处的洞穴中。性格凶猛，以头足类、鱼类为食。最大体长：80cm。光照：暗。分布：印度洋—太平洋。

班氏裸胸鳝

分类：鳗鲡目，海鳝科，裸胸鳝属

拉丁名：*Gymnothorax berndti*

鱼体灰白色，身上布满黑色网状条纹，臀鳍黑色有白边。栖息于岩礁及珊瑚礁洞穴中。性格凶猛，以头足类、鱼类为食。最大体长：1m。光照：暗。分布：印度洋—太平洋。

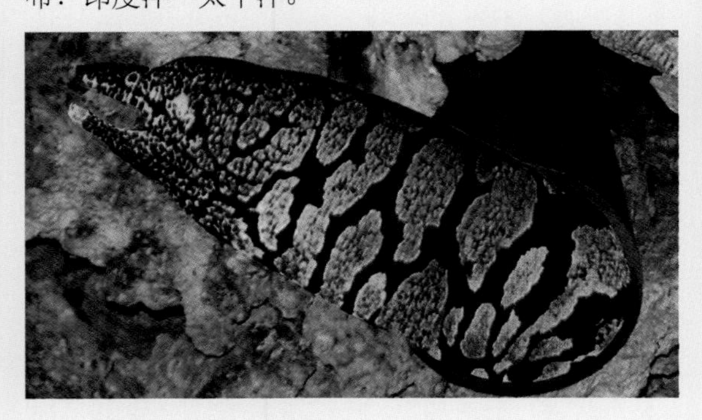

带尾裸胸鳝

分类：鳗鲡目，海鳝科，裸胸鳝属

拉丁名：*Gymnothorax zonijpectis*

俗名：海鳗。鱼体淡棕色，体侧有深色斑点，尾部斑点相连接形成横带，背鳍也形成暗色横带。栖息于珊瑚礁及潟湖的洞穴中。性格凶猛，以头足类、鱼类为食。最大体长：47cm。光照：暗。分布：印度洋—太平洋。

细斑裸胸鳝

分类：鳗鲡目，海鳝科，裸胸鳝属

拉丁名：*Gymnothorax fimbriatus*

鱼体灰褐色，全身散布黑色斑点。栖息于珊瑚礁及潟湖浅水处的洞穴中。性格凶猛，以头足类、鱼类为食。最大体长：80cm。光照：柔和。分布：印度洋—太平洋。

斑花蛇鳗

分类：鳗鲡目，蛇鳗科，花蛇鳗属

拉丁名：*Myrichthys colubrinus*

俗名：蛇鳗。黑白相间的环纹，把自己打扮成海蛇的样子以吓唬敌害。栖息于珊瑚礁水深20m左右的洞穴中。性格凶猛，以底栖无脊椎动物、底栖鱼类为食。最大体长：80cm。光照：暗。分布：印度洋—太平洋。

黑斑花蛇鳗

黑斑花蛇鳗

分类：鳗鲡目，蛇鳗科，花蛇鳗属

拉丁名：*Myrichthys maculosus*

体侧有3列大块黑斑，最上边一列深入到背鳍上。栖息于水深10m左右的沿岸泥沙底及珊瑚礁沙底。性格凶猛，以鱼类、无脊椎动物为食。最大体长：1m。光照：暗。分布：印度洋—太平洋。

豹纹花蛇鳗

分类：鳗鲡目，蛇鳗科，花蛇鳗属

拉丁名：*Myrichthis aki*

鱼体有黑褐色椭圆斑，斑块比黑斑花蛇鳗的小且密集。栖息于珊瑚礁水深14m左右的沙底。性格凶猛，以无脊椎动物、鱼类为食。最大体长：50cm。光照：暗。分布：印度洋—太平洋。

横带园鳗

分类：鳗鲡目，康吉鳗科，园鳗属

拉丁名：*Gorgasia preclara*

俗名：花园鳗。鱼体极细长，全身有20余条环带，背鳍透明。栖息于珊瑚礁海域有海流的地方。性格温柔，以小型浮游动物、有机腐屑为食。最大体长：45cm。光照：暗。分布：印度洋—太平洋。

异康吉鳗

分类：鳗鲡目，康吉鳗科，康吉鳗属

拉丁名：*Heteroconger hassi*

俗名：沙鳗。鱼体细长，灰色，布满黑色小斑点，上半身有2个黑色眼斑。栖息于珊瑚礁海域平坦的沙质海底，有强劲海流的地方。性格温柔，以浮游动物、有机碎屑、小型鱼虾为食。最大体长：40cm。光照：暗。分布：印度洋—太平洋。

线纹鳗鲶

分类：鲇形目，鳗鲇科，鳗鲇属

拉丁名：*Plotosus lineatus*

俗名：海鲶鱼。鱼体灰黑色，体表无鳞，体侧有2条黄白色纵带，头部有4对须。第一背鳍的第一硬棘和胸鳍硬棘有毒。栖息于岩礁、珊瑚礁洞穴中。性格温柔，以底栖动物为食。最大体长：30cm。光照：暗。分布：印度洋—太平洋。

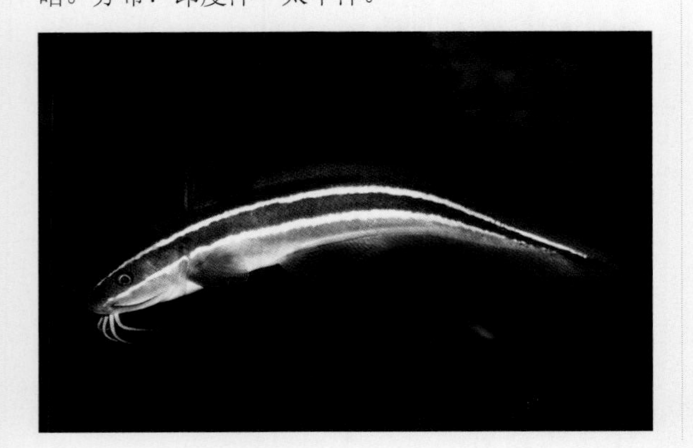

海鳗

分类：鳗鲡目，海鳗科，海鳗属

拉丁名：*Muraenesox cinereus*

鱼体蛇形，体侧黄铜色，腹部灰白色，背部黑灰色。栖息于10m以内的泥沙质海底。性格凶猛，以无脊椎动物、鱼类为食。最大体长：2m。光照：柔和。分布：印度洋—太平洋。

Haishui Guanshangyu 1000 Zhong Tujian Zhencangban

躄鱼

躄鱼属于鮟鱇目，躄鱼亚目，躄鱼科。俗称“五脚虎”，是一种会钓鱼的鱼。它背鳍的第一鳍条演化成一根柔软的“钓鱼竿”，“钓鱼竿”的顶端有一个绒毛状或小虫子状的东西在头顶上晃来晃去，无知的小鱼虾误以为是饵料便前来就餐，刚一靠近，躄鱼便迅速收起鱼竿，将猎物一下吸入胃中。

双斑躄鱼

分类：鮟鱇目，躄鱼科，躄鱼属

拉丁名：*Antennarius biocellatus*

俗名：红软虎。鱼体红色，背鳍基部有一个带黄边的黑色眼斑。栖息于岩礁及珊瑚礁海域浅水处。性格凶猛，以小型鱼虾为食。最大体长：12cm。光照：柔和。分布：西太平洋。

康氏躄鱼

分类：鮟鱇目，躄鱼科，躄鱼属

拉丁名：*Antennarius commersonii*

俗名：灰娃娃。鱼体粉红色或灰色，有许多暗褐色斑点，吻触手顶端的肉质部为丝状。栖息于岩礁及珊瑚礁底部。性格凶猛，以小型鱼虾为食。最大体长：30cm。光照：柔和。分布：除东部太平洋以外的温带及热带海域。

裸躄鱼

分类：鮟鱇目，躄鱼科，裸躄鱼属

拉丁名：*Histrio histrio*

俗名：虎纹五脚虎。鱼体黄褐色且变化多端，散布黑色和浅色斑点，吻触手呈绒球状。栖息于珊瑚礁、岩礁附近的海藻下面。性格凶猛，以小型鱼虾为食。最大体长：20cm。光照：柔和。分布：热带及亚热带海域。

斑躄鱼

分类：鮟鱇目，躄鱼科，躄鱼属

拉丁名：*Antennarius maculates*

鱼体黄色，布满不规则的褐色斑块及疣状突起。栖息于岩礁及珊瑚礁潮间带的海藻下面。性格凶猛，以小型鱼虾为食。最大体长：20cm。光照：柔和。分布：印度洋—太平洋。

成鱼

幼鱼

钱斑躄鱼

分类：鮟鱇目，躄鱼科，躄鱼属

拉丁名：*Antennarius nummifer*

俗名：软虎。全身桔黄色至橘红色，且布满不规则的黑色斑点。栖息于岩礁海域的礁石下面。性格凶猛，以小型鱼虾为食。最大体长：25cm。光照：柔和。分布：印度洋—太平洋。

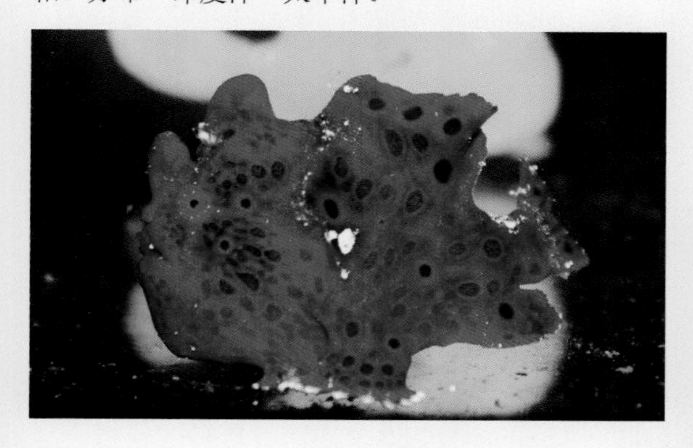

白斑躄鱼

分类：鮟鱇目，躄鱼科，躄鱼属

拉丁名：*Antennarius pictus*

俗名：花斑软虎。全身黄褐色，布满不规则的黑色圆点。栖息于岩礁海域的底层。性格凶猛，以小型鱼虾为食。最大体长：15cm。光照：柔和。分布：印度洋—太平洋。

条纹躄鱼

分类：鮟鱇目，躄鱼科，躄鱼属

拉丁名：*Antennarius striatus*

俗名：黑娃娃。鱼体黄褐色至黑褐色且变化极大，全身布满皮质肉赘。栖息于岩礁、珊瑚礁的礁石下面。性格凶猛，以小型鱼虾为食。最大体长：15cm。光照：柔和。分布：除东太平洋以外温带和热带海域。

白斑躄鱼

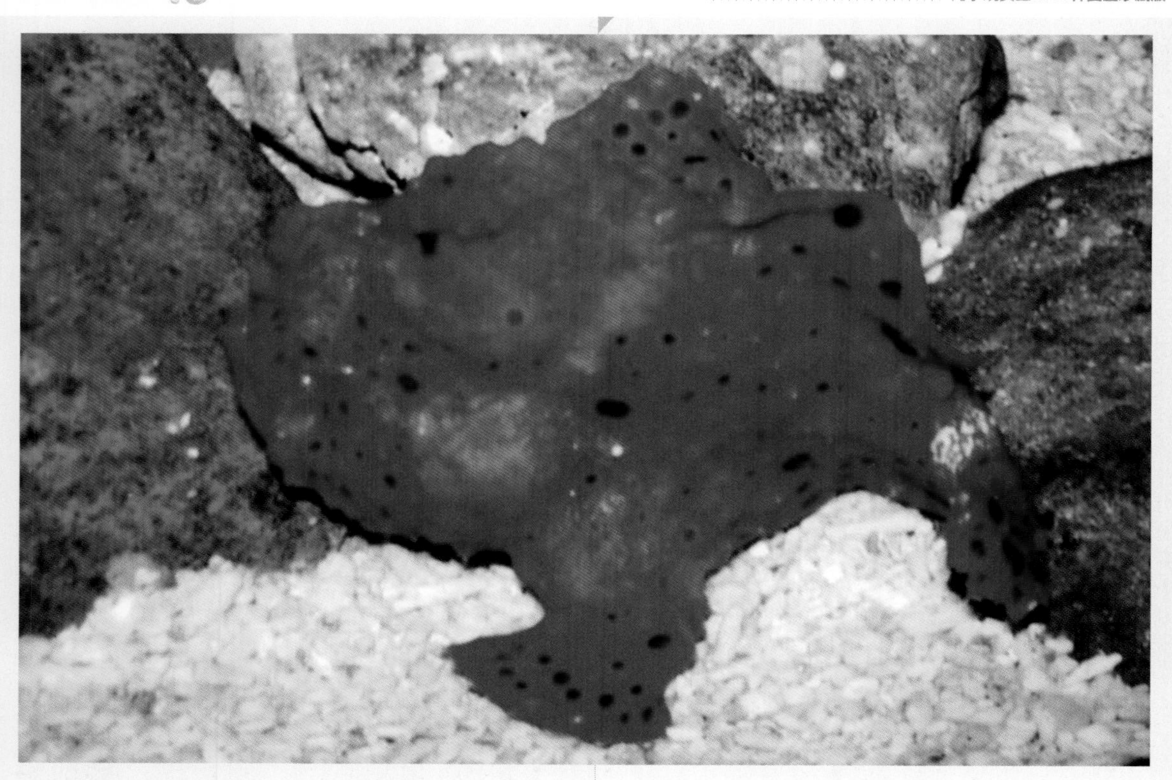

三齿躄鱼

分类：鮟鱇目，躄鱼科，躄鱼属
拉丁名：*Antennrius pinniceps*
体色变化较大，有褐色、黑色、红色等。栖息于珊瑚礁和海藻下面。性格凶猛，以小型鱼虾为食。最大体长：20cm。光照：柔和。分布：印度洋—太平洋。

Haishui Guanshangyu 1000 Zhong Tujian Zhencangban

鳂鱼

鳂鱼属于金眼鲷目，金鳞鱼科。栖息于水深100m左右的深海，夜行性鱼类。为了能在夜间清楚地看到东西，它们都长了一双大眼睛。鳂鱼最大的个体可达到60cm，最小的仅2cm。

斑尾鳂

斑尾鳂

分类：金眼鲷目，金鳞鱼科，棘鳞鱼属
拉丁名：*Sargocentron caudimaculatus*
俗名：白尾艳红。鳃盖骨上靠近侧线处有一白线。栖息于岩礁、珊瑚礁海域。性格凶猛，以小型鱼虾类为食。最大体长：18cm。光照：暗。分布：印度洋—太平洋。

黑鳍鳂

分类：金眼鲷目，金鳞鱼科，棘鳞鱼属
拉丁名：*Sargocentron diadema*
俗名：大目。身上有9条红色纵纹，背鳍黑色，鳍棘紫红色。栖息于珊瑚礁海域。性格凶猛，以小型鱼虾为食。最大体长：15cm。光照：暗。分布：印度洋—太平洋。

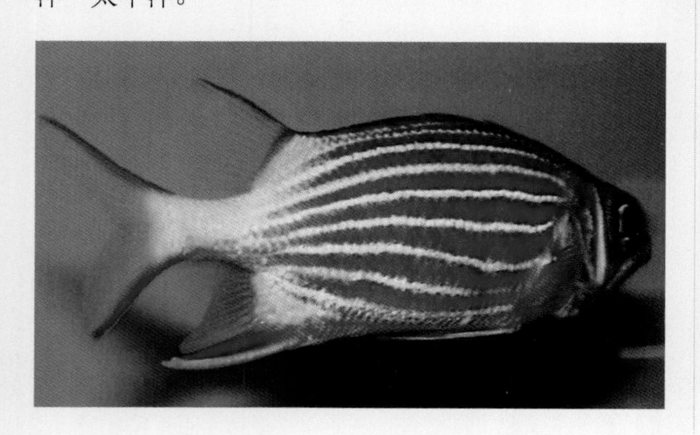

银带鳂

分类：金眼鲷目，金鳞鱼科，棘鳞鱼属
拉丁名：*Sargocentron ittodai*
俗名：点纹艳红。全身红色，体侧有数条由白点组成的纵线，背鳍中间有一白色纵带。栖息于岩礁及珊瑚礁海域。性格凶猛，以小型鱼虾为食。最大体长：20cm。光照：暗。分布：印度洋—太平洋。

紫鳂

分类：金眼鲷目，金鳞鱼科，棘鳞鱼属
拉丁名：*Sargocentron violaceum*
头部红色，体侧紫色，每一鳞片外缘黑色。栖息于岩礁及珊瑚礁洞穴中。性格凶猛，以小型鱼虾为食。最大体长：20cm。光照：暗。分布：印度洋—太平洋。

点带棘鳞鱼

点带棘鳞鱼

分类：金眼鲷目，金鳞鱼科，棘鳞鱼属
拉丁名：*Sargocentron rubrum*
俗名：将军甲。体侧每一鳞片中央有一红色至红褐色斑点，此斑点排列成10纵列。栖息于岩礁、珊瑚礁底层。性格凶猛，以小型鱼虾为食。最大体长：36cm。分布：印度洋—西太平洋。

黑点棘鳞鱼

分类：金眼鲷目，金鳞鱼科，棘鳞鱼属
拉丁名：*Sargocentron melanospilos*
俗名：鳍斑鳂。背鳍、臀鳍、尾鳍及胸鳍基部各有一黑斑。栖息于岩礁及珊瑚礁海域底层。性格凶猛，以小型鱼虾为食。最大体长：30cm。光照：暗。分布：印度洋—太平洋。

棘鳂

分类：金眼鲷目，金鳞鱼科，棘鳞鱼属
拉丁名：*Sargocentron spiniferum*
俗名：艳红。下颌比上颌凸出，全身红色，体侧无明显深色斑纹。栖息于岩礁、珊瑚礁底层。性格凶猛，以小型鱼虾为食。最大体长：45cm。光照：暗。分布：印度洋—太平洋。

多刺鳂

分类：金眼鲷目，金鳞鱼科，棘鳞鱼属
拉丁名：*Sargocentron spinosissimus*
鱼体红色，鳍棘白色。栖息于沿岸岩礁海域水深10~30m处。性格凶猛，以小型鱼虾为食。最大体长：30cm。光照：暗。分布：西太平洋。

焦黑锯鳞鱼

分类：金眼鲷目，金鳞鱼科，锯鳞鱼属
拉丁名：*Myripristis abustus*
俗名：黑大眼。鱼体灰色，鳞片外缘为黑色，第二背鳍、臀鳍、腹鳍及尾鳍的外缘为黑色。栖息于珊瑚礁洞穴中。性格凶猛，以小型鱼虾为食。最大体长：32cm。光照：暗。分布：印度洋—太平洋。

阿美锯鳞鱼

分类：金眼鲷目，金鳞鱼科，锯鳞鱼属
拉丁名：*Myripristis amaenus*
体粉红色，鳞片外缘为红色。栖息于岩礁及珊瑚礁海域洞穴中。性格凶猛，以小型鱼虾为食。最大体长：30cm。光照：暗。分布：印度洋—太平洋。

红锯鳞鱼

分类：金眼鲷目，金鳞鱼科，锯鳞鱼属
拉丁名：*Myripristis pralinia*
俗名：坚松毬。鱼体红色，胸鳍基部有一黑斑，鳃膜至鳃盖骨棘之间有一棕色斑。栖息于岩礁及珊瑚礁

焦黑锯鳞鱼

红锯鳞鱼

海域的洞穴中。性格凶猛，以小型鱼虾为食。最大体长：20cm。光照：暗。分布：印度洋—太平洋。

金锯鳞鱼

分类：金眼鲷目，金鳞鱼科，锯鳞鱼属
拉丁名：*Myripristis chryseres*
俗名：金鳍大目。除胸鳍外其余各鳍均为黄色。栖息于岩礁海域水深25m左右的洞穴中。性格凶猛，以小型鱼虾为食。最大体长：15cm。光照：暗。分布：印度洋—太平洋。

孔锯鳞鱼

分类：金眼鲷目，金鳞鱼科，锯鳞鱼属
拉丁名：*Myripristis kuntee*
鱼体红色，鳃盖至胸鳍基部有一黑色横带，背鳍、腹鳍及臀鳍外缘为红色。栖息于珊瑚礁海域水深10m左右的洞穴中。性格凶猛，以小型鱼虾为食。最大体长：15cm。光照：暗。分布：印度洋—太平洋。

黑框锯鳞鱼

分类：金眼鲷目，金鳞鱼科，锯鳞鱼属
拉丁名：*Myripristis melanosticta*
鱼体银白色，侧线以上鳞片的外缘为红色，背鳍、臀鳍及尾鳍红色。栖息于珊瑚礁海域水深30m左右的洞穴中。性格凶猛，以小型鱼虾为食。最大体长：30cm。光照：暗。分布：印度洋—太平洋。

紫红锯鳞鱼

分类：金眼鲷目，金鳞鱼科，锯鳞鱼属
拉丁名：*Myripristis violacea*
俗名：紫松毬。鱼体青灰色，背部颜色较深，腹部颜色较浅，背鳍、臀鳍及尾鳍末梢红色。栖息于珊瑚礁海域水深10m左右处。性格凶猛，以小型鱼虾为食。最大体长：20cm。光照：暗。分布：印度洋—太平洋。

赤鳃锯鳞鱼

分类：金眼鲷目，金鳞鱼科，锯鳞鱼属
拉丁名：*Myripristis vittata*
全身红色无杂斑。栖息于岩礁及珊瑚礁悬崖峭壁下的海域。性格凶猛，以小型鱼虾为食。最大体长：20cm。光照：暗。分布：印度洋—太平洋。

条长颊鳂

分类：金眼鲷目，金鳞鱼科，新东洋鳂属
拉丁名：*Neoniphon sammara*
鱼体青灰色，体侧有8~10条褐色纵带，第一背鳍黑色，上下缘有三角形白色斑。栖息于珊瑚礁洞穴中。性格凶猛，以小型鱼虾为食。最大体长：30cm。光照：暗。分布：印度洋—太平洋。

黑鳍长颊鳂

分类：金眼鲷目，金鳞鱼科，新东洋鳂属
拉丁名：*Neoniphon opercularis*
鱼体红色，背鳍鳍膜黑色，上下端有三角形白色斑，似一张大嘴，栖息于珊瑚礁底层洞穴中。性格凶猛，以小型鱼虾为食。最大体长：35cm。光照：暗。分布：印度洋—太平洋。

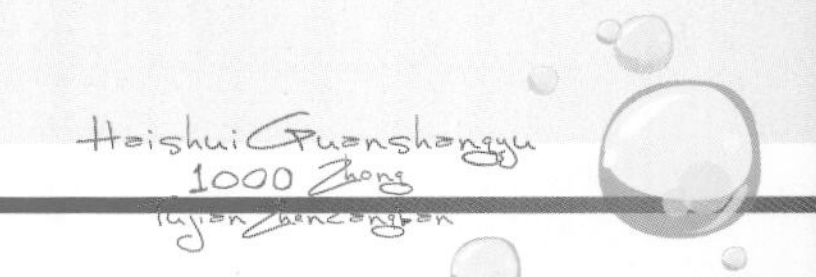

海龙和海马

海龙和海马同属于海龙科。它们的体表都有一层骨质环片，这就是它们的鱼鳞；它们的吻长、口小，如吸管状，摄食时用细长的吻吸食小型浮游动物。海龙有尾鳍，而海马没有且游泳速度很慢，总是用尾巴缠绕在海藻或其他物体上，以防止被海流冲走，游泳时靠扇动背鳍，头上尾下直立前进。雄性的海龙和海马在腹部有一个育儿袋，繁殖时雌性的海龙和海马将卵子排入雄性的育儿袋中，卵子在育儿袋中受精。

宝珈海龙

分类：刺鱼目，海龙科，枪矛吻海龙属

拉丁名：*Doryichthys boaja*

鱼体褐色，吻部较长，骨质环片的边缘较锋利，每一骨环有一个棘和一条黑色环带。栖息于近海海域水深30m以内的泥沙质海底。性格温柔，以细小浮游生物为食。最大体长：20cm。光照：柔和。分布：印度洋—西太平洋。

大吻海蠋鱼

分类：刺鱼目，海龙科，海蠋鱼属

拉丁名：*Halicampus macrorhynchus*

头部及身体上有许多叶状皮摺，体色会随环境的变化而变化。栖息于海藻丛中。性格温柔，以细小浮游生物为食。最大体长：20cm。光照：柔和。分布：印度洋—西太平洋。

环纹冠海龙

分类：刺鱼目，海龙科，冠海龙属

拉丁名：*Corythoichthys amplexus*

俗名：斑节海龙。鱼体灰白色，有14~16条褐色至红色环带；成鱼后鱼体红褐色，环带白色。栖息于珊瑚礁海域水深30m以内性格温柔，以细小浮游生物为食。最大体长：10cm。光照：柔和。分布：印度洋—太平洋。

红鳍冠海龙

分类：刺鱼目，海龙科，冠海龙属

拉丁名：*Corythoichthys haematopterus*

躯干部的骨环为六棱形，尾部骨环为四棱形，体侧有12或13条黑色环纹。栖息于珊瑚礁海域水深20m以内的珊瑚丛中。性格温柔，以细小浮游生物为食。最大体长：20cm。光照：柔和。分布：印度洋—太平洋。

澳大利亚冠海龙

分类：刺鱼目，海龙科，冠海龙属

拉丁名：*Corythoichthys intestinalis*

俗名：爬爬海龙。鱼体灰褐色，由断断续续的、深褐色的细纵纹组成的20个左右的斑块，从鳃后一直延伸到尾柄。栖息于珊瑚礁底层。性格温柔，以小型无脊椎动物为食。最大体长：16cm。光照：柔和。分布：印度洋—西太平洋。

舒氏冠海龙

分类：刺鱼目，海龙科，冠海龙属

拉丁名：*Corythoichtys schultzi*

身体前半部分为灰褐色，后半部分及吻端为褐色。栖息于珊瑚礁海域水深20m以内的浅水层。性格温柔，以细小浮游生物为食。最大体长：15cm。光照：柔和。分布：印度洋—太平洋。

带纹矛吻海龙

分类：刺鱼目，海龙科，矛吻海龙属

拉丁名：*Dunckerocampus dactyliophorus*

俗名：斑节海龙。体侧有28个红褐色环纹。栖息于沿岸岩礁及珊瑚礁海域水深56m以内的水层。性格温柔，以细小浮游生物为食。最大体长：18cm。光照：柔和。分布：印度洋—太平洋。

强氏矛吻海龙

分类：刺鱼目，海龙科，矛吻海龙属

拉丁名：*Doryrhamphus janssi*

俗名：红肚海龙。身体的中间段为鲜艳的红色，头部与身体后半部分为黑色。栖息于珊瑚礁海域浅水处。性格温柔，以细小浮游生物为食。最大体长：13cm。光照：柔和。分布：印度洋—西太平洋。

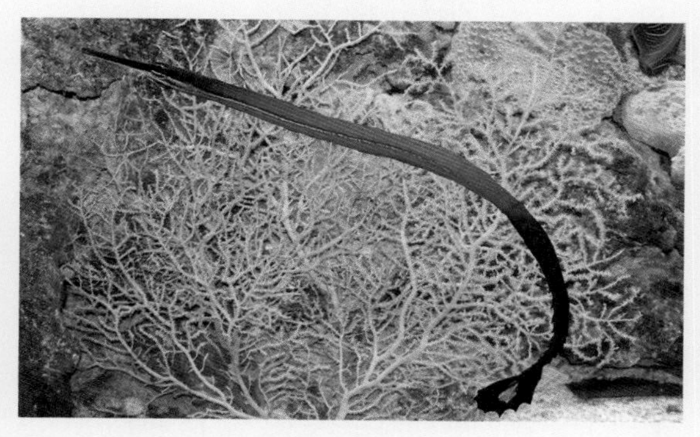

黑吻海龙

分类：刺鱼目，海龙科，矛吻海龙属

拉丁名：*Doryrhamphus negrosensis*

鱼体灰褐色，体侧中央有一条蓝色纵带，尾鳍黄色，边缘褐色。栖息于珊瑚礁海域水深10m以内的浅水层。性格温柔，以细小浮游生物为食。最大体长：10cm。光照：柔和。分布：印度洋－西太平洋。

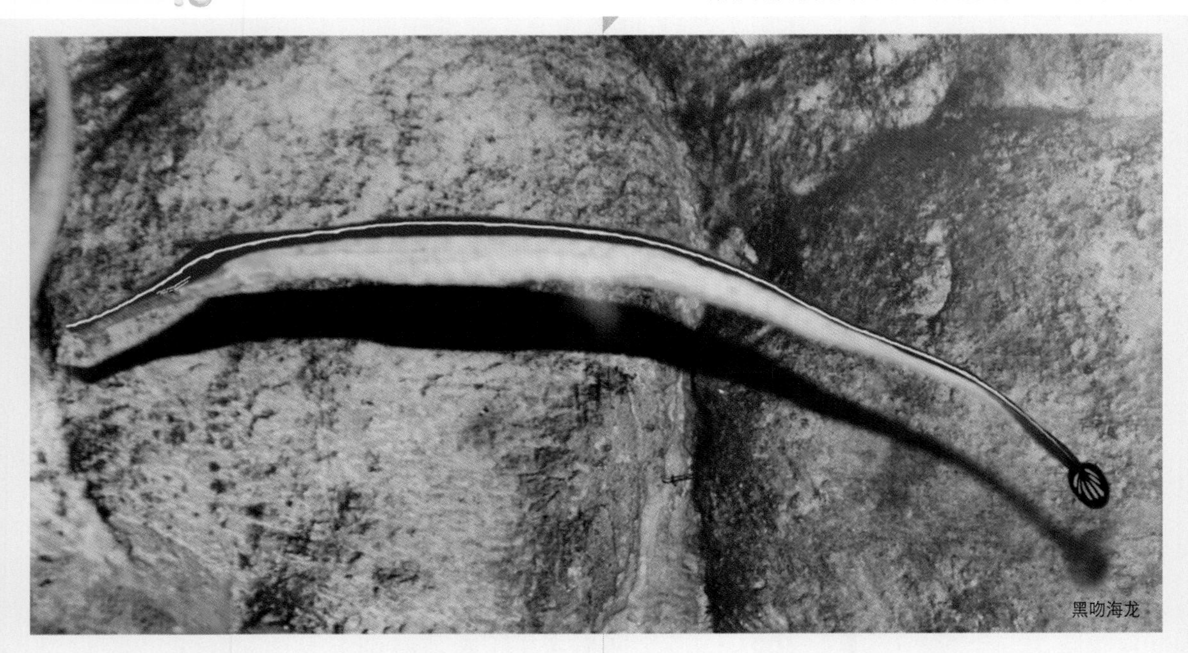

黑吻海龙

日本吻海龙

分类：刺鱼目，海龙科，矛吻海龙属

拉丁名：*Doryrhamphus japonicas*

俗名：日本海龙。鱼体灰褐色，体侧中央有一条蓝色纵带，尾鳍褐色且有3个黄斑。栖息于温带岩礁海域10m以内的浅水层。性格温柔，以细小浮游生物为食。最大体长：10cm。光照：柔和。分布：西北太平洋。

蓝带矛吻海龙

分类：刺鱼目，海龙科，矛吻海龙属

拉丁名：*Doryrhamphus excises*

俗名：蓝带海龙。从吻端至尾鳍基部有一深蓝色纵带，尾鳍褐色且有不规则黄斑。栖息于岩礁和珊瑚礁海域水深50m以内。性格温柔，以细小浮游生物为食。最大体长：8cm。光照：柔和。分布：印度洋—太平洋与东太平洋。

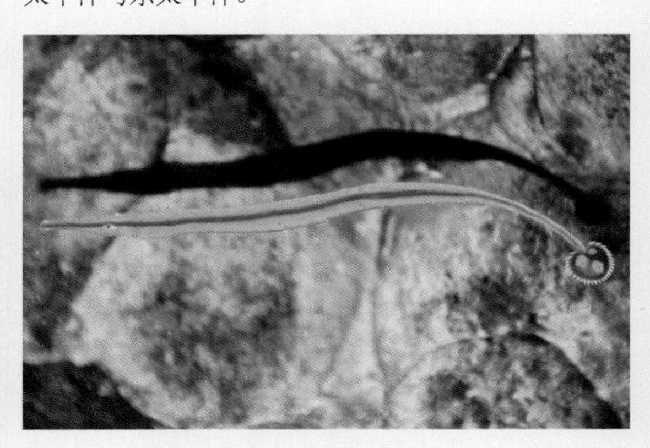

多环矛吻海龙

分类：刺鱼目，海龙科，矛吻海龙属

拉丁名：*Doryrhamphus multiannulatus*

俗名：红斑节海龙。鱼体黄褐色，从吻端至尾鳍有76~80个红褐色环纹。栖息于珊瑚礁水深30m左右处。性格温柔，以细小浮游生物为食。最大体长：18cm。光照：柔和。分布：印度洋—西太平洋。

粗吻海龙

分类：刺鱼目，海龙科，粗吻海龙属
拉丁名：*Trachyrhamphus serratus*
鱼体灰色，有多条黑色横纹，全身散布白斑。栖息于岩礁海域水深15~100m的沙质或泥沙质海底上。性格温柔，以细小浮游生物为食。最大体长：30cm。光照：柔和。分布：印度洋东部－西太平洋。

安氏小颌海龙

分类：刺鱼目，海龙科，小颌海龙属
拉丁名：*Micrognathus andersonii*
幼鱼灰白色，成鱼褐色，腹部扁平。栖息于岩礁、珊瑚礁海域水深5m左右的浅水处。性格温柔，以细小浮游生物为食。最大体长：15cm。光照：柔和。分布：印度洋—太平洋。

棘海龙

分类：刺鱼目，海龙科，海龙属
拉丁名：*Syngnathoides biaculeatus*
鱼体黄褐色，有白点和不明显的暗色横带，吻较长。栖息于海藻茂盛的浅海海域。性格温柔，以细小浮游生物为食。最大体长：29cm。光照：柔和。分布：印度洋—西太平洋。

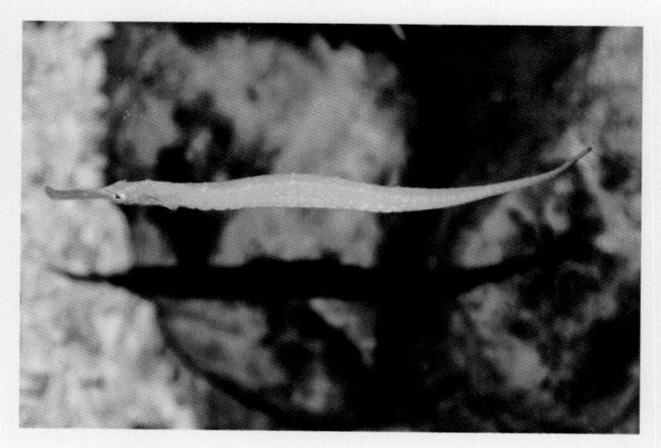

澳洲叶海马

分类：刺鱼目，海龙科，叶海马属
拉丁名：*Phyllopteryx taeniolatus*
俗名：草海龙。皮质皱褶像海藻叶片状。栖息于海藻场中。性格温柔，以海藻及细小浮游生物为食。最大体长：29cm。光照：柔和。分布：澳大利亚南部海域。

斑点海马

分类：刺鱼目，海龙科，海马属

拉丁名：*Hippocampus erectus*

鱼体灰褐色，体表骨质环片的各棱脊上有长短不一的锐棘，相间隔排列。栖息于岩礁海域水深40m以内。性格温柔，以细小浮游生物为食。最大体长：15cm。光照：柔和。分布：印度洋—太平洋。

大海马

分类：刺鱼目，海龙科，海马属

拉丁名：*Hippocampus kelloggi*

俗名：黄海马。鱼体淡黄色至暗灰色有小白点，头部与体轴呈直角，躯干部骨环7棱形，尾部4棱形，尾端卷曲。栖息于海藻场。性格温柔，以小型无脊椎动物为食。最大体长：22cm。光照：柔和。分布：印度洋—西太平洋。

管海马

分类：刺鱼目，海龙科，海马属

拉丁名：*Hippocampus kuda*

幼鱼灰白色，成鱼黄褐色至浅褐色。各棱节上有不完全的结节。栖息于沿岸至河口地区海淡水混合处。性格温柔，以细小浮游生物为食。最大体长：26cm。光照：柔和。分布：印度洋—太平洋。

幼鱼

成鱼

刺海马

分类：刺鱼目，海龙科，海马属

拉丁名：*Hippocampus histrix*

各棱棘上有长度等于眼睛直径的棘，棘的尖端为黑色，吻部有暗色横纹。栖息于水深40m以内的珊瑚礁和岩礁海域。性格温柔，以细小浮游生物为食。最大体长：15cm。光照：柔和。分布：印度洋—太平洋。

冠海马

分类：刺鱼目，海龙科，海马属

拉丁名：*Hippocampus coronatus*

俗名：红海马。鱼体红色，头上有树枝状棘。栖息于海藻场。性格温柔，以细小浮游生物为食。最大体长：15cm。光照：柔和。分布：西北太平洋。

三斑海马

分类：刺鱼目，海龙科，海马属

拉丁名：*Hippocampus trimaculatus*

俗名：花海马。鱼体褐色，在背鳍前方靠近背缘处有3个黑斑。栖息于海藻场。性格温柔，以细小浮游生物为食。最大体长：15cm。光照：柔和。分布：印度洋—太平洋。

高伦海马

分类：刺鱼目，海龙科，海马属

拉丁名：*Hippocampus takakurai*

鱼体褐色，棱棘上有灰色小突起。栖息于岩礁海域沙质或沙砾质海底上。性格温柔，以细小浮游生物为食。最大体长：20cm。光照：柔和。分布：西太平洋温带海域。

中华管口鱼

分类：刺鱼目，管口鱼科，管口鱼属

拉丁名：*Aulostomus chinensis*

身体细长，吻细长如管状，上颌有一长方形黑斑。雄鱼体黄色，腹部渐白，尾鳍上叶有一小黑点；雌鱼体侧有6条纵纹。栖息于珊瑚礁海域枝状珊瑚和海葵茂盛的地方。性格凶猛，以甲壳类、鱼类为食。最大体长：100cm。光照：柔和。分布：印度洋—太平洋。

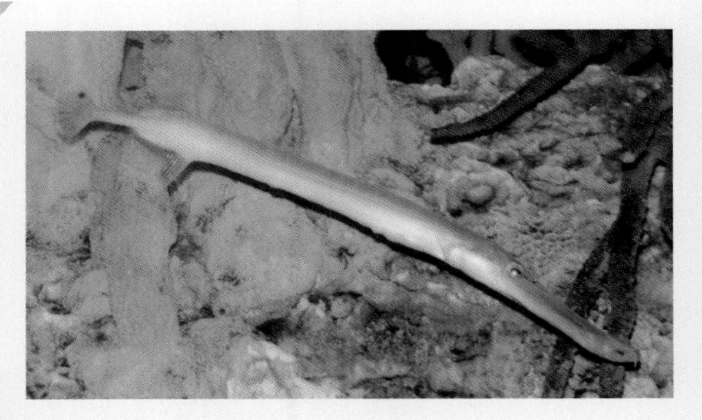

雄鱼

雌鱼

棘烟管鱼

分类：刺鱼目，烟管鱼科，烟管鱼属

拉丁名：*Fistularia commersonii*

俗名：马鞭。身体细长，吻长口小如吸管状，尾鳍上下叶之间延长如丝状。栖息于珊瑚礁水深1~30m的浅水处。性格凶猛，以小鱼为食。最大体长：160cm。光照：柔和。分布：印度洋—太平洋。

条纹虾鱼

分类：刺鱼目，玻甲鱼科，虾鱼属

拉丁名：*Aeoliscus strigatus*

俗名：刀片。暖水性小型鱼类，身体侧扁，体表包裹一层薄薄的骨质板，分节但又互相连接，腹部外缘如刀片般锋利。栖息于枝状珊瑚或海胆的刺中，活动水层1~25m。性格温柔，以浮游动物为食。最大体长：15cm。光照：柔和。分布：印度洋—西太平洋。

剃刀鱼

分类：刺鱼目，剃刀鱼科，剃刀鱼属

拉丁名：*Solenostomus paradoxus*

身体细长，体表有许多皮质突起，体色会随环境随时变化，栖息于岩礁海域的沙质海底。性格温柔，以浮游动物为食。最大体长：17cm。光照：柔和。分布：印度洋—西太平洋。

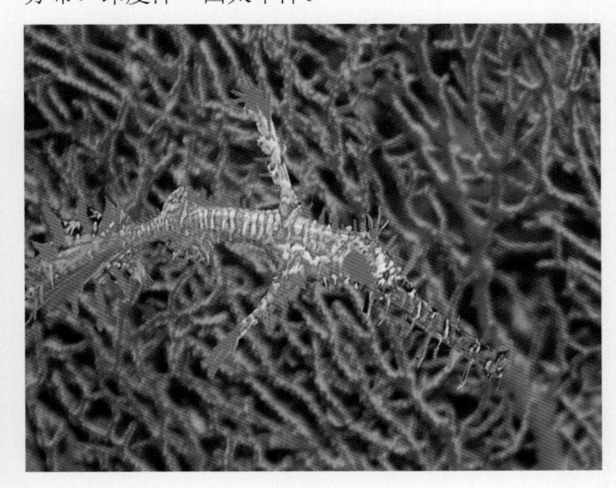

蓝鳍剃刀鱼

分类：刺鱼目，剃刀鱼科，剃刀鱼属

拉丁名：*Solenostomus cyanopterus*

俗名：剃刀鱼。体色由黄绿色至褐色不等，体表包裹一层骨质板。栖息于岩礁海域海藻丛中。性格温柔，以浮游动物为食。最大体长：17cm。光照：柔和。分布：印度洋—太平洋。

鹭管鱼

分类：刺鱼目，长吻鱼科，长吻鱼属

拉丁名：*Macrorhamphosus scolopax*

俗名：长吻鱼。鱼体粉红色，吻部细长如细管状。栖息于海藻丛生处。性格温柔，以小型浮游动物为食。最大体长：20cm。光照：柔和。分布：印度洋—西太平洋。

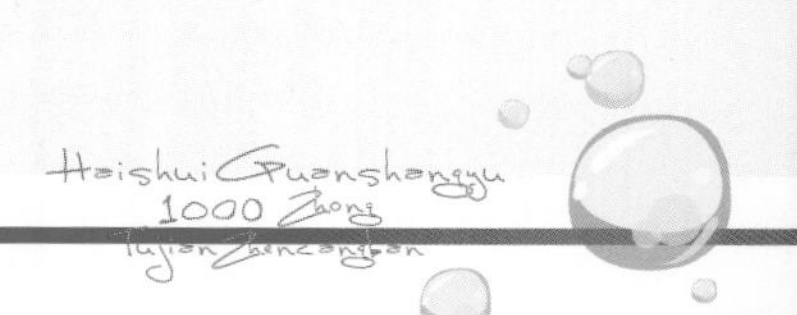

毒鲉与蓑鲉

毒鲉与蓑鲉虽然一个长得很丑，一个长得很美，但它们都属于鲉形目的鱼类，有一个共同的特点——有剧毒！它们的每一根鳍棘下面都有一个毒囊，当棘刺受到刺激以后，毒囊立刻排出毒液，毒液顺着棘刺的管道，像注射器一样瞬间注入到对方体内，其毒性是眼镜蛇的50倍。

环纹簑鲉

玫瑰毒鲉

分类：鲉形目，毒鲉科，毒鲉属
拉丁名：*Synanceia verrucosa*
俗名：蝎子鱼。体表布满一层米粒大小的疙瘩，不善于游泳。栖息于珊瑚礁礁石或礁石下面的沙底上。性格凶猛，以鱼类、虾蟹等小型无脊椎动物为食。最大体长：35cm。光照：柔和。分布：印度洋—太平洋。

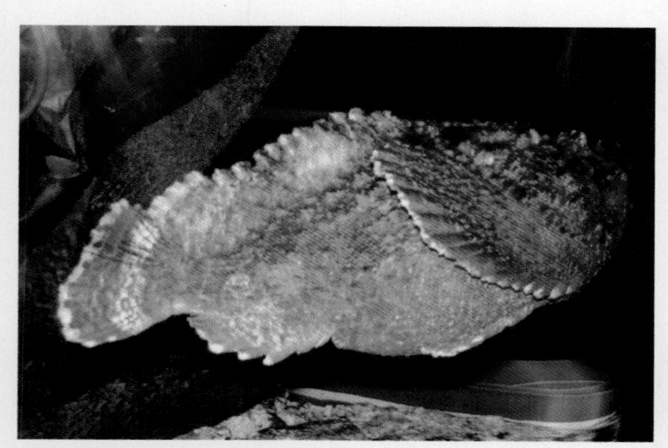
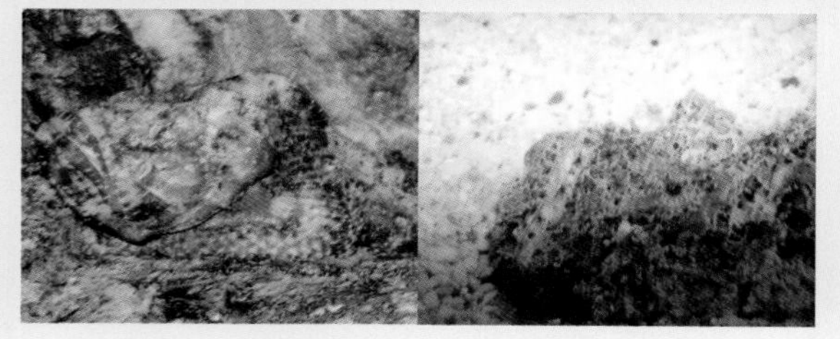

环纹簑鲉

分类：鲉形目，鲉科，蓑鲉属
拉丁名：*Pterois lunulata*
俗名：魔鬼狮子。体被圆鳞，有65~70片侧线鳞，腹部无棘刺，身上美丽的环形条纹是一种警戒色。栖息于岩礁、珊瑚礁洞穴及礁石旁。性格凶猛，以小型鱼类、小型无脊椎动物为食。最大体长：25cm。光照：柔和。分布：印度洋—太平洋。

斑鳍蓑鲉

分类：鲉形目，鲉科，蓑鲉属
拉丁名：*Pterois miles*
俗名：长刺红狮。眼眶上的刺为羽状。栖息于珊瑚礁洞穴中，活动在水深5~30m的浅水层。性格凶

猛，以小型鱼类为食。最大体长：30cm。光照：柔和。分布：印度洋—西太平洋。

翱翔蓑鲉

分类：鲉形目，鲉科，蓑鲉属
拉丁名：*Pterois volitans*
俗名：长刺黑狮。体色有褐色、黑褐色、黑色，身披栉鳞，眼眶上的刺大于眼睛直径的2倍。栖息于沿海岩礁、珊瑚礁洞穴中，水深5~30m的浅水层。性格凶猛，以小型鱼类、小型无脊椎动物为食。最大体长：35cm。光照：柔和。分布：印度洋—太平洋。

触须蓑鲉

分类：鲉形目，鲉科，蓑鲉属
拉丁名：*Pterois antennata*
俗名：白针狮子。眼眶上的刺有4~5个横环，胸鳍鳍膜上有带红边的黑色圆斑，胸鳍和背鳍的鳍条末端呈白色针状。栖息于珊瑚礁洞穴中。性格凶猛，以小型鱼虾为食。最大体长：30cm。光照：柔和。分布：印度洋—太平洋。

辐蓑鲉

分类：鲉形目，鲉科，蓑鲉属
拉丁名：*Pterois radiate*
俗名：天线狮子。体被栉鳞，眼眶上的刺为平直的尖刺型，无杂色，体侧有带白边的黑色横纹，胸鳍宽大无杂色。栖息于沿岸岩礁，珊瑚礁洞穴中。性格凶猛，以小型鱼虾为食。最大体长：20cm。光照：柔和。分布：印度洋—太平洋。

美丽短鳍蓑鲉

分类：鲉形目，鲉科，短鳍蓑鲉属
拉丁名：*Dendrochirus bellus*
俗名：蝴蝶狮子。眼眶上的刺长于眼睛直径，身上有7或8条暗色横带，胸鳍有一条黑褐色纵带，前鳃盖骨及眼下有黑斑。栖息于珊瑚礁水深40m以内的海域。性格凶猛，以小型鱼类、小型无脊椎动物为食。最大体长：15cm。光照：柔和。分布：印度洋—太平洋。

双斑短鳍蓑鲉

分类：鲉形目，鲉科，短鳍蓑鲉属
拉丁名：*Dendrochirus biocellatus*
俗名：象鼻狮。背鳍软条部位有2或3个带黄边的黑色眼斑。栖息于珊瑚礁悬崖峭壁处的洞穴中。性格凶猛，以小型鱼虾为食。最大体长：12cm。光照：柔和。分布：西太平洋。

短鳍蓑鲉

分类：鲉形目，鲉科，短鳍蓑鲉属
拉丁名：*Dendrochirus brachypterus*
俗名：蜜蜂狮。全身灰褐色，有7~9条暗色横带，第二背鳍、尾鳍灰色，各鳍上布满褐色斑点。栖息于珊瑚礁海域水深10~15m处的礁石下面的沙砾底上。性格凶猛，以小型鱼类、小型无脊椎动物为食。最大体长：15cm。光照：柔和。分布：印度洋—太平洋。

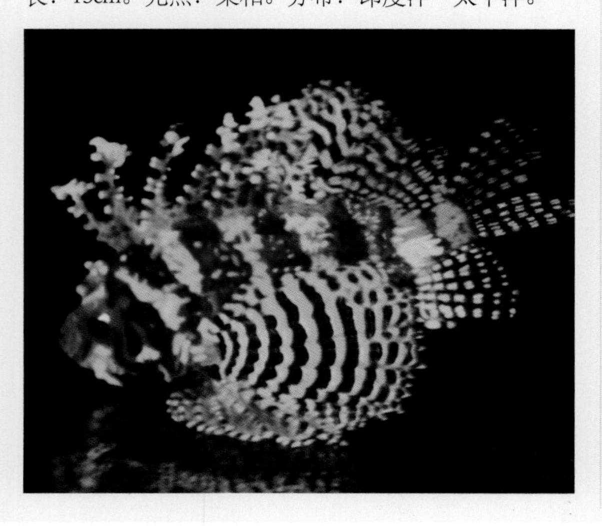

花斑短鳍簑鲉

分类：鲉形目，鲉科，短鳍蓑鲉属
拉丁名：*Dendrochirus zebra*
俗名：五彩狮。体色红至褐色，体侧有7或8条环形纹，各鳍布满白色斑点。栖息于泥沙底质和沙砾底质的内湾，水深10~200m处。性格凶猛，以小型鱼类、小型无脊椎动物为食。最大体长：30cm。光照：柔和。分布：西太平洋。

盔蓑鲉

分类：鲉形目，鲉科，盔鲉属
拉丁名：*Ebosia bleekeri*
体侧有7条暗色横带，眼眶上的刺长等于眼睛直径。栖息于岩礁海域水深30m左右处。性格凶猛，以鱼虾为食。最大体长：25cm。光照：柔和。分布：印度洋—西太平洋。

日本鬼鲉

分类：鲉形目，毒鲉科，鬼鲉属
拉丁名：*Inimicus japonicus*
俗名：鬼鲉。全身无鳞只有疣状皮凸，全身长满小触须，头部凹凸不平，各鳍有白点或斑块，胸鳍下有2根软条。栖息于200m以内的沙质海底及岩礁处。性格凶猛，以小型鱼类为食。最大体长：20cm。光照：柔和。分布：印度洋—西太平洋。

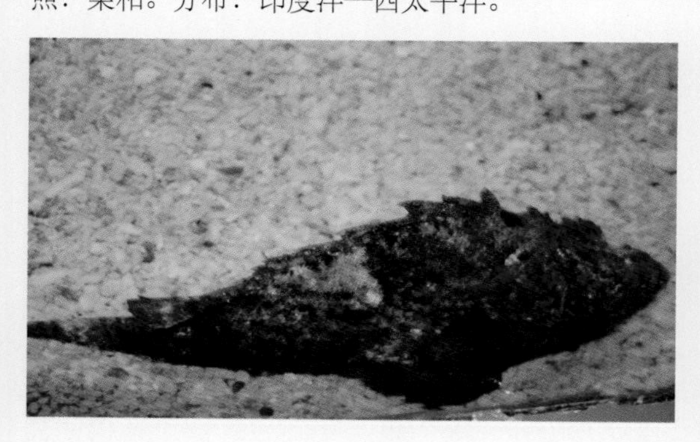

中华鬼鲉

分类：鲉形目，毒鲉科，鬼鲉属
拉丁名：*Inimicus sinensis*
头部扁平，胸鳍宽大，体色会随环境迅速变换。栖息于岩礁海域沙质海底，水深20m以内。性格凶猛，以小型鱼虾为食。最大体长：25cm。光照：柔和。分布：印度洋—西太平洋。

单指虎鲉

分类：鲉形目，毒鲉科，虎鲉属
拉丁名：*Minous monodactylus*
背鳍有不规则的斑点与条纹，第一棘与第二棘分开，第1~4软条间的外侧有一块大黑斑，体色会随环境变化而变化。栖息于珊瑚礁海域沙底。性格凶猛，以小型无脊椎动物、小型鱼类为食。最大体长：12cm。光照：柔和。分布：印度洋—西太平洋。

狮头毒鲉

分类：鲉形目，毒鲉科，狮头鲉属
拉丁名：*Erosa erosa*
俗名：达摩毒鲉。体色变化很大，但背部多为褐色，胸鳍、腹鳍及臀鳍有暗色横纹。栖息于沿岸的岩礁海域泥沙底上。性格凶猛，以小型无脊椎动物、小型鱼类为食。最大体长：20cm。光照：柔和。分布：印度洋—西太平洋。

白斑菖鲉

白斑菖鲉

分类：鲉形目，鲉科，菖鲉属
拉丁名：*Sebastiscus albofasciatus*
俗名：白斑石狗公。体色橘红色，配有浅黄色至白色的斑点，胸鳍有17根鳍条。栖息于岩礁海域水深20~100m处。性格凶猛，以小型无脊椎动物、小型鱼类为食。最大体长：22cm。光照：柔和。分布：西太平洋温带海域。

褐菖鲉

分类：鲉形目，毒鲉科，菖鲉属
拉丁名：*Sebastiscus marmoratus*

俗名：石狗公。鱼体红色至褐色，全身布满灰色斑点，体色变化较大。栖息于岩礁海域水深50m以下。性格凶猛，以小型无脊椎动物、小型鱼类为食。最大体长：20cm。光照：柔和。分布：西太平洋。

关岛小鲉

分类：鲉形目，鲉科，小鲉属
拉丁名：*Scorpaenodes guamensis*
鱼体褐色，鳃盖上有一暗色斑，全身布满黑色斑点和小棘刺，尾柄灰色有一条褐色横带，尾鳍灰色布满褐色斑点。栖息于沿岸岩礁及珊瑚礁海域浅水处的沙质海底上。性格凶猛，以小型无脊椎动物、小型鱼类为食。最大体长：10cm。光照：柔和。分布：印度洋—太平洋。

短鳍小鲉

分类：鲉形目，毒鲉科，小鲉属

拉丁名：*Scorpaenodes parvipinnis*

俗名：双色狮子。背部隆起呈驼背形，鱼体红褐色，但变化较大，体侧中央有一块白色大斑。栖息于珊瑚礁浅水处。性格凶猛，以无脊椎动物、鱼类为食。最大体长：15cm。光照：明亮。分布：太平洋北部。

帆鳍鲉

分类：鲉形目，鲉科，钝顶鲉属

拉丁名：*Amblyapistus taenianotus*

俗名：济公。鱼体褐色，背鳍起自眼睛前部上方，胸鳍宽大，行动迟缓，移动时身体左右摇摆。栖息于水流相对平稳的浅海沙底上。性格凶猛，以小型鱼类、无脊椎动物为食。最大体长：15cm。光照：柔和。分布：东印度洋－西太平洋。

铜平鲉

分类：鲉形目，鲉科，平鲉属

拉丁名：*Sebastes caurinus*

鱼体粉红色，体侧有大块不规则褐色斑，胸鳍腋部有一皮瓣。栖息于岩礁海域水深30~50m处。性格凶猛，以虾蟹、多毛类和鱼类为食。最大体长：40cm。光照：柔和。分布：东太平洋温带海域。

小型平鲉

分类：鲉形目，鲉科，平鲉属

拉丁名：*Sebastes miniatus*

鱼体灰白色，全身布满红色斑点，侧线处为白色。栖息于岩礁海域底层。性格凶猛，以无脊椎动物、鱼类为食。最大体长：76cm。光照：柔和。分布：东北太平洋。

焦氏平鲉

分类：鲉形目，鲉科，平鲉属

拉丁名：*Sebastes joyneri*

俗名：斑马狮子。鱼体灰白色，头顶部灰褐色，体侧背部有4~5个黑褐色鞍状斑。栖息于岩礁海域水深30~60m处。性格凶猛，以小型鱼类、无脊椎动物为食。最大体长：15cm。光照：柔和。分布：西太平洋温带沿海。

虎纹平鲉

分类：鲉形目，鲉科，平鲉属
拉丁名：*Sedastes nigrocinctus*
俗名：虎纹狮子。鱼体橙红色，体侧有5条黑褐色横带，有2个背鳍，尾鳍截形。栖息于温带岩礁海域水深150m左右的海底。性格凶猛，以虾、蟹、多毛类、鱼类为食。最大体长：61cm。光照：柔和。分布：西北太平洋。

笋平鲉

分类：鲉形目，鲉科，平鲉属
拉丁名：*Sebastes oblongus*
俗名：蝎子鱼。体内无鳔，鳃耙短粗，口腔内黑色，胸鳍上腋部有1皮瓣。栖息于沿岸岩礁海域的浅水。性格凶猛，以无脊椎动物、小型鱼类为食。最大体长：40cm。光照：柔和。分布：西太平洋。

多棘单线鱼

分类：鲉形目，六线鱼科，多棘单线鱼属
拉丁名：*oxylebias pictus*
俗名：彩绘六线鱼。吻尖而长，鱼体灰白色，体侧有6条红色横带，除胸鳍外各鳍均布满红褐色斑点。栖息于岩礁海域峭壁及洞穴中。性格凶猛，以无脊椎动物、鱼类为食。最大体长：18cm。光照：柔和。分布：东北部太平洋。

三棘细绒鲉

分类：鲉形目，鲉科，带鲉属
拉丁名：*Taenianotus triacanthus*
背鳍高大起于眼睛上方，体色变化很大。栖息于珊瑚礁、岩礁的潮间带。性格凶猛，以无脊椎动物、鱼类为食。最大体长：12cm。光照：柔和。分布：印度洋—太平洋。

三棘细绒鲉

前鳍鲉

分类：鲉形目，鲉科，吻鲉属

拉丁名：*Rhinopias frondosa*

俗名：海龙王。吻部向前突出，颏下有肉赘，眼睛高高凸出在头顶上方，体色变化很大，体侧布满浅色斑点和肉赘。栖息于岩礁海域水深30~50m的礁石下面。性格凶猛，以无脊椎动物、小型鱼类为食。最大体长：18cm。光照：柔和。分布：印度洋—西太平洋。

异吻鲉

分类：鲉形目，鲉科，吻鲉属

拉丁名：*Rhinopias xenops*

为稀有种，吻下有肉赘，鱼体褐色至黄色。栖息于岩礁海域水深50m以内的沙底上。性格凶猛，以无脊椎动物、鱼类为食。最大体长：25cm。光照：柔和。分布：西太平洋。

平吻鲉

分类：鲉形目，鲉科，吻鲉属

拉丁名：*Rhinopias argoliba*

为稀有种，体色红色，眼下有一白斑。栖息于岩礁海域水深50m左右的礁石下或沙底上。性格凶猛，以无脊椎动物、鱼类为食。最大体长：20cm。光照：柔和。分布：西太平洋。

绒杜父鱼

分类：鲉形目，绒杜父鱼科，绒杜父鱼属

拉丁名：*Hemitripterus villosus*

俗名：先生鱼。体色灰褐色至黑褐色，有暗色斑点，体色会随环境变化而变化，颏下有肉赘。栖息于岩礁海域洞穴中。性格凶猛，以无脊椎动物、鱼类为食。最大体长：25cm。光照：柔和。分布：西北太平洋。

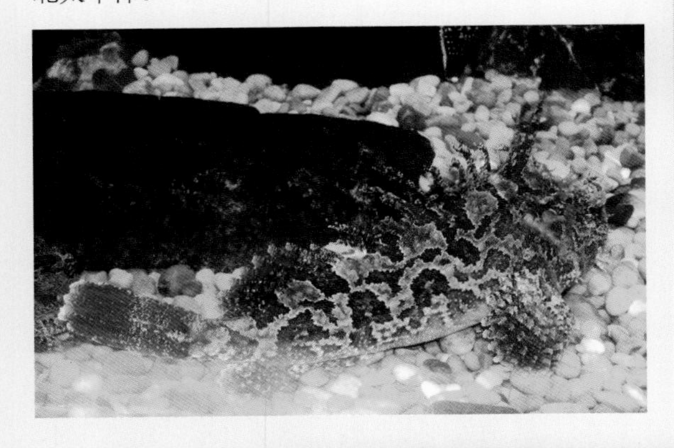

中华床杜父鱼

分类：鲉形目，杜父鱼科，床杜父鱼属

拉丁名：*Myoxocephalus sinensis*

鱼体灰褐色，全身布满暗色大斑块。栖息于岩礁海域底层。性格凶猛，以鱼类为食。最大体长：50cm。光照：柔和。分布：西北太平洋。

理氏勾吻杜父鱼

分类：鲉形目，杜父鱼科，勾吻杜父鱼属

拉丁名：*Rhamphocottus richardsoni*

吻尖，鱼体卵圆形，灰色有褐色斜横带，胸鳍黄色，其余各鳍灰色透明。栖息于岩礁海域底层。性

理氏勾吻杜父鱼

东方豹魴鮄

格凶猛，以无脊椎动物、鱼类为食。最大体长：8cm。光照：柔和。分布：东北部太平洋。

东方豹魴鮄

分类：鲉形目，豹魴鮄科，豹魴鮄属
拉丁名：*Dactyloptena orientalis*
俗名：飞天鸟。鱼体背部黄棕色，腹部浅棕色，头部和背部有橙色小斑点，胸鳍有金色斑点，胸鳍极大。栖息于沿岸岩礁海域沙质海底上，栖息水深30~40m。性格温柔，以底栖无脊椎动物为食。最大体长：35cm。光照：柔和。分布：印度洋—太平洋。

短鳍红娘鱼

分类：鲉形目，魴鮄科，红娘鱼属
拉丁名：*Lepidotrigia microptera*

俗名：红娘鱼。全身粉红色，有大块红色斑块，吻部两端突出，胸鳍宽大。栖息于水深10~200m的沙质海底。性格凶猛，以无脊椎动物、鱼类为食。最大体长：30cm。光照：柔和。分布：西北太平洋。

大鳞鳞鲬

分类：鲉形目，鲬科，鳞鲬属
拉丁名：*Onigocia macrolepia*
俗名：直升机。身体前部扁平，尾柄细长，鱼体灰色，有褐色斑点组成的横纹以及散布全身的褐色斑点。栖息于水深10m左右的沙质海底。性格凶猛，以小型无脊椎动物、小型鱼类为食。最大体长：12cm。光照：柔和。分布：西太平洋。

斑头棘鲉

分类：鲉形目，头棘鲉科，头棘鲉属

拉丁名：*Caracanthus maculates*

俗名：东非古B。鱼体灰色至褐色，全身散布红色至褐色斑点。栖息于珊瑚或地毯海葵的下面。性格温柔，以无脊椎动物、小型鱼类为食。最大体长：5.5cm。光照：柔和。分布：印度洋－太平洋。

Haishui Guanshangyu 1000 Zhong Tujian Zhongcha

鲈鱼和石斑鱼

鲈鱼和石斑鱼属于鲈形目，鮨科，为岩礁和珊瑚礁的底层鱼类，有的种类体长可达2m，重200kg，有的种类体长仅有10余厘米。口内布满钢锉般的牙齿，领地意识极其强烈，往往单独待在礁石上一动不动，采用突然袭击的方法捕获过往猎物。

红点九棘鲈

分类：鲈形目，鮨科，九棘鲈属
拉丁名：*Cephalopholis analis*
鱼体橘红色，体侧有3或4条白色横带，全身散布红色斑点。栖息于珊瑚礁海域水深10m左右的洞穴中。性格凶猛，以鱼类、无脊椎动物为食。最大体长：60cm。光照：柔和。分布：中部太平洋。

尾纹九棘鲈

分类：鲈形目，鮨科，九棘鲈属
拉丁名：*Cephalopholis urodelus*
俗名：红斑。鱼体红色，头部有深红色的斑点，背鳍和臀鳍有白色斑点，尾鳍有2条白色的斜向纵带。栖息于珊瑚礁海域水深35m处。性格凶猛，以鱼类为食。最大体长：25cm。光照：柔和。分布：印度洋—太平洋。

斑点九棘鲈

分类：鲈形目，鮨科，九棘鲈属
拉丁名：*Cephalopholis argus*
俗名：斑马石斑。鱼体灰褐色至红色变化较大，全身布满带黑边的小蓝点，后半身有数条白色横带。栖息于珊瑚礁内外缘斜坡处有潮流的海域。性格凶猛，以鱼类为食。最大体长：50cm。光照：柔和。分布：印度洋—太平洋。

斑点九棘鲈　　斑点九棘鲈变异种

青星九棘鲈

分类：鲈形目，鮨科，九棘鲈属
拉丁名：*Cephalopholis miniata*
俗名：星斑。全身散布带黑边的蓝色小圆点。前鳃盖骨有细小锯齿。栖息于岩礁、珊瑚礁海域。性格凶猛，以鱼类为食。最大体长：45cm。光照：柔和。分布：印度洋—太平洋。

黑缘九棘鲈

分类：鲈形目，鮨科，九棘鲈属
拉丁名：*Cephalopholis spiloparaeus*
俗名：黑边鲙。鱼体红色，尾鳍上下角有黑褐色边缘。栖息于珊瑚礁海域水深10m左右。性格凶猛，以鱼类为食。最大体长：18cm。光照：柔和。分布：印度洋—太平洋。

卜氏九棘鲈

分类：鲈形目，鮨科，九棘鲈属
拉丁名：*Cephalopholis pollen*
俗名：深水蓝线鳜。全身布满青色与黄色相间的纵纹，背鳍有9根硬棘，尾鳍圆尾形。栖息于珊瑚礁海域水深10m左右处。性格凶猛，以鱼类、无脊椎动物为食。最大体长：35cm。光照：明亮。分布：印度洋—太平洋。

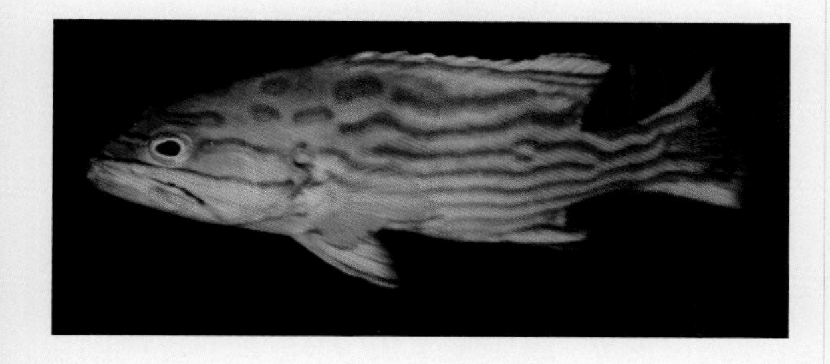

红九棘鲈

分类：鲈形目，鮨科，九棘鲈属
拉丁名：*Cephalopholis sonnerati*
俗名：网纹鲙。鱼体红色或深褐色，头部及鱼体前半部散布细小的黑斑，尾鳍近后缘有暗色横斑。栖息于珊瑚礁水深10m处的岩礁上。性格凶猛，以鱼类为食。最大体长：55cm。光照：柔和。分布：印度洋—太平洋。

豹纹九棘鲈

分类：鲈形目，鮨科，九棘鲈属
拉丁名：*Cephalopholis leopardus*
俗名：豹纹鲙。鱼体绿褐色至红褐色，体侧布满灰色斑点，体色会随环境的变化而变化。栖息于珊瑚礁海域水深10m处。性格凶猛，以鱼类为食。最大体长：65cm。光照：柔和。分布：印度洋—太平洋。

白线光腭鲈

分类：鲈形目，鮨科，光腭鲈属
拉丁名：*Anyperodon leucogrammicus*
俗名：白线鮨。鱼体腹部浅褐色，背部浅绿色至浅蓝色，体侧布满橘红色圆斑。栖息于珊瑚礁外缘斜面有潮流的地方，栖息水深10m左右。性格凶猛，以鱼类、无脊椎动物为食。最大体长：50cm。光照：柔和。分布：印度洋—太平洋。

波纹石斑鱼

分类：鲈形目，鮨科，石斑鱼属
拉丁名：*Epinephelus ongus*
俗名：波浪石斑鱼。鱼体青灰色，全身布满淡色小斑点。栖息于沿岸岩礁海域水深10m左右。性格凶猛，以鱼类、无脊椎动物为食。最大体长：40cm。光照：柔和。分布：印度洋—西太平洋。

细点石斑鱼

分类：鲈形目，鮨科，石斑鱼属
拉丁名：*Epinephelus cyanopodus*
俗名：泥斑。鱼体灰褐色，全身布满黑色小斑点，前鳃盖后下角有1枚硬棘。栖息于岩礁及珊瑚礁海域礁石或沙底上。性格凶猛，以无脊椎动物、鱼类为食。最大体长：80cm。光照：柔和。分布：印度洋、红海、中西部太平洋。

橙点石斑鱼

分类：鲈形目，鮨科，石斑鱼属
拉丁名：*Epinephelus bleekeri*
俗名：红点斑。鱼体褐色全身布满橙色斑点，前鳃盖后下角有4或5枚中等大小的硬棘。栖息于岩礁海域水深10~30m处的独立礁上。性格凶猛，以鱼类为食。最大体长：20cm。光照：柔和。分布：印度洋—西太平洋。

莹点石斑鱼

分类：鲈形目，鮨科，石斑鱼属
拉丁名：*Epinephelus caeruleopunctatus*
俗名：珍珠斑。鱼体紫褐色，布满白色斑点，前鳃盖后下角有1枚较大硬棘，背鳍软条部及臀鳍、尾鳍外缘有白边。栖息于珊瑚礁外缘斜面。性格凶猛，以鱼类为食。最大体长：25cm。光照：柔和。分布：印度洋—太平洋。

网纹石斑鱼

分类：鲈形目，鮨科，石斑鱼属
拉丁名：*Epinephelus chlorostigma*
俗名：芝麻斑。鱼体淡褐色，全身布满圆形或六角形暗色斑，前鳃盖后下角有8枚硬棘。栖息于岩礁海域及潮间带。性格凶猛，以鱼类为食。最大体长：40cm。光照：柔和。分布：印度洋—太平洋。

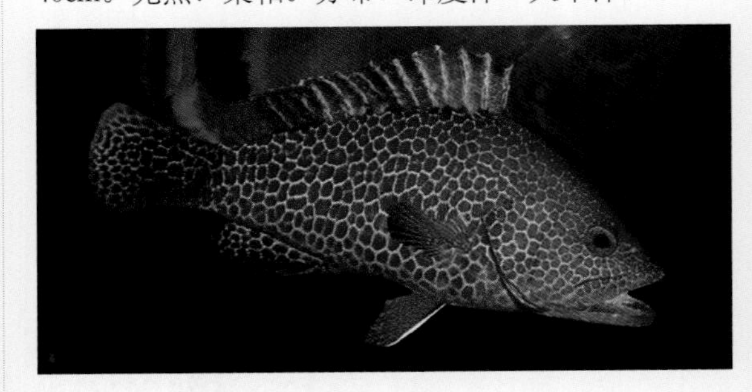

双棘石斑鱼

分类：鲈形目，鮨科，石斑鱼属
拉丁名：*Epinephelus diacanthus*

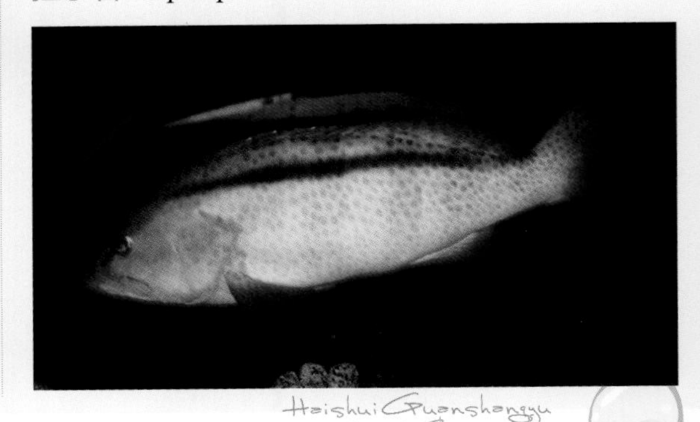

俗名：六带石斑。鱼体灰色至浅褐色，全身密布暗色小型圆斑，并由小圆斑组成6条隐约可见的暗色横斑。栖息于岩礁海域。性格凶猛，以鱼类为食。最大体长：55cm。光照：柔和。分布：印度洋－西太平洋。

黑边石斑鱼

分类：鲈形目，鮨科，石斑鱼属

拉丁名：*Epinephelus fasciatus*

俗名：红石斑。成鱼鱼体橘红色，有6条宽的红色横带。栖息于沿岸岩礁及珊瑚礁海域。性格凶猛，以鱼类、无脊椎动物为食。最大体长：35cm。光照：柔和。分布：印度洋—太平洋。

黄边石斑鱼

分类：鲈形目，鮨科，石斑鱼属

拉丁名：*Epinephelus flavocoerus*

鱼体粉蓝色，散布白色斑点，尾柄及各鳍黄色。栖息于珊瑚礁海域水深15m左右浅水处。性格凶猛，以甲壳类、鱼类为食。最大体长：70cm。光照：柔和。分布：印度洋—西太平洋。

棕点石斑鱼

分类：鲈形目，鮨科，石斑鱼属

拉丁名：*Epinephelus fuscoguttatus*

俗名：老虎斑。鱼体棕褐色，体侧全身密布黑色小斑点，并有4排大黑色斑。栖息于珊瑚礁水深60m以内浅海底层，或水深1.5m的海藻场内。性格凶猛，以底栖甲壳类及小型鱼类为食。最大体长：120cm。光照：柔和。分布：印度洋—太平洋。

六角石斑鱼

分类：鲈形目，鮨科，石斑鱼属

拉丁名：*Epinephelus hexagonatus*

俗名：怀特石斑。鱼体浅褐色，布满六角形暗色斑，沿背鳍基底有5块黑色大斑。栖息于珊瑚礁岩洞中。性格凶猛，以鱼类、无脊椎动物为食。最大体长：25cm。光照：柔和。分布：印度洋—西太平洋。

宽带石斑鱼

分类：鲈形目，鮨科，石斑鱼属
拉丁名：*Epinephelus latifasciatus*
俗名：梭罗斑。鱼体深褐色，体侧由黑点组成的三条纵线。栖息于岩礁海域的深水处。性格凶猛，以鱼类、无脊椎动物为食。最大体长：1m。光照：柔和。分布：印度洋—西太平洋。

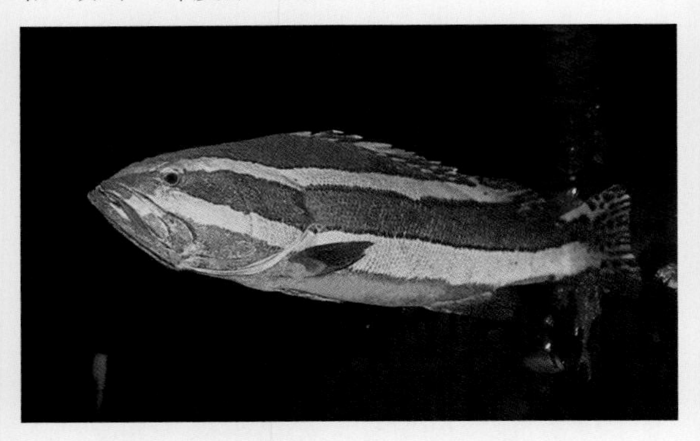

花点石斑鱼

分类：鲈形目，鮨科，石斑鱼属
拉丁名：*Epinephelus maculatus*
俗名：花点斑。鱼体灰色，体侧布满桔黄色至黑褐色斑点，在背鳍基底有4或5个黑色斑块。栖息于珊瑚礁海域洞穴附近。性格凶猛，以无脊椎动物、鱼类为食。最大体长：60cm。光照：柔和。分布：印度洋—太平洋。

宽额鲈

分类：鲈形目，鮨科，石斑鱼属
拉丁名：*Epinephelus lanceolatus*
俗名：龙胆石斑鱼。鱼体蓝黑色，全身布满白色至黄色斑点。栖息于岩礁及珊瑚礁海域的洞穴中。性

宽额鲈

格凶猛，以鱼类、头足类为食。最大体长：2.5m。光照：柔和。分布：印度洋—太平洋。

点带石斑鱼

分类：鲈形目，鮨科，石斑鱼属
拉丁名：*Epinephelus malabaricus*
俗名：假青斑。鱼体黑色，体侧有5条黑色斜横带，横带内散布白斑，各鳍黑色，口大，略倾斜，下颌稍突出。栖息于珊瑚礁斜面以及海藻丛生处。性格凶猛，以鱼类、头足类为食。最大体长：1m。光照：柔和。分布：印度洋—太平洋。

七带石斑鱼

分类：鲈形目，鮨科，石斑鱼属
拉丁名：*Epinephelus septemfasciatus*
鱼体褐色，体侧有7条黑色横带。栖息于水深100m的深海底层，喜欢在岩石较多的地方游动。性格凶猛，以底栖动物，鱼类为食。最大体长：1m。光照：柔和。分布：西北太平洋。

清水石斑鱼

分类：鲈形目，鮨科，石斑鱼属
拉丁名：*Epinephelus polyphekadion*
俗名：清水斑。身上布满不规则的暗色斑，各鳍分布许多白点，头部及鳃盖有少量白斑。栖息于珊瑚礁及环礁内的浅水处。性格凶猛，以鱼类、头足类为食。最大体长：60cm。光照：柔和。分布：印度洋—太平洋。

玳瑁石斑鱼

分类：鲈形目，鮨科，石斑鱼属
拉丁名：*Epinephelus quoyanus*
俗名：玳瑁斑。鱼体浅褐色，布满六角形暗色斑。栖息于岩礁及珊瑚礁海域浅水处。性格凶猛，以鱼类为食。最大体长：25cm。光照：柔和。分布：西太平洋。

蜂巢石斑鱼

分类：鲈形目，鮨科，石斑鱼属
拉丁名：*Epinephelus merra*
鱼体浅褐色，全身布满六角形暗色斑。栖息于珊瑚礁海域水深较浅的地方。性格凶猛，以鱼类为食。最大体长：45cm。光照：柔和。分布：印度洋—太平洋。

黑斑石斑鱼

分类：鲈形目，鮨科，石斑鱼属
拉丁名：*Epinephelus tukula*
俗名：土豆斑。鱼体灰褐色，体侧有约5纵排大块黑色斑。栖息于珊瑚礁海域。性格凶猛，以鱼类为食。最大体长：1m。光照：柔和。分布：印度洋—太平洋。

驼背鲈

分类：鲈形目，鮨科，驼背鲈属
拉丁名：*Cromileptes cltivelis*

驼背鲈成鱼　　驼背鲈幼鱼

俗名：老鼠斑。头小，背部隆起腹部平直，灰白色的身体上布满黑色斑点。栖息于珊瑚礁海域水深40m以内海域。性格凶猛，以鱼类、无脊椎动物为食。最大体长：70cm。光照：柔和。分布：印度洋—太平洋。

豹纹鳃棘鲈

分类：鲈形目，鮨科，鳃棘鲈属
拉丁名：*Plectropomus leopardus*
俗名：七星斑。鱼体绿褐色或红色，全身布满蓝色小点。栖息于珊瑚礁外缘有潮流的地方及沙质海底上。性格凶猛，以鱼类、无脊椎动物为食。最大体长：65cm。光照：柔和。分布：太平洋。

黑鞍鳃棘鲈

分类：鲈形目，鮨科，鳃棘鲈属
拉丁名：*Plectropomus laevis*
俗名：金钱斑。成鱼身上有5条黑色横纹，背鳍、尾鳍以及尾柄金黄色；老成鱼全身粉蓝色，布满蓝色小斑点。栖息于珊瑚礁外缘悬崖处。性格凶猛，以鱼类、无脊椎动物为食。最大体长：1m。光照：柔和。分布：印度洋—太平洋。

侧牙鲈

分类：鲈形目，鮨科，侧牙鲈属
拉丁名：*Variola louti*
俗名：星鲙。全身粉红色，头部和尾鳍末梢稍有蓝色，身上布满白色斑点，背鳍、臀鳍及尾鳍后缘有鲜黄色边，尾鳍弯月形；幼鱼体侧从眼后至尾柄上部有一褐色纵带。栖息于珊瑚礁礁区及沿岸60m深处。性格凶猛，以底层鱼类、底栖无脊椎动物为食。最大体长：80cm。光照：柔和。分布：印度洋—太平洋。

幼鱼

成鱼

白缘侧牙鲈

分类：鲈形目，鮨科，侧牙鲈属
拉丁名：*Variola albimarginata*
俗名：白边星鲙。鱼体深红色，布满白色斑点，尾鳍弯月形，后缘有一条很细的白边。栖息于珊瑚礁内外缘有潮流的地方。性格凶猛，以鱼类、无脊椎动物为食。最大体长：65cm。光照：柔和。分布：印度洋—太平洋。

条纹长鲈

分类：鲈形目，鮨科，长鲈科
拉丁名：*Liopropoma susumi*
俗名：日本瑞士狐。鱼体前半部紫色，后半部红色，体侧有7或8条深紫色纵带。栖息于岩礁及珊瑚礁海域。性格温柔，以无脊椎动物、鱼类为食。最大体长：8cm。光照：柔和。分布：印度洋—太平洋。

黄长鲈

分类：鲈形目，鮨科，长鲈属
拉丁名：*Liopropoma aurora*
俗名：巴厘岛草莓。全身橘红色，鱼体长梭形。栖息于珊瑚礁海域水深50~180m处的沙质海底上。性格凶猛，以小型无脊椎动物、小型鱼类为食。最大体长：18cm。光照：暗。分布：印度尼西亚巴厘岛周边海域。

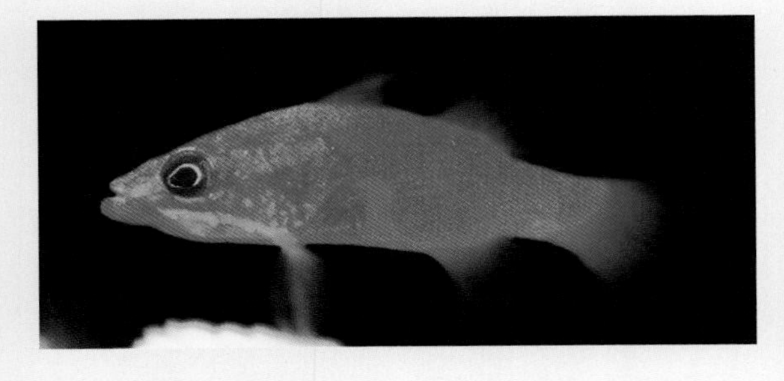

卡氏长鲈

分类：鲈形目，鮨科，长鲈属

拉丁名：*Liopropoma carmabi*

俗名：瑞士狐。鱼体黄色，有5条镶红边的蓝色纵带平行排列，背鳍顶端及尾鳍上下叶各有一镶蓝边的黑色圆斑。栖息于珊瑚礁附近海藻丛生处的海底上。性格凶猛，以小型甲壳类、小型鱼类为食。最大体长：8cm。光照：柔和。分布：大西洋。

斯氏长鲈

分类：鲈形目，鮨科，长鲈属

拉丁名：*Liopropoma swalesi*

鱼体红色，体侧有5条暗色纵带，背鳍和臀鳍上各有一个黑色眼斑。栖息于珊瑚礁及岩礁洞穴中。性格凶猛，以无脊椎动物、小型鱼类为食。最大体长：6cm。光照：明亮。分布：东部印度洋。

红长鲈

分类：鲈形目，鮨科，长鲈属

拉丁名：*Liopropoma rubre*

俗名：糖果草莓。背鳍、臀鳍和尾鳍上的黑斑外缘有白边。隐居在岩礁、珊瑚礁礁洞之中。性格凶猛，以小型鱼类、小型甲壳类为食。最大体长：8cm。光照：柔和。分布：弗罗里达南部－委内瑞拉周边海域。

莫氏长鲈

分类：鲈形目，鮨科，长鲈属

拉丁名：*Liopropoma mowbrayi*

俗名：古巴草莓。鱼体褐色至橙红色，头部黄色，背鳍、臀鳍及尾鳍有黑色斑点。栖息于岩礁海域水深60~80m处的礁洞中。性格凶猛，以小型鱼类、甲壳类为食。最大体长：8cm。光照：柔和。分布：加勒比海。

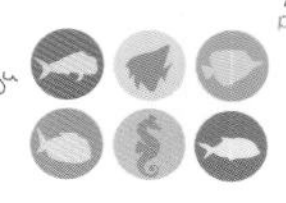

多线长鲈

分类：鲈形目，鮨科，长鲈属
拉丁名：*Liopropoma multilineotum*
俗名：红草莓。鱼体红色，体侧有多条暗色纵纹。栖息于珊瑚礁洞穴中。性格凶猛，以小型鱼类、甲壳类为食。最大体长：7cm。光照：明亮。分布：西太平洋。

鲬长鲈

分类：鲈形目，鮨科，长鲈属
拉丁名：*Liopropoma eukrines*
俗名：美国草莓。鱼体黄褐色，体侧中央有一条暗色纵带从吻端直至尾鳍末端。栖息于水深30~150m处的礁洞中。性格凶猛，以小型鱼类、小型无脊椎动物为食。最大体长：12cm。光照：柔和。分布：大西洋。

宽带长鲈

分类：鲈形目，鮨科，长鲈属
拉丁名：*Liopropoma latifasciatus*
俗名：纵带鲙。鱼体橘红色，有一黑色纵带从吻端经眼至尾柄上方。栖息于岩礁海域水深50m左右处的礁洞中。性格凶猛，以小型鱼类为食。最大体长：15cm。光照：柔和。分布：西北太平洋。

斑点须鮨

分类：鲈形目，鮨科，须鮨属
拉丁名：*Pogonoperca punctatus*
俗名：小丑斑。鱼体纺锤形，褐色，吻部灰色，体侧背部有数个黑色大斑，全身布满白色小斑点，胸鳍黄色，其他各鳍黑色，下颌有一发达的皮质突起。栖息于岩礁海域水深50m左右的石质海底。性格凶猛，以鱼类、甲壳类为食。最大体长：35cm。光照：柔和。分布：印度洋—太平洋。

鱵鲈

分类：鲈形目，鮨科，鱵鲈属
拉丁名：*Belonoperca chabanaudi*
俗名：手枪。鱼体细长，蓝黑色，体侧有细小褐色纵纹，第一背鳍上有一带白边的黑色斑点，尾柄处有一黄色斑点。栖息于珊瑚礁海域水深10m左右的洞穴中。性格凶猛，以鱼类、甲壳类为食。最大体长：15cm。光照：柔和。分布：印度洋—太平洋。

紫鲈

分类：鲈形目，鮨科，紫鲈属

拉丁名：*Aulacocephalus temmincki*

俗名：琉璃紫鲈。鱼体纺锤形，蓝紫色，有一条黄色纵带从嘴角经吻端穿过眼睛沿背部直至尾鳍基底。栖息于岩礁海域水深10~20m处。性格凶猛，以鱼类、甲壳类为食。最大体长：25cm。光照：柔和。分布：印度洋—太平洋。

纤齿鲈

分类：鲈形目，鮨科，纤齿鲈属

拉丁名：*Gracila albomarginata*

俗名：白边鲈。幼鱼时鱼体玫瑰紫色，背鳍和臀鳍的硬棘桔黄色，尾鳍上下叶桔黄色；成鱼时鱼体蓝灰色，眼睛周围有少许粉色，体侧有10余条粉色横带。栖息于珊瑚礁水深10m左右的洞穴中。性格凶猛，以无脊椎动物、鱼类为食。最大体长：50cm。光照：柔和。分布：印度洋—太平洋。

双带黄鲈

分类：鲈形目，鮨科，黄鲈属

拉丁名：*Diploprion bifasciatus*

俗名：两间虎。鱼体浅黄色，体侧有2条黑色横带，受惊吓时会分泌毒液。栖息于岩礁、珊瑚礁海域水深5~20m处。性格凶猛，以甲壳类、鱼类为食。最大体长：25cm。光照：柔和。分布：印度洋—西太平洋。

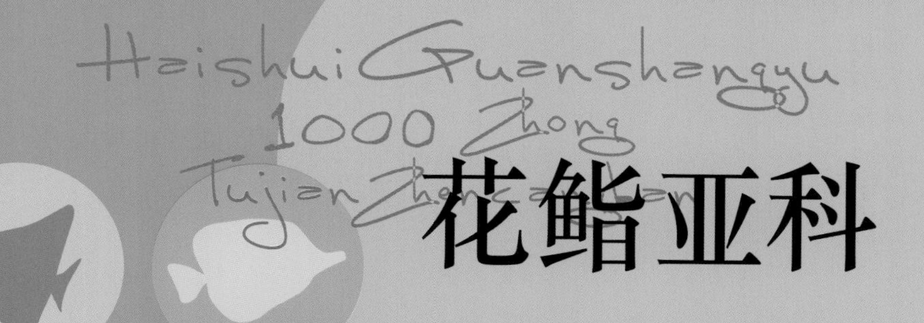

花鮨亚科

花鮨亚科的鱼类俗称海金鱼，是一群非常漂亮、性格温柔的小型鱼类。雌、雄之间体色截然不同，有性转换现象。它们常几尾至10余尾活动于岩礁或珊瑚礁外缘、悬崖峭壁有海流的地方。

侧带拟花鮨

分类：鲈形目，鮨科，拟花鮨属

拉丁名：*Pseudanthias pleurotaenia*

俗名：雄鱼称紫印，雌鱼称王宝石。雄鱼体色为粉红色，体侧有一方形白斑；雌鱼黄色，幼鱼淡黄色。栖息于岩礁、珊瑚礁斜面有海流的地方，栖息水深20~30m处。性格温柔，以小型无脊椎动物、小型鱼类为食。最大体长：15cm。光照：柔和。分布：太平洋。

雄鱼

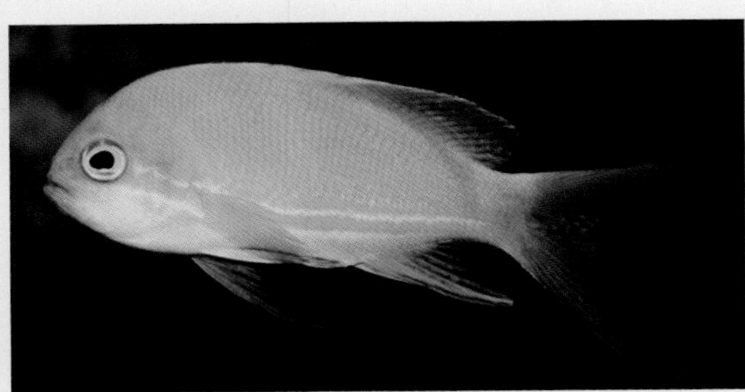

雌鱼

红斑拟花鮨

分类：鲈形目，鮨科，拟花鮨属

拉丁名：*Pseudanthias rubrizonatus*

俗名：三色紫印。雄鱼体侧有一块红色斑，雌鱼无红色斑。栖息于珊瑚礁海域水深25~40m处。性格温柔，以小型无脊椎动物为食。最大体长：10cm。光照：柔和。分布：印度洋—太平洋。

条纹拟花鮨

分类：鲈形目，鮨科，拟花鮨属

拉丁名：*Pseudanthias fasciatus*

俗名：红线海金鱼。全身黄色，每一鳞片中央有一个橘红色小点，有一条镶白边的红色纵带贯穿体侧中央，雄鱼较雌鱼的尾鳍长。栖息于岩礁海域水深20~70m处。性格温柔，以其他鱼类的幼苗及小型无脊椎动物为食。最大体长：10cm。光照：柔和。分布：西太平洋。

短吻拟花鮨

分类：鲈形目，鮨科，拟花鮨属

拉丁名：*Pseudanthias hypselosoma*

俗名：海金鱼。鱼体全身粉红色，雄鱼背鳍上有一红斑且尾鳍较长，雌鱼尾鳍上下叶末端各有一个红斑。栖息于珊瑚礁及岩礁海域水深10~30m处。性格温柔，以小型无脊椎动物为食。最大体长：12cm。光照：柔和。分布：印度洋—太平洋。

雄鱼　雌鱼

黄拟花鮨

分类：鲈形目，鮨科，拟花鮨属
拉丁名：*Pseudanthias flavogunatus*
俗名：皇冠老虎。鱼体粉红色，每一鳞片中央有一个黄色斑点，背部有5或6个橘红色斑。栖息于岩礁海域有海流处，水深50m左右。性格温柔，以小型无脊椎动物为食。最大体长：10cm。光照：柔和。分布：西太平洋。

红拟花鮨

分类：鲈形目，鮨科，拟花鮨属
拉丁名：*Pseudanthias lori*
俗名：红皇冠老虎。鱼体红色，与黄拟花鮨极其相似，只是尾柄背部最后一块红斑形状有所不同。栖息于珊瑚礁斜面水深5~10m处。性格温柔，以小型无脊椎动物为食。最大体长：10cm。光照：柔和。分布：东部印度洋、中、西部太平洋。

高体拟花鮨

分类：鲈形目，鮨科，拟花鮨属
拉丁名：*Pseudanthias hypselosoma*
雄鱼背鳍基部有一红斑而雌鱼背鳍基部没有红斑。雄鱼与库氏拟花鮨极其相似，只是腹鳍与臀鳍更长一些。栖息于岩礁及珊瑚礁海域水深10~30m处的沙质海底上。性格温柔，以小型无脊椎动物为食。最大体长：12cm。光照：柔和。分布：印度洋—太平洋。

白带拟花鮨

分类：鲈形目，鮨科，拟花鮨属
拉丁名：*Pseudanthias leucozonus*
鱼体褐色，前半身红褐色，背鳍基部及眼上方各有一条红色纵带。栖息于岩礁海域水深20~40m处。性格温柔，以小型无脊椎动物为食。最大体长：12cm。光照：柔和。分布：西太平洋。

香拟花鮨

分类：鲈形目，鮨科，拟花鮨属
拉丁名：*Pseudanthias bartlettorum*
全身橘红色，随生长吻端背面开始变成紫色，并逐渐向后延伸，尾鳍上下叶边缘蓝色。栖息于岩礁及珊瑚礁水深30~50m处。性格温柔，以小型无脊椎动物为食。光照：柔和。分布：西太平洋。

丝鳍拟花鮨

分类：鲈形目，鮨科，拟花鮨属

拉丁名：*Pseudanthias squamipinnis*

俗名：紫金鱼。雄鱼胸鳍有一块红斑且背鳍第三根硬棘延长呈丝状，雌鱼和幼鱼背鳍无丝状鳍条。栖息于岩礁及珊瑚礁内外缘有潮流的地方。性格温柔，以小型无脊椎动物为食。最大体长：15cm。光照：柔和。分布：印度洋—西太平洋。

平吻拟花鮨

分类：鲈形目，鮨科，拟花鮨属

拉丁名：*Pseudanthias parvirostris*

俗名：日落宝石。雌鱼及幼鱼全身黄色，雄鱼头顶黄色并有紫色细纹，身体红色。栖息于岩礁及珊瑚礁海域，水深30~50m处的悬崖峭壁周边。性格温柔，以小型无脊椎动物为食。最大体长：12cm。光照：柔和。分布：所罗门群岛。

二色拟花鮨

分类：鲈形目，鮨科，拟花鮨属

拉丁名：*Pseudanthias bicolor*

二色拟花鮨

背部橘红色，体侧中央黄色，腹部粉色。栖息于珊瑚礁海域有海流的地方。性格温柔，以小型无脊椎动物为食。最大体长：10cm。光照：明亮。分布：印度洋—太平洋。

丝尾拟花鮨

分类：鲈形目，鮨科，拟花鮨属
拉丁名：*Pseudanthias caudalis*

俗名：紫罗兰。全身杏黄色。栖息于岩礁海域水深50~100m处。性格温柔，以无脊椎动物为食。最大体长：13cm。光照：柔和。分布：印度洋—西太平洋。

火焰宝石

分类：鲈形目，鮨科，拟花鮨属
拉丁名：*Pseudantias ignitas*
鱼体红色，背部为淡淡的黄色，背鳍、臀鳍和尾鳍带蓝边。栖息于珊瑚礁海域水深20~50m处。性格温柔，以小型无脊椎动物为食。最大体长：13cm。光照：明亮。分布：印度洋—太平洋。

刺盖拟花鮨

分类：鲈形目，鮨科，拟花鮨属
拉丁名：*Pseudanthias dispar*
俗名：金花宝石。全身深橘红色，背部沿背鳍基底有一条紫红色纵纹，背鳍颇高。栖息于珊瑚礁海域有海流的地方。性格温柔，以小型无脊椎动物为食。最大体长：10cm。光照：明亮。分布：印度洋—太平洋。

赫氏拟花鮨

分类：鲈形目，鮨科，拟花鮨属
拉丁名：*Pseudanthias huchtii*
俗名：夏威夷宝石。鱼体橘红色，头顶鲜红色，尾鳍最外面的鳍条蓝色，雄鱼眼下有一条红色纵带，背鳍第三条硬棘延长呈丝状。栖息于珊瑚礁水深25m左右处。性格温柔，以无脊椎动物为食。最大体长：7cm。光照：柔和。分布：印度洋—太平洋。

三角拟花鮨

分类：鲈形目，鮨科，拟花鮨属
拉丁名：*Pseudanthias ventralis ventralis*

俗名：彩虹海金鱼。雄鱼背部红色，腹部蓝色，全身散布蓝色斑点；雌鱼红色，背部及各鳍金黄色。栖息于珊瑚礁斜面悬崖峭壁处，栖息水深30~50m处。性格温柔，以无脊椎动物为食。最大体长：7cm。光照：柔和。分布：中部太平洋。

雄鱼

雌鱼

厚唇拟花鮨

分类：鲈形目，鮨科，拟花鮨属

拉丁名：*Pseudanthias pascalus*

俗名：紫色鱼。全身紫色，吻部上端至背鳍基底红色，下颐处为白色，背鳍红色，后部有一紫色斑块，鳍棘末端蓝色，其他各鳍紫色。栖息于珊瑚礁海域水深5~45m处。性格温柔，以小型无脊椎动物为食。最大体长：17cm。光照：柔和。分布：太平洋。

库氏拟花鮨

分类：鲈形目，鮨科，拟花鮨属

拉丁名：*Pseudanthias cooperi*

库氏拟花鮨

雄鱼背部红色，腹部粉色，胸部中央有一个红色斑块；雌鱼背部暗红色，腹部粉色，体侧无红斑。栖息于珊瑚礁海域水深10m左右处。性格温柔，以小型无脊椎动物为食。最大体长：10cm。光照：明亮。分布：印度洋—太平洋。

雌鱼

黄尾拟花鮨

分类：鲈形目，鮨科，拟花鮨属
拉丁名：*Pseudanthias evansi*
俗名：彩霞仙子。背部黄色，腹部银白色，背鳍粉红色，其他各鳍黄色。栖息于珊瑚礁海域水深20m左右处。性格温柔，以小型无脊椎动物为食。最大体长：10cm。光照：明亮。分布：印度洋—西太平洋，中部太平洋。

雄鱼

红海拟花鮨

分类：鲈形目，鮨科，拟花鮨属
拉丁名：*Pseudanthias taeniatus*
俗名：红海宝石。鱼体红色，背部橘红色，腹部粉红色，体侧中央有一条不明显的橘红色纵带。栖息于珊瑚礁外缘浅水处。性格温柔，以小型无脊椎动物为食。最大体长：15cm。光照：明亮。分布：红海。

红海拟花鮨

长拟花鮨

分类：鲈形目，鮨科，拟花鮨属

拉丁名：*Pseudanthias elongates*

雄鱼橘红色，全身散布紫红色斑点，背鳍黄色，中间有一条由紫色斑点构成的纵带；雌鱼橘黄色，全身散布红色斑点。栖息于岩礁海域水深30~50m处。性格温柔，以小型无脊椎动物为食。最大体长：13cm。光照：柔和。分布：西太平洋。

菲律宾拟花鮨

分类：鲈形目，鮨科，拟花鮨属

拉丁名：*Pseudanthias sp*

俗名：贵族宝石。鱼体红色，每一鳞片中央有一个黑色斑点，头部有深红色横纹，各鳍带蓝边。栖息于岩礁海域洞穴附近。性格温柔，以小型无脊椎动物为食。最大体长：15cm。光照：明亮。分布：菲律宾。

紫色异唇鮨

分类：鲈形目，鮨科，异唇鮨属

拉丁名：*Mirolabrichthys tuka*

雄鱼全身紫色，吻部上端至背鳍基底红色，下颐处为黄色，上唇突出。幼鱼与雌鱼的背部及尾柄有一条黄色纵线。栖息于珊瑚礁斜面有海流的地方。性格温柔，以小型无脊椎动物为食。最大体长：10cm。光照：柔和。分布：印度洋—西太平洋。

黄背异唇鮨

分类：鲈形目，鮨科，异唇鮨属

拉丁名：*Miroabrichthys bartletti*

俗名：深水黄尾宝石。腹部淡紫色，背鳍前端至尾鳍下叶黄色，体侧散布黄色斑点。栖息于珊瑚礁浅水处。性格温柔，以小型无脊椎动物为食。最大体长：17cm。光照：柔和。分布：印度洋。

汤氏异唇鮨

分类：鲈形目，花鮨科，异唇鮨属

拉丁名：*Mirolabrichthys thompsoni*

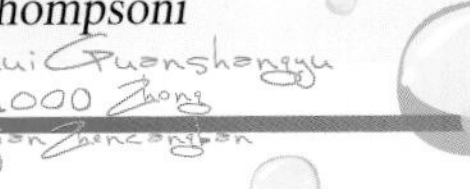

汤氏异唇鮨

鱼体橘红色，腹部粉红色，雄鱼背鳍和尾鳍为深红色，并带蓝边，上颚突出。栖息于珊瑚礁水深20m左右的沙底或礁底上。性格温柔，以小型无脊椎动物为食。最大体长：10cm。光照：柔和。分布：中部太平洋。

翁鮨

分类：鲈形目，鮨科，翁鮨属
拉丁名：*Serranocirrhitus latus*
俗名：珍珠燕。鱼体橘红色，每一鳞片上有一个黄色小圆点，腹鳍第二鳍棘延长呈丝状。栖息于岩礁及珊瑚礁水深30m左右处。性格温柔，以小型无脊椎动物为食。最大体长：8cm。光照：柔和。分布：西太平洋。

高鳍棘花鮨

分类：鲈形目，鮨科，棘花鮨属
拉丁名：*Plectranthias altitinnatus*
俗名：小仙女。鱼体白色，全身布满红色斑块，背鳍第一硬棘白色且较长。栖息于岩礁底层，水深50m左右处。性格温柔，以小型鱼虾、无脊椎动物为食。最大体长：4cm。光照：柔和。分布：印度洋—太平洋。

日本丽花鮨

分类：鲈形目，丽花鮨科，丽花鮨属
拉丁名：*Callanthias japonicas*
雄鱼橘红色，腹鳍白色，其余各鳍橘黄色；雌鱼背部粉红色，腹部银白色，背鳍及尾鳍黄色，胸鳍粉红色，腹鳍及臀鳍白色。栖息于岩礁海域，沙砾海底水深70m以下。性格温柔，以小型无脊椎动物为食。最大体长：20cm。光照：柔和。分布：西北太平洋。

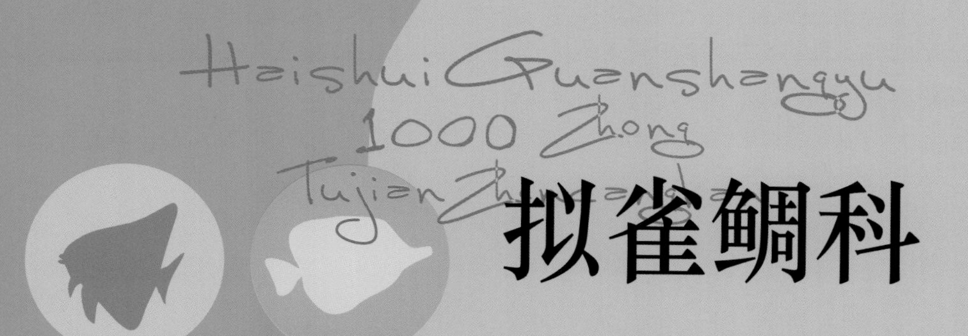

拟雀鲷科

这一类鱼俗称草莓，是一群美丽的小型鱼类。侧线分为两段，前面一段位置较高一直延伸到背鳍基底，后段延伸至尾柄中央；身被圆鳞或栉鳞。

紫色拟雀鲷

分类：鲈形目，拟雀鲷科，拟雀鲷属

拉丁名：*Pseudochromis porphyreus*

俗名：紫草莓。全身紫色，有蓝色眼圈，尾鳍外缘透明无色。栖息于水深8~10m的珊瑚礁海域沙质海底上。性格温柔，以浮游动物、小型甲壳动物为食。最大体长：5.5cm。光照：明亮。分布：西太平洋。

红斑拟雀鲷

分类：鲈形目，拟雀鲷科，拟雀鲷属

拉丁名：*Pseudochromis sp*

俗名：红点草莓。全身白色，背部及身体后部散布红色小斑点。栖息于水深10m左右的珊瑚礁海域。性格温柔，以浮游动物、小型甲壳类为食。最大体长：15cm。光照：明亮。分布：印度洋—太平洋。

黄紫拟雀鲷

分类：鲈形目，拟雀鲷科，拟雀鲷属

拉丁名：*Pseudochromis paccagnellae*

俗名：紫天堂。鱼体前半身紫色，后半身黄色。栖息于水深10m以内的珊瑚礁海域。性格温柔，以小型无脊椎动物为食。最大体长：5cm。光照：明亮。分布：东部印度洋－西太平洋。

马来西亚拟雀鲷

分类：鲈形目，拟雀鲷科，拟雀鲷属

拉丁名：*Pseudochromis diadema*

俗名：印度双色草莓。鱼体背部为紫红色，体侧及腹部黄色，眼圈蓝色。栖息于珊瑚礁海域浅水处。性格温柔，以小型无脊椎动物为食。最大体长：28cm。光照：明亮。分布：西太平洋。

褐拟雀鲷

分类：鲈形目，拟雀鲷科，拟雀鲷属

拉丁名：*Pseudochromis flavissimus*

俗名：黄草莓。全身黄褐色，雄鱼比雌鱼体色较鲜艳，体色变化较大。栖息于珊瑚礁浅水处。性格温柔，以小型无脊椎动物为食。最大体长：8cm。光照：明亮。分布：东部印度洋－西部太平洋。

雄鱼

雌鱼

蓝带拟雀鲷

分类：鲈形目，拟雀鲷科，拟雀鲷属
拉丁名：*Pseudochromis cyanotaenia*
俗名：蓝线草莓。鱼体背部为紫蓝色，头部侧面及躯干下方为棕黄色，身体后半部有8或9条蓝色细横纹，奇鳍为黑色或灰棕色，偶鳍黄色或黄棕色。栖息于珊瑚礁浅水处。性格温柔，以小型无脊椎动物为食。最大体长：5cm。光照：明亮。分布：西太平洋。

达氏拟雀鲷

分类：鲈形目，拟雀鲷科，拟雀鲷属
拉丁名：*Pseudochromis dutoiti*
俗名：蓝丝绒草莓。鱼体黄褐色，从头部沿背鳍有一条宽的蓝色纵带，背鳍蓝色，臀鳍、胸鳍及腹鳍褐色至蓝色，尾鳍褐色上缘蓝色。栖息于珊瑚礁海域有波浪拍打的悬崖峭壁处，藏身于洞穴或缝隙之中。性格温柔，以无脊椎动物为食。最大体长：9cm。光照：明亮。分布：西印度洋。

双带拟雀鲷

分类：鲈形目，拟雀鲷科，拟雀鲷属
拉丁名：*Pseudochromis bitaeniata*
俗名：黑带草莓。鱼体黄灰色，从鳃盖后方至尾鳍有一条黑色纵带，背部黑色。栖息于珊瑚礁沙质海底。性格温柔，以小型无脊椎动物为食。最大体长：6cm。光照：明亮。分布：西太平洋－澳大利亚大堡礁。

史氏拟雀鲷

分类：鲈形目，拟雀鲷科，拟雀鲷属
拉丁名：*Pseudochromis steenei*
俗名：柑仔虎。雄鱼头部及身体前半部橘红色，后部灰色；雌鱼黑色，尾鳍黄色。栖息于珊瑚礁海域。性格温柔，以鱼类、虾蟹、无脊椎动物为食。最大体长：15cm。光照：明亮。分布：印度尼西亚。

闪光拟雀鲷

分类：鲈形目，拟雀鲷科，拟雀鲷属
拉丁名：*Pseudochromis splendens*
俗名：黄尾草莓。全身蓝灰色，每一鳞片上有一个暗色斑点，眼睛周围有一条蓝黑色横带，尾鳍明黄色。栖息于珊瑚礁海域浅水处。性格温柔，以小型无脊椎动物为食。最大体长：13cm。光照：明亮。分布：印度尼西亚。

多线拟雀鲷

分类：鲈形目，拟雀鲷科，拟雀鲷属
拉丁名：*Pseudochromis polynemis*
俗名：红斑草莓。全身蓝灰色，尾柄白色，每一鳞片中央有淡黄色小圆点，胸鳍上有一个红色斑点。栖息于珊瑚礁海域浅水处。性格温柔，以小型无脊椎动物、小型鱼类为食。最大体长：10cm。光照：明亮。分布：印度尼西亚。

闪光拟雀鲷

黄顶拟雀鲷

分类：鲈形目，拟雀鲷科，拟雀鲷属
拉丁名：*Pseudochromis flavivertex*
俗名：黄背蓝草莓。鱼体蓝色，头部、背部、尾柄及尾鳍黄色，胸鳍、腹鳍、臀鳍透明。栖息于海藻场底层。性格凶猛，以无脊椎动物、鱼类为食。最大体长：7cm。光照：柔和。分布：印度尼西亚。

黑线小鲈拟雀鲷

分类：鲈形目，拟雀鲷科，拟雀鲷属
拉丁名：*Labracinus melanotaenia*
俗名：条纹红龙。鱼体红褐色，腹部红色，体侧有8或9条蓝黑色纵线，尾鳍圆形。栖息于珊瑚礁海域水深10m左右的礁盘上。性格温柔，以无脊椎动物、小鱼苗为食。最大体长：20cm。光照：柔和。分布：西太平洋。

棕拟雀鲷

分类：鲈形目，拟雀鲷科，拟雀鲷属
拉丁名：*Pseudochromis fuscus*
俗名：红龙。鱼体浅黄至棕色，每一鳞片基部有一黑点，体色变化较大，胸鳍宽大基部有暗色斑。栖息于珊瑚礁的浅水处。性格温柔，以无脊椎动物为食。最大体长：10cm。光照：明亮。分布：印度洋—太平洋。

壮拟雀鲷

分类：鲈形目，拟雀鲷科，拟雀鲷属
拉丁名：*Pseudochromis perspicillatus*

俗名：蒙面草莓。鱼体灰白色，从上吻端沿侧线有一条黑色纵带。栖息于珊瑚礁海域浅水处。性格温柔，以底栖无脊椎动物为食。最大体长：12cm。光照：明亮。分布：西太平洋。

线鮗

分类：鲈形目，鮗科，线鮗属
拉丁名：*Gramma loreto*
俗名：鬼王。身体前半部紫色，后半部逐渐变成黄色，背鳍前部有一块黑斑。栖息于珊瑚礁小型洞穴中。性格温柔，以小型无脊椎动物为食。最大体长：10cm。光照：明亮。分布：西部太平洋。

黑顶线鮗

分类：鲈形目，鮗科，线鮗属
拉丁名：*Gramma melacara*
俗名：美国双色草莓。全身紫色，吻部经眼睛下方至背鳍起点处为黑色。栖息于珊瑚礁水深20~50m处的洞穴中。性格温柔，以小型无脊椎动物为食。最大体长：10cm。光照：柔和。分布：加勒比海。

丽鮗

分类：鲈形目，鮗科，丽鮗属
拉丁名：*Calloplesiops altivelis*
俗名：七夕斗鱼。鱼体棕黑色，全身具白色小斑点，背鳍有一带蓝边的黑色眼斑，尾鳍矛尾形。栖息于珊瑚礁浅水处的珊瑚下面或沙底平台上。性格凶猛，以甲壳类、鱼类为食。最大体长：20cm。光照：柔和。分布：印度洋—西太平洋。

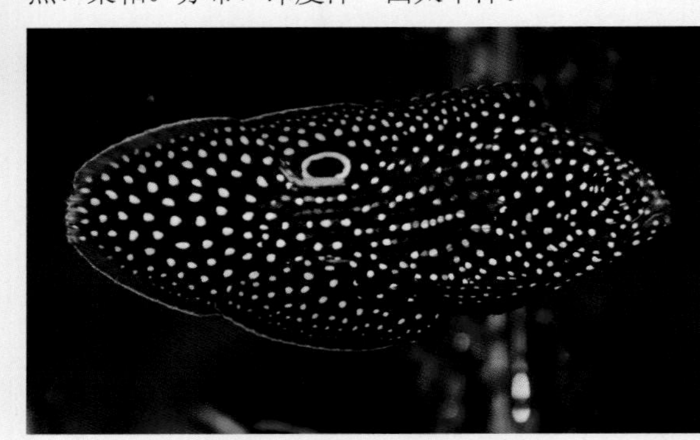

天竺鲷科

天竺鲷科的鱼类俗称玫瑰，娇小可爱，性情温和。体型为卵圆形或长卵圆形，头部较大，口大且向下倾斜，口内有绒毛状的牙齿。

丝鳍圆天竺鲷

分类：鲈形目，天竺鲷科，圆天竺鲷属

拉丁名：*Sphaeramia nematoptera*

俗名：玫瑰。鱼体椭圆形侧扁，背鳍前端至后端有一条黑色横带，横带后有与眼径相等的褐色圆斑。栖息于珊瑚礁潟湖中，枝状珊瑚附近。性格温柔，以小型无脊椎动物为食。最大体长：10cm。光照：明亮。分布：太平洋。

红尾圆天竺鲷

分类：鲈形目，天竺鲷科，圆天竺鲷属

拉丁名：*Sphaeramia orbicularis*

俗名：黑玫瑰。鱼体灰色，从背鳍前端到肛门前，有一条暗色横带，其后有一条断续的暗色纵纹，全身散布暗色斑点。幼鱼活动于河口区海淡水混合处，成鱼栖息于枝状珊瑚附近。性格温柔，以小型无脊椎动物为食。最大体长：8cm。光照：明亮。分布：印度洋—太平洋。

环尾天竺鲷

分类：鲈形目，天竺鲷科，天竺鲷属

拉丁名：*Apogon aureus*

俗名：金色玫瑰。鱼体纺锤形，全身橘红色，眼睛上下各有一条蓝色纵线，尾柄有一条黑色垂直环带。栖息于岩礁海域浅水处。性格温柔，以小型无脊椎动物为食。最大体长：12cm。光照：明亮。分布：印度洋—西太平洋。

考氏鳍竺鲷

分类：鲈形目，天竺鲷科，鳍竺鲷属

拉丁名：*Pterapogon kauderni*

俗名：巴厘天使。鱼体银白色，吻端黑色，体侧有3条黑色横带，体后有2条黑色纵带直通尾鳍。栖息于枝状珊瑚附近。性格温柔，以小型无脊椎动物为食。最大体长：10cm。光照：明亮。分布：印度尼西亚巴厘岛周边海域。

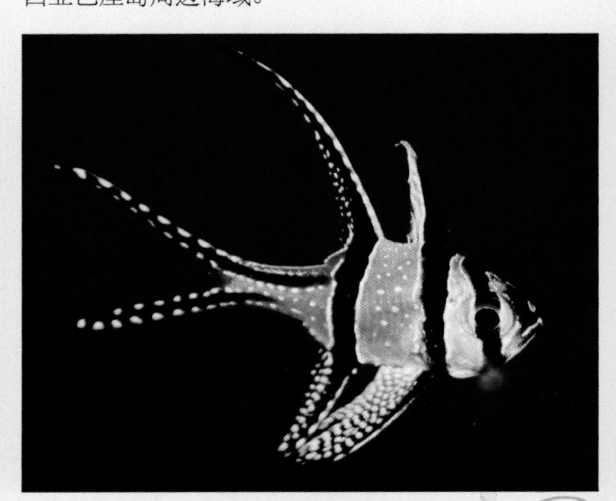

半线天竺鲷

分类：鲈形目，天竺鲷科，天竺鲷属
拉丁名：*Apogon semilineatus*
俗名：魔鬼玫瑰。体侧有3条褐色纵带，其中1条仅达体侧中央。栖息于岩礁海域水深10~100m处。性格温柔，以小型无脊椎动物为食。最大体长：8cm。光照：柔和。分布：太平洋。

裂带天竺鲷

分类：鲈形目，天竺鲷科，天竺鲷属
拉丁名：*Apogon compressa*
俗名：睡衣。体侧有5条褐色纵带，眼圈蓝色。栖息于珊瑚礁潟湖内。性格温柔，以小型无脊椎动物为食。最大体长：11.5cm。光照：明亮。分布：印度洋—西太平洋。

细线天竺鲷

分类：鲈形目，天竺鲷科，天竺鲷属
拉丁名：*Apogon endekataenia*
体侧有5条黑褐色纵带，尾柄有一眼斑与中间条纵带相连接。栖息于岩礁海域水深15~30m处。性格温柔，以小型无脊椎动物为食。最大体长：10cm。光照：柔和。分布：西太平洋。

九丝天竺鲷

分类：鲈形目，天竺鲷科，天竺鲷属
拉丁名：*Apogon novemfasciatus*
体侧有4条褐色纵带，在尾柄处3条纵带向中间靠拢。栖息于枝状珊瑚附近。性格凶猛，以小型无脊椎动物、鱼类为食。最大体长：8cm。光照：柔和。分布：太平洋。

斗氏天竺鲷

分类：鲈形目，天竺鲷科，天竺鲷属
拉丁名：*Apogon doderieini*

体侧有5条褐色纵带，尾柄处有一个黑色眼斑。栖息于沿岸水深15m左右处。性格温柔，以小型无脊椎动物为食。最大体长：7cm。光照：明亮。分布：西太平洋。

金带天竺鲷

分类：鲈形目，天竺鲷科，天竺鲷属

拉丁名：*Apogon cyanosoma*

俗名：金带睡衣。体侧有6条金黄色纵带。栖息于枝状珊瑚附近。性格温柔，以小型无脊椎动物为食。最大体长：7cm。光照：柔和。分布：印度洋—西太平洋。

黑带天竺鲷

分类：鲈形目，天竺鲷科，天竺鲷属

拉丁名：*Apogon nigrofasciatus*

俗名：黑带睡衣。体侧有4条黑褐色纵带，尾柄处的眼斑与第2条纵带相连接。栖息于珊瑚礁悬崖峭壁处的洞穴附近。性格凶猛，以小型无脊椎动物、鱼类为食。最大体长：10cm。光照：明亮。分布：印度洋—太平洋。

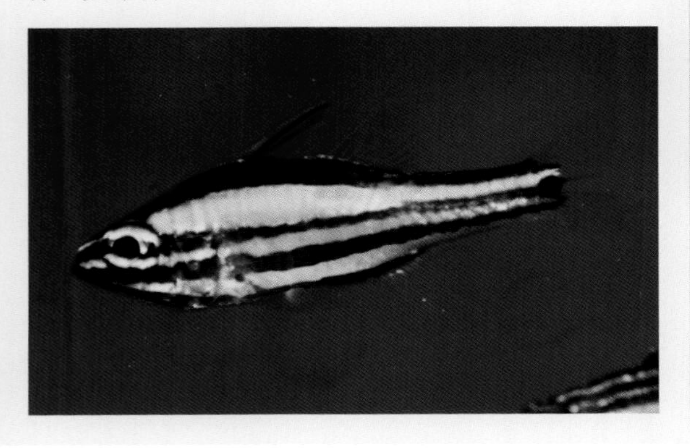

金线天竺鲷

分类：鲈形目，天竺鲷科，天竺鲷属

拉丁名：*Apogon margaritiphora*

体侧有4条褐色纵带，其中第3与第4条纵带间有10条左右的小横带，形成小方格。栖息于枝状珊瑚附近。性格温柔，以小型无脊椎动物为食。最大体长：7cm。光照：柔和。分布：中部太平洋。

仙女天竺鲷

分类：鲈形目，天竺鲷科，天竺鲷属

拉丁名：*Apogon leptacanthus*

俗名：蓝玫瑰。鱼体带有金属光泽的蓝色，鳃后有黄色或蓝色横纹。栖息于枝状珊瑚附近。性格温柔，以小型无脊椎动物为食。最大体长：6cm。光照：柔和。分布：印度洋西北部。

巨牙天竺鲷

分类：鲈形目，天竺鲷科，巨牙天竺鲷属

拉丁名：*Cheilodipterus macrodon*

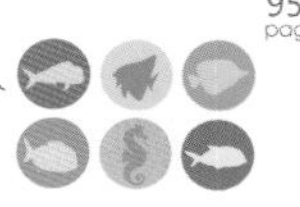

鱼体灰白色，体侧有9条褐色纵线。栖息于岩礁、珊瑚礁海域。性格凶猛，以小型无脊椎动物、鱼类为食。最大体长：24cm。光照：柔和。分布：印度洋—太平洋。

紫似弱棘鱼

分类：鲈形目，弱棘鱼科，似弱棘鱼属
拉丁名：*Hoplolatilus purpureus*
俗名：紫鸳鸯。体长为体高的5倍，全身紫色。栖息于珊瑚礁外缘水深30~50m左右。性格温柔，以小型无脊椎动物为食。最大体长：15cm。光照：明亮。分布：中西太平洋。

马氏似弱棘鱼

分类：鲈形目，弱棘鱼科，似弱棘鱼属
拉丁名：*Hoplolatilus marcosi*
俗名：红线鸳鸯。鱼体白色，体侧中央从吻端至尾鳍有一条鲜艳的红色纵带。栖息于珊瑚礁外缘水深50m左右。性格温柔，以小型无脊椎动物为食。最大体长：20cm。光照：明亮。分布：中西太平洋。

斯氏似弱棘鱼

分类：鲈形目，弱棘鱼科，似弱棘鱼属
拉丁名：*Hoplolatilus starcki*
俗名：蓝面鸳鸯。鱼体灰白色，头部蓝色，尾鳍上下叶黄色。栖息于珊瑚礁外缘水深30~50m处。性格温柔，以小型无脊椎动物为食。最大体长：11cm。光照：柔和。分布：西太平洋。

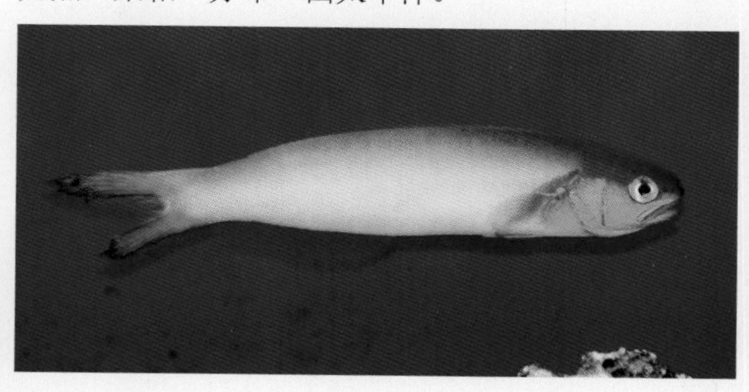

齐氏似弱棘鱼

分类：鲈形目，弱棘鱼科，似弱棘鱼属
拉丁名：*Hoplolatilus chlupatyi*

俗名：蓝鸳鸯。幼鱼期黄色，成鱼后蓝色。栖息于枝状珊瑚附近。性格温柔，以小型无脊椎动物为食。最大体长：15cm。光照：柔和。分布：西太平洋。

黄似弱棘鱼

分类：鲈形目，弱棘鱼科，似弱棘鱼属
拉丁名：*Hoplolarilus luteus*
俗名：黄鸳鸯。全身黄色，头顶有一块蓝色斑，鳃盖上方有一黑色斑点。栖息于珊瑚礁海域水深30m左右的沙质海底。性格温柔，以小型无脊椎动物为食。最大体长：15cm。光照：柔和。分布：印度尼西亚周边海域。

尾带弱棘鱼

分类：鲈形目，方头鱼科，弱棘鱼属
拉丁名：*Malacanthus brevirostris*

俗名：彩虹鰕虎。腹部灰白色，背部草绿色，体侧中央有一条黄色至红色纵带，尾柄处有一黑色眼斑。栖息于岩礁海域沙质海底。性格温柔，以小型无脊椎动物为食。最大体长：11cm。光照：柔和。分布：夏威夷。

侧条弱棘鱼

分类：鲈形目，弱棘鱼科，弱棘鱼属
拉丁名：*Malacanthus latovittatus*
俗名：大铅笔。鱼体蓝色，幼鱼体侧中央及尾鳍黑色，成鱼尾鳍下缘及背鳍基底为黑色。栖息于珊瑚礁海域。性格凶猛，以小型鱼虾及无脊椎动物为食。最大体长：45cm。光照：明亮。分布：印度洋—太平洋。

鲹

鱼体为纺锤形，尾柄细而有力，尾鳍新月形，这种尾形的鱼类通常游泳速度都非常快。牙齿细小而尖利，有的舌头上也布满牙齿，是一种肉食性鱼类。常成群活动于中层海域。

黄鹂无齿鲹

分类：鲈形目，鲹科，无齿鲹属

拉丁名：*Gnathanodon speciosus*

俗名：金领航。幼鱼只有数枚下颌齿，成鱼没有牙齿，鱼体金黄色，体侧有7~11条黑色垂直横带。栖息于岩礁及珊瑚礁海域。性格凶猛，以浮游生物、虾蟹、小型鱼类为食。最大体长：90cm。光照：柔和。分布：印度洋—太平洋。

狮鼻鲳鲹

分类：鲈形目，鲹科，鲳鲹属

拉丁名：*Trachinotus ovatus*

俗名：白鲳。鱼体银色，腹部颜色较浅，各鳍黄色。成鱼成群或单独在珊瑚礁海域活动，幼鱼在珊瑚礁沙质海底上，水深较浅的地方成群活动。性格凶猛，以鱼类为食。最大体长：60cm。光照：柔和。分布：印度洋—太平洋。

珍鲹

分类：鲈形目，鲹科，鲹属

拉丁名：*Caranx ignobilis*

俗名：浪人鲹。体侧和背部蓝绿色腹部银白色，背部呈高大的弧形，腹部平直。栖息于珊瑚礁外缘水深10m左右处。性格凶猛，以鱼类为食。最大体长：1m。光照：柔和。分布：印度洋—太平洋。

黑尻鲹

分类：鲈形目，鲹科，鲹属

拉丁名：*Caranx meiamygus*

俗名：紫尾鲹。体色为灰紫色，背部、腹部及尾鳍为深蓝色，胸鳍淡黄色，腹鳍浅蓝色，全身布满黑褐色斑点。幼鱼及中成鱼期间常活动于河口区的海淡水混合处，有时也进入淡水中，成鱼后移入海洋。性格凶猛，以鱼类为食。最大体长：60cm。光照：柔和。分布：印度洋—太平洋。

小斑鲳鲹

分类：鲈形目，鲹科，鲳鲹属
拉丁名：*Trachinotus bailloni*
俗名：三星。侧线上有2~5个瞳孔大小的黑点。栖息于沙质海底的近岸处及珊瑚礁海域。性格凶猛，以鱼类为食。最大体长：60cm。光照：柔和。分布：印度洋—太平洋。

长颌春鲹

分类：鲈形目，鲹科，春鲹属
拉丁名：*Chorinemus lysan*
俗名：竹叶鱼。全身银色，身体细长，尾柄细而有力，游泳速度极快。栖息于从沿海到水深100m的外海。性格凶猛，以鱼类为食。最大体长：35cm。光照：柔和。分布：印度洋—太平洋。

及达副叶鲹

分类：鲈形目，鲹科，副叶鲹属
拉丁名：*Alepes djedaba*
俗名：蓝眼鲹。尾鳍分叉极深，体侧背部蓝绿色，腹部银白色，尾鳍黄色，上叶末端黑色。栖息于沿岸浅水处。性格凶猛，以无脊椎动物、鱼类为食。最大体长：20cm。光照：明亮。分布：印度洋—太平洋。

蓝圆鲹

分类：鲈形目，鲹科，圆鲹属
拉丁名：*Decapterus maruadsi*
俗名：吊景。鱼体背部蓝灰色，腹部银色，鳃盖后上方有一半月形黑斑。栖息于外海中上层，有时也会达到300m深层。性格凶猛，以小型鱼虾、浮游动物为食。最大体长：40cm。光照：柔和。分布：印度洋—太平洋。

长吻须鲹

分类：鲈形目，鲹科，须鲹属
拉丁名：*Alectis indicus*
俗名：须鲹。鱼体棱形，无鳞，背鳍与臀鳍的前方鳍条延长呈丝状，吻部较长。栖息于沿岸水深100m以内的开阔海域。性格凶猛，以无脊椎动物、鱼类为食。最大体长：50cm。光照：柔和。分布：温带、热带海域。

黄带拟鲹

分类：鲈形目，鲹科，拟鲹属
拉丁名：*Pseudocaranx dentex*
俗名：黄带鲹。鱼体流线型，体色为带有金属光泽的银白色，体侧中央及尾鳍为金黄色的纵带。栖息于沿岸水深200m以内的沙质海底。性格凶猛，以隐藏在沙子中的无脊椎动物和鱼类为食。最大体长：95cm。光照：柔和。分布：温带、热带海域。

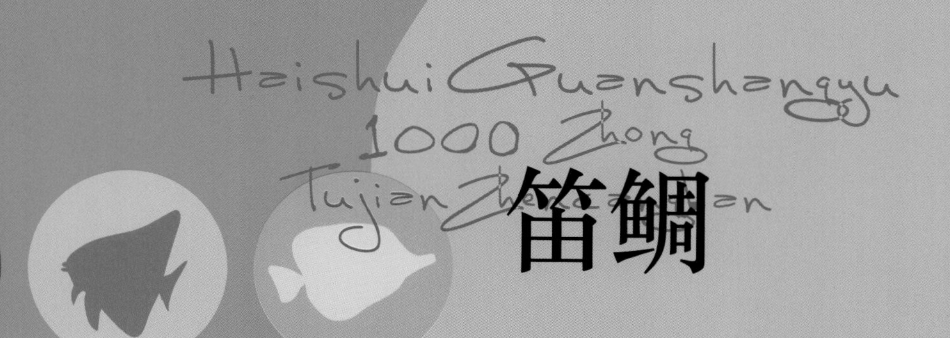

笛鲷

笛鲷是生活于珊瑚礁海域中、下层的大型鱼类。全世界约有185种。鱼体纺锤形，背鳍为连续性，有的种类背鳍中间稍有凹陷，背鳍上有10~12枚硬棘。侧线以上的鳞片斜向排列，侧线下方鳞片平行或斜向排列。体色会随成长而变化。

真鲷

分类：鲈形目，笛鲷科，真鲷属
拉丁名：*Pagrus major*
俗名：红加吉。全身淡红色，背部有蓝色斑点，尾鳍边缘黑色。栖息于水深10~200m的岩礁海域沙底及沙砾底。性格凶猛，以甲壳类、鱼类为食。最大体长：1m。光照：柔和。分布：西太平洋温带海域。

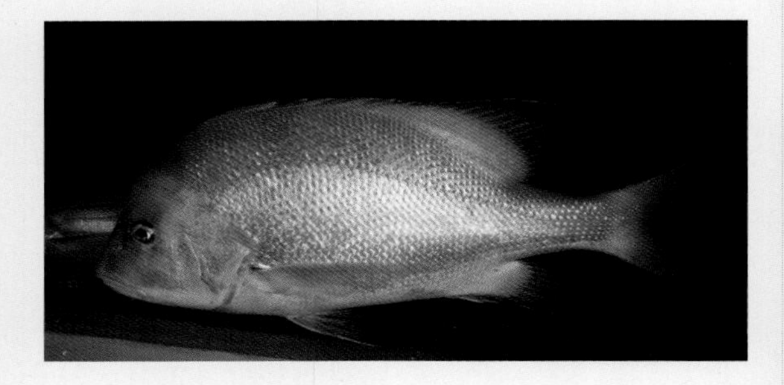

千年笛鲷

分类：鲈形目，笛鲷科，笛鲷属
拉丁名：*Lutjanus sebae*
俗名：川纹笛鲷。幼鱼体侧有3条黑色逐渐变成的棕色横带如“川”字，成鱼时横纹颜色变成红色、红褐色，老成鱼的横纹逐渐散开并消失。幼鱼时栖息于浅水处，随体形长大逐渐移至水深100m左右的珊瑚礁外缘斜坡处。性格凶猛，以甲壳类、底栖鱼类为食。最大体长：1m。光照：柔和。分布：印度洋—西太平洋。

幼鱼

成鱼

老成鱼

星点笛鲷

分类：鲈形目，笛鲷科，笛鲷属
拉丁名：*Lutjanus stellatus*
俗名：白星笛鲷。鱼体灰色，背部偏后处有一白斑。栖息于岩礁或珊瑚礁海域。性格凶猛，以无脊椎动物、鱼类为食。最大体长：35cm。光照：柔和。分布：西部太平洋。

紫红笛鲷

分类：鲈形目，笛鲷科，笛鲷属
拉丁名：*Lutjanus argentimaculatus*
体色有蓝灰色和红褐色，还有背部灰色，且每一鳞片中央有一个黑点，同时腹部红褐色；幼鱼体侧有7或8条银色横带。栖息于河口地区的海淡水混合处和珊瑚礁海域。性格凶猛，以无脊椎动物、鱼类为食。最大体长：60cm。光照：柔和。分布：印度洋—西太平洋。

白斑笛鲷

分类：鲈形目，笛鲷科，笛鲷属
拉丁名：*Lutjanus bohar*

俗名：双斑笛鲷。鱼体灰白色，亚成鱼背部有2个小型白斑，成鱼背部黑色，腹部淡褐色。栖息于珊瑚礁外缘斜面水深10~30m处。性格凶猛，以无脊椎动物、鱼类为食。最大体长：1m。光照：柔和。分布：印度洋—太平洋。

四带笛鲷

分类：鲈形目，笛鲷科，笛鲷属
拉丁名：*Lutjanus kasmira*
鱼体亮黄色，体侧有4条蓝色纵带，幼鱼时在第2、3纵带间有一黑斑。栖息于珊瑚礁周边100m处。性格凶猛，以无脊椎动物、鱼类为食。最大体长：40cm。光照：柔和。分布：印度洋—太平洋。

五线笛鲷

分类：鲈形目，笛鲷科，笛鲷属
拉丁名：*Lutjanus quinquelineatus*
鱼体黄色，体侧有5条蓝色纵带。栖息于岩礁及珊瑚礁海域。性格凶猛，以无脊椎动物、鱼类为食。最大体长：40cm。光照：柔和。分布：印度洋—西太平洋。

金焰笛鲷

分类：鲈形目，笛鲷科，笛鲷属

拉丁名：*Lutjanus fulviflamma*
俗名：火斑笛鲷。鱼体灰色，体侧有一黑斑。栖息于珊瑚礁浅水处。性格凶猛，以无脊椎动物，鱼类为食。最大体长：30cm。光照：柔和。分布：印度洋—太平洋。

蓝星笛鲷

分类：鲈形目，笛鲷科，笛鲷属
拉丁名：*Lutjanus rivulatus*
俗名：海鸡母。幼鱼墨绿色，体侧有黑色横带，体后部有一白色斑点；成鱼褐色，每一鳞片中央有一个蓝色或黄色小点。栖息于河口区水质清澈处、岩礁海域及珊瑚礁外缘。性格凶猛，以小型鱼类为食。最大体长：70cm。光照：柔和。分布：印度洋—太平洋。

画眉笛鲷

分类：鲈形目，笛鲷科，笛鲷属
拉丁名：*Lutjanus vitta*
俗名：画眉。体侧有一条金色纵带，纵带上方有由黄褐色斑点组成的斜线，各鳍黄色。栖息于岩礁及珊瑚礁水深30~40m处。性格凶猛，以无脊椎动物、鱼类为食。最大体长：38cm。光照：柔和。分布：印度洋—西太平洋。

正笛鲷

分类：鲈形目，笛鲷科，笛鲷属
拉丁名：*Lutjanus lutjanus*
俗名：黄鲷。鱼体金黄色，侧线以下有多条黄褐色的细纵带，首条最深。栖息于珊瑚礁海域。性格凶猛，以无脊椎动物、鱼类为食。最大体长：30cm。光照：柔和。分布：印度洋—西太平洋。

勒氏笛鲷

分类：鲈形目，笛鲷科，笛鲷属
拉丁名：*Lutjanus russelli*
俗名：腰斑笛鲷。鱼体粉红色，在光线的照射下会反射出银色光芒，体侧后部有一黑斑。栖息于岩

礁、珊瑚礁及内湾处。性格凶猛，以无脊椎动物、鱼类为食。最大体长：50cm。光照：柔和。分布：印度洋—西太平洋。

红鳍笛鲷

分类：鲈形目，笛鲷科，笛鲷属
拉丁名：*Lutjanus erythropterus*
俗名：红鲷。鱼体褐色，每一鳞片中央有一个黑点，并形成向后上方倾斜的黑线。栖息于珊瑚礁海域。性格凶猛，以无脊椎动物、鱼类为食。最大体长：60cm。光照：柔和。分布：印度洋—西太平洋。

金目笛鲷

分类：鲈形目，笛鲷科，笛鲷属
拉丁名：*Lutjanus adetii*

俗名：白笛鲷。全身白色，眼眶黄色。栖息于珊瑚礁海域。性格凶猛，以无脊椎动物、鱼类为食。最大体长：40cm。光照：柔和。分布：印度洋—太平洋。

灰色笛鲷

分类：鲈形目，笛鲷科，笛鲷属
拉丁名：*Lutjanus griseus*
俗名：灰鲷。背部灰绿色，腹部灰白色且每一鳞片中央有一暗色斑点。栖息于沿岸及海藻场。性格凶猛，以无脊椎动物、鱼类为食。最大体长：60cm。光照：柔和。分布：西大西洋。

黄背若梅鲷

分类：鲈形目，笛鲷科，若梅鲷属
拉丁名：*Paracaesio xanthurus*
俗名：黄背乌尾鮗。鱼体蓝灰色，背部及尾鳍亮黄色。幼鱼栖息于岩礁海域水深30m以内，成鱼在100m以下水层活动。性格凶猛，以鱼类、无脊椎动物为食。最大体长：40cm。光照：柔和。分布：印度洋—太平洋。

斜鳞鲷

分类：鲈形目，笛鲷科，斜鳞鲷属
拉丁名：*Pinjalo pinjalo*
鱼体桔黄色或红色，侧线上、下鳞均斜向排列。栖息于珊瑚礁内、外缘有海流的地方及潟湖内，水深60m的泥底及岩礁洞穴内。性格凶猛，以底栖鱼类、甲壳类为食。最大体长：60cm。光照：柔和。分布：印度洋—西太平洋。

黄尾梅鲷

分类：鲈形目，笛鲷科，梅鲷属
拉丁名：*Caesi cunning*
俗名：黄尾�。头及背部为蓝色，背鳍、尾鳍及臀鳍均为亮黄色，腹部及腹鳍为淡蓝色，胸鳍基部有一黑斑。栖息于珊瑚礁15m左右的浅水处。性格凶猛，以无脊椎动物、鱼类为食。最大体长：40cm。光照：柔和。分布：印度洋—西太平洋。

二带梅鲷

分类：鲈形目，笛鲷科，梅鲷属
拉丁名：*Caesio diagramma*
俗名：彩虹燕子。背部蓝色，腹部粉红色至白色，体侧有2条金色细纵带。栖息于珊瑚礁海域。性格温柔，以无脊椎动物为食。最大体长：25cm。光照：柔和。分布：西太平洋。

蓝黄梅鲷

分类：鲈形目，笛鲷科，梅鲷属
拉丁名：*Caesio teres*
俗名：霓虹燕子。背鳍至尾鳍黄色，其下蓝色，腹部银白色。栖息于珊瑚礁海域。性格凶猛，以无脊椎动物、鱼类为食。最大体长：30cm。光照：柔和。分布：印度洋—西太平洋。

长鳍笛鲷

分类：鲈形目，笛鲷科，长鳍笛鲷属
拉丁名：*Symphorus spilurus*
俗名：丽皇。背鳍第4、5鳍棘与臀鳍第3鳍棘特长；老成鱼丝状鳍条消失，尾柄上部有一块黑斑。栖息

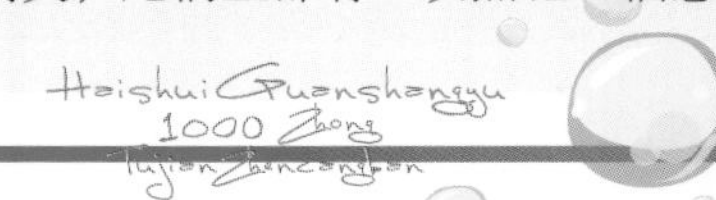

长鳍笛鲷

于珊瑚礁有潮流处。性格凶猛，以带硬壳的贝类为食。最大体长：50cm。光照：柔和。分布：太平洋热带及亚热带珊瑚礁海域。

帆鳍笛鲷

分类：鲈形目，笛鲷科，长鳍笛鲷属

拉丁名：*Symphorus nematophorus*

背鳍第4~8软条延长呈丝状，体侧有7条蓝色纵纹。栖息于珊瑚礁海域。性格凶猛，以带硬壳的贝类为食。最大体长：100cm。光照：柔和。分布：西太平洋。

胡椒鲷

分类：鲈形目，石鲈科，胡椒鲷属

拉丁名：*Plectorhinchus pictus*

俗名：花旦。幼鱼背部黑色有2个白斑，腹部、尾柄、吻端白色，尾鳍黑色有灰色斑点；成鱼背部蓝灰色，腹部黄白色，全身布满土黄色至褐色圆斑。栖息于岩礁及珊瑚礁海域沙质海底上。性格凶猛，以无脊椎动物、鱼类为食。最大体长：90cm。光照：柔和。分布：印度洋－西太平洋。

成鱼

幼鱼

斑点胡椒鲷

分类：鲈形目，石鲈科，胡椒鲷属

拉丁名：*Plectorhinchus chaetodonoides*

俗名：燕子花旦。幼鱼白色有褐色大圆斑，圆斑中心有一个或多个褐色小点；成鱼白色全身布满褐色斑点。栖息于岩礁及珊瑚礁海域。性格凶猛，以无脊椎动物、鱼类为食。最大体长：60cm。光照：柔和。分布：印度洋—太平洋。

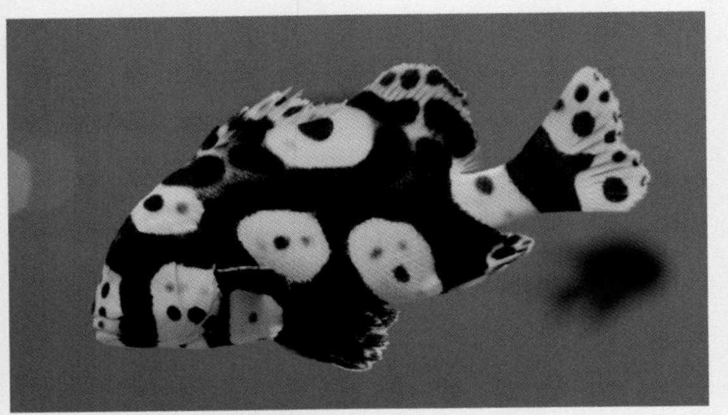
幼鱼

亚成鱼

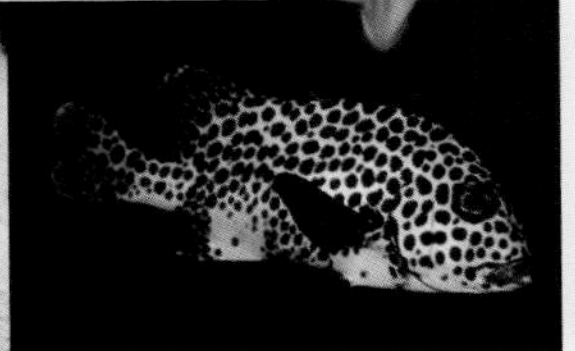
成鱼

花尾胡椒鲷

分类：鲈形目，石鲈科，胡椒鲷属
拉丁名：*Plectorhinchus cinctus*
俗名：假包公。鱼体灰色，头部及体侧有3条黑色斜带，背鳍、尾鳍及背部布满黑色斑点。幼鱼栖息于河流及河口海淡水混合处，成鱼栖息于沿岸礁石下面的沙质海底。性格凶猛，以小鱼虾为食。最大体长：30cm。光照：明亮。分布：印度洋—西太平洋。

条纹胡椒鲷

分类：鲈形目，石鲈科，胡椒鲷属
拉丁名：*Plectorinchus lineatus*
俗名：妞妞。鱼体灰白色，体侧有6~9条黑色纵带，各鳍黄色有黑斑。栖息于珊瑚礁海域水深10m左右处。性格凶猛，以无脊椎动物、鱼类为食。最大体长：35cm。光照：明亮。分布：西太平洋。

幼鱼

成鱼

白带胡椒鲷

分类：鲈形目，石鲈科，胡椒鲷属
拉丁名：*Plectorinchus albovittatus*
俗名：金妞妞。鱼体褐色，体侧中央有一条浅黄色纵带，其上、下各有一条黑色纵带。栖息于珊瑚礁潟湖中。性格凶猛，以底栖无脊椎动物、鱼类为食。最大体长：20cm。光照：明亮。分布：印度洋—西太平洋。

四带胡椒鲷

分类：鲈形目，石鲈科，胡椒鲷属

拉丁名：*Plectorinchus diagrammmus*

鱼体灰白色，体侧有4条、头部有2条黑色纵带。栖息于岩礁、珊瑚礁外缘有海流处。性格凶猛，以无脊椎动物、鱼类为食。最大体长：50cm。光照：明亮。分布：西太平洋。

幼鱼

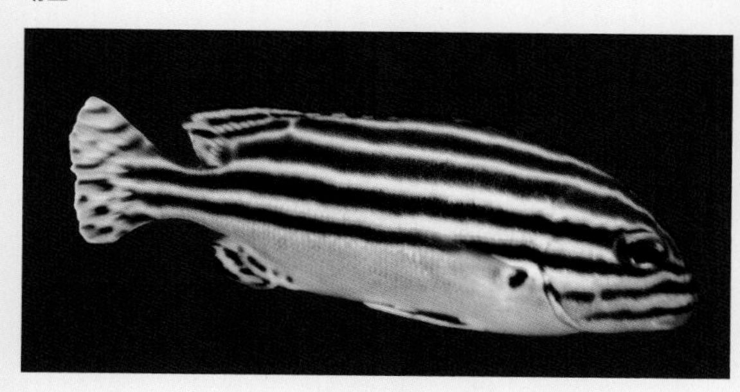

成鱼

斜纹胡椒鲷

分类：鲈形目，石鲈科，胡椒鲷属

拉丁名：*Plectorinchus goldmammi*

鱼体灰色，体侧有多条斜向后上方的黑色条纹，各鳍黄色有黑斑。栖息于珊瑚礁外缘悬崖峭壁有海流处。性格凶猛，以无脊椎动物、鱼类为食。最大体长：50cm。光照：明亮。分布：西太平洋。

斜带髭鲷

分类：鲈形目，石鲈科，髭鲷属

拉丁名：*Hapalogenys nitens*

俗名：三带加志。体侧有2条黑色斜横带，头顶有黑斑。栖息于岩石沿岸或海岛附近的岩礁或泥沙质海底上，水深30~50m处。性格凶猛，以小鱼、甲壳类及贝类为食。最大体长：60cm。光照：柔和。分布：西北太平洋。

黑鳍髭鲷

分类：鲈形目，石鲈科，髭鲷属

拉丁名：*Hapalogenys nigripinnis*

俗名：黑鲷。全身棕黑色，每一鳞片外缘深黑色，各鳍黑色带蓝边，雄鱼背鳍、臀鳍和尾鳍延长呈丝状。栖息于岩礁海域沙质海底。性格凶猛，以无脊椎动物、鱼类为食。最大体长：60cm。光照：明亮。分布：西北太平洋。

三线矶鲈

分类：鲈形目，石鲈科，矶鲈属
拉丁名：*Parapristipoma trilineatus*
俗名：鸡鱼。幼鱼时体侧有3条褐色纵带，成鱼后纵带消失。幼鱼时集成大群活动于岩礁海域水深20m左右处，成鱼后单独活动。性格凶猛，以无脊椎动物、鱼类为食。最大体长：40cm。光照：柔和。分布：西太平洋。

幼鱼

成鱼

异孔石鲈

分类：鲈形目，石鲈科，异孔石鲈属
拉丁名：*Anisotremus virginicus*

俗名：美国丽皇。鱼体银白色，体侧有数对黄色纵线，头部有2条黑色横带，各鳍黄色。成群活动于沿岸岩礁海域水深2~20m处。性格凶猛，幼鱼期有鱼医生行为，以其他鱼类身上的寄生虫、伤口处的坏死组织为食；成鱼以底栖生物、鱼类为食。最大体长：40cm。光照：柔和。分布：大西洋。

黑棘鲷

分类：鲈形目，鲷科，棘鲷属
拉丁名：*Acanthopagrus schlegeli*

黑棘鲷

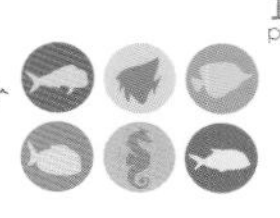

双线眶棘鲈

俗名：黑加吉。鱼体侧扁，长椭圆形，青灰色，侧线起点处有黑斑点，体侧有数条黑色横带。幼鱼栖息于河流入海口，海淡水混合处；成鱼栖息于岩礁海域水深5m左右的沙底及沙砾底。性格凶猛，以小鱼虾、底栖贝类和环节动物为食。最大体长：30cm。光照：柔和。分布：西北太平洋温带海域。

双线眶棘鲈

分类：鲈形目，眶棘鲈科，眶棘鲈属

拉丁名：*Scolopsis bilineatus*

俗名：石兵。幼鱼时体背部黄色，腹部银灰色，侧线以上有3条黑色纵带，背鳍前部有一黑斑；成鱼背部浅绿色，腹部银白色，有一镶黑边的银色纵带自眼下斜向后上方至背鳍基底。栖息于珊瑚礁海域水深10m左右的沙底及沙砾底上。性格温柔，以无脊椎动物为食。最大体长：25cm。光照：柔和。分布：印度洋—西太平洋。

齿颌眶棘鲈

分类：鲈形目，眶棘鲈科，眶棘鲈属

拉丁名：*Scolopsis ciliatus*

鱼体银灰色，体侧有金黄色斑点，背鳍基底有一条银白色至金黄色纵带。栖息于珊瑚礁礁盘及沙质海底上。性格凶猛，以无脊椎动物及小型鱼类为食。最大体长：20cm。光照：柔和。分布：印度洋—西太平洋。

三线眶棘鲈

分类：鲈形目，眶棘鲈科，眶棘鲈属

拉丁名：*Scolopsis trilineatus*

俗名：三线赤尾鮗。鱼体背部黑褐色，腹部灰色。背鳍基底有一条灰白色纵线，侧线上有一条白色纵带，在腹部与背部色差交接处，有一条不明显的白色纵线。栖息于岩礁海域沙质海底，水深10~50m

处。性格凶猛，以鱼类为食。最大体长：20cm。光照：柔和。分布：太平洋。

单斑眶棘鲈

分类：鲈形目，眶棘鲈科，眶棘鲈属

拉丁名：*Scolopsis monogramma*

俗名：黑带赤尾终。幼鱼时体侧有一黑色纵带，长大后黑带逐渐模糊。栖息于珊瑚礁水深10~50m的沙质海底上。性格温柔，以无脊椎动物为食。最大体长：30cm。光照：柔和。分布：印度洋—西太平洋。

横带眶棘鲈

分类：鲈形目，眶棘鲈科，眶棘鲈属

拉丁名：*Scolopsis inermis*

俗名：水仙仙子。体色红褐色，有4条红色鞍状宽带。栖息于岩礁海域水深100m左右的沙质海底上。性格凶猛，以底栖无脊椎动物、鱼类为食。最大体长：30cm。光照：柔和。分布：印度洋－西太平洋。

三带眶棘鲈

分类：鲈形目，眶棘鲈科，眶棘鲈属

拉丁名：*Scolopsis lineate*

鱼体背部褐色，有3条白色纵带，腹部白色。幼鱼栖息于内湾浅水处，成鱼活动于岩礁海域水深3m左右处。性格温柔，以无脊椎动物为食。最大体长：25cm。光照：明亮。分布：东印度洋－西太平洋。

星斑裸颊鲷

分类：鲈形目，裸颊鲷科，裸颊鲷属

拉丁名：*Lethrinus nebulosus*

俗名：灵尖。幼鱼体侧有多条纵向黄线，背部前方有一黑色眼斑，随生长黄线和眼斑逐渐消失，背部呈橄榄绿色，每一鳞片中央有一白色至蓝色斑点，眼圈橘红色。栖息于沙底或泥沙底质的海区。性格凶猛，以甲壳类、鱼类为食。最大体长：40cm。光照：柔和。分布：印度洋—太平洋热带海域。

长崎椎齿鲷

长崎椎齿鲷

分类：鲈形目，锥齿鲷科，锥齿鲷属
拉丁名：*Pentapodus nagasakiensis*
俗名：金燕子。体背部红褐色，腹部银白色，体侧自纹端直至尾柄有2条黄色纵带。栖息于岩礁海域水深15~40m的沙底。性格凶猛，以无脊椎动物、小型鱼类为食。最大体长：20cm。光照：柔和。分布：西太平洋。

珊瑚锥齿鲷

分类：鲈形目，锥齿鲷科，锥齿鲷属
拉丁名：*Pentapodus nemurus*

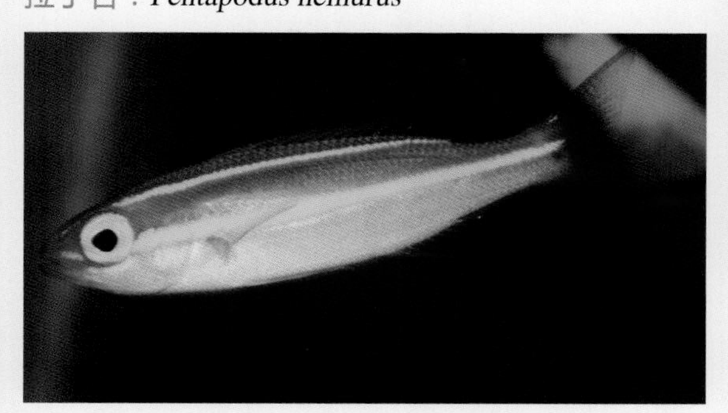

俗名：印尼金燕子。鱼体蓝色，体侧有2条金黄色纵带。栖息于岩礁海域水深2~40m处，幼鱼时小群活动，成鱼后单独活动。幼鱼时性格温柔，成鱼后凶猛，以无脊椎动物、鱼类为食。最大体长：46cm。光照：柔和。分布：印度洋—西太平洋。

松鲷

分类：松鲷科，松鲷属
拉丁名：*Lobotes surinamensis*
俗名：打铁鲈。鱼体浅褐色，全身布满蓝色斑点，体侧有6条暗色横带。幼鱼栖息于沿岸红树林下面，模拟红树落叶状，成鱼活动于外海的表层。性格凶猛，以无脊椎动物、鱼类为食。最大体长：96cm。光照：柔和。分布：温带、亚热带海域。

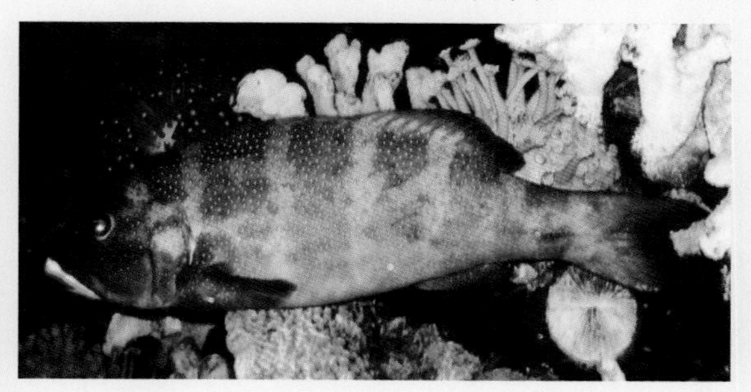

斑点羽鳃笛鲷

分类：鲈形目，笛鲷科，羽鳃笛鲷属
拉丁名：*Macolor macularis*
俗名：浮水花旦。腹部白色，背部灰色至黑色且纵向排列着白色斑点，胸鳍黑色其他灰色。栖息于珊瑚礁外缘水深10m左右，5~6尾小群活动。性格凶猛，以无脊椎动物、鱼类为食。最大体长：40cm。光照：柔和。分布：太平洋。

黑体羽鳃笛鲷

分类：鲈形目，笛鲷科，羽鳃笛鲷属
拉丁名：*Macolor niger*

与斑点羽鳃笛鲷极其相似，区别为自胸鳍至尾鳍下叶有一条黑色纵带。幼鱼栖息于珊瑚礁潟湖内，成鱼栖息于岩礁海域水深100~350m处。性格凶猛，以无脊椎动物、鱼类为食。最大体长：75cm。光照：柔和。分布：印度洋—太平洋。

羊鱼

羊鱼在颏部下颐处有一对肉质触须，好像山羊的胡须，胡须上布满嗅味觉细胞。羊鱼用胡须在沙质海底上来回扫描，藏在沙中的贝类、甲壳类、小型鱼类以及其他底栖生物一个个被准确无误地挖出来吃掉，同时也把水族箱的底沙打扫的干干净净。

短须副绯鲤

分类：鲈形目，羊鱼科，副绯鲤属
拉丁名：*Parupeneus ciliatus*
俗名：山羊。体侧自吻端经眼至第二背鳍有一条深色纵带，尾柄上方有一块白斑。栖息于岩礁、珊瑚礁海域水深10m左右的沙质海底。性格温柔，以底栖无脊椎动物为食。最大体长：30cm。光照：暗。分布：印度洋—太平洋。

须副绯鲤

分类：鲈形目，羊鱼科，副绯鲤属
拉丁名：*Parupeneus barberinoides*
俗名：双色山羊。体色前半部红褐色，后半部黄灰色。栖息于岩礁及珊瑚礁外围沙质海底上。性格温柔，以底栖无脊椎动物为食。最大体长：25cm。光照：暗。分布：西太平洋。

条斑副绯鲤

分类：鲈形目，羊鱼科，副绯鲤属
拉丁名：*Parupeneus barberinus*
俗名：秋姑。体侧有一条灰褐色纵带，尾柄处有一黑色圆斑。栖息于珊瑚礁海域水深10m左右的沙质海底。性格温柔，以底栖无脊椎动物为食。最大体长：25cm。光照：暗。分布：印度洋—太平洋。

二带副绯鲤

分类：鲈形目，羊鱼科，副绯鲤属
拉丁名：*Parupeneus bifasciatus*

须副绯鲤

鱼体灰色，头部有一条黑色横带，体侧有两条黑色横带。栖息于珊瑚礁水深10m左右的沙质海底。性格温柔，以底栖无脊椎动物为食。最大体长：40cm。光照：暗。分布：印度洋—太平洋。

圆口副绯鲤

分类：鲈形目，羊鱼科，副绯鲤属
拉丁名：*Parupeneus cyclostomus*
俗名：黄山羊。有2种体色：一种为黄色，各鳍与颊须皆为黄褐色；另一种为暗黄色，每一鳞片中央具一蓝色小点，尾柄上部有一黄色斑。栖息于珊瑚礁海域水深10m左右的沙质海底上。性格温柔，以底栖动物为食。最大体长：50cm。光照：暗。分布：印度洋—太平洋。

福氏副绯鲤

分类：鲈形目，羊鱼科，副绯鲤属
拉丁名：*Parupeneus forsskali*
与条斑副绯鲤相似，只是尾柄处的黑斑位置稍有区别，本种尾柄处的黑斑稍微偏上一点，而条斑副绯鲤尾柄处的黑斑在中间。栖息于珊瑚礁海域水深10m左右的沙质海底上。性格温柔，以底栖无脊椎动物为食。最大体长：30cm。光照：暗。分布：红海。

多带副绯鲤

分类：鲈形目，羊鱼科，副绯鲤属
拉丁名：*Parupeneus multifasciatus*
体侧有4条黑色横带，体色可以随环境的变化变成白、红、紫色。栖息于岩礁海域水深5~10m的沙质海底上。性格温柔，以底栖无脊椎动物为食。最大体长：30cm。光照：暗。分布：太平洋。

三带副绯鲤

分类：鲈形目，羊鱼科，副绯鲤属
拉丁名：*Parupeneus atrocingulatus*

幼鱼背部粉红色，腹部银白色，体侧有3条黑色横带，眼睛后面有一黑斑；成鱼后背部粉红色渐渐变成黄色。栖息于珊瑚礁沙质海底。性格温柔，以底栖动物为食。最大体长：25cm。光照：柔和。分布：中部太平洋。

黄带拟羊鱼

分类：鲈形目，羊鱼科，拟羊鱼属
拉丁名：*Mulloides vanicolensis*

鱼体背部青色，腹部黄色，体侧中央有一条金黄色纵带。栖息于珊瑚礁海域水深10m左右处。性格温柔，以无脊椎动物为食。最大体长：38cm。光照：柔和。分布：印度洋—太平洋。

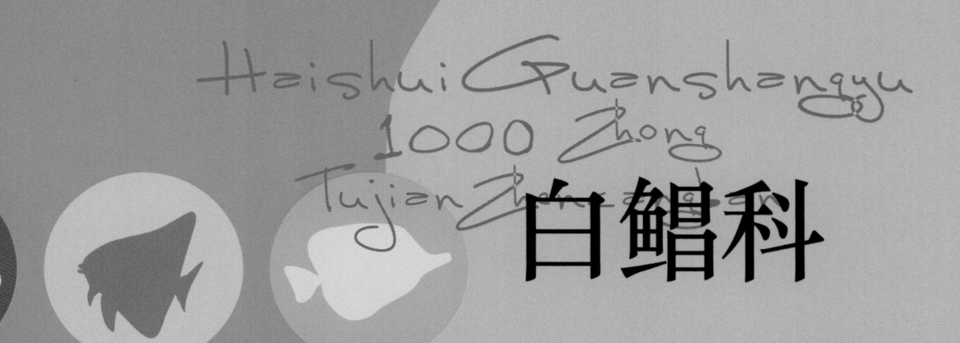

白鲳科

白鲳科的鱼类俗称“蝙蝠”。幼鱼与成鱼在体形上有明显差异，幼鱼的背鳍与臀鳍特长，常模拟海蛞蝓、红树落叶等以防被敌害捕食；以无脊椎动物、藻类为食。性格温柔。需要柔和的光照。

弯鳍燕鱼

分类：鲈形目，白鲳科，燕鱼属
拉丁名：*Platax pinnatus*
俗名：金边蝙蝠。幼鱼全身黑色带有红边，单独活动于珊瑚礁潟湖等浅水处，形似西班牙舞娘（一种有毒的海兔），侧躺在海水中；成鱼活动于珊瑚礁斜面有潮流的地方，常10~20尾小群夜间出现。性格温柔，以无脊椎动物、海藻为食。最大体长：40cm。光照：温和。分布：西太平洋。

圆燕鱼

分类：鲈形目，白鲳科，燕鱼属
拉丁名：*Platax orbicularis*
俗名：圆蝙蝠。鱼体灰色，体侧有2条横带，吻突出，幼鱼前半身浅褐色，有2条深褐色横带，后半身及各鳍深褐色且特长。幼鱼时栖息于沿岸表层，平躺在海面上焦枯的红树叶片中，宛如一片落叶；成鱼后活动于珊瑚礁斜面有潮流处。性格温柔，以小型无脊椎动物、藻类为食。最大体长：50cm。光照：柔和。分布：印度洋—太平洋。

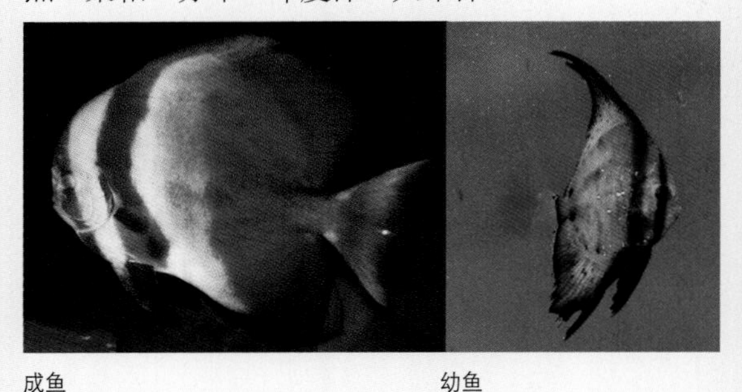
成鱼　　幼鱼

燕鱼

分类：鲈形目，白鲳科，燕鱼属
拉丁名：*Platax teria*
俗名：长鳍蝙蝠。鱼体灰色，体侧有3条深灰色横带，幼鱼各鳍特长。幼鱼时栖息于浅水处10余尾集小群活动，成鱼后移向珊瑚礁斜面水深10余米处群游。性格温柔，以无脊椎动物、藻类为食。最大体长：50cm。光照：柔和。分布：印度洋—西太平洋。

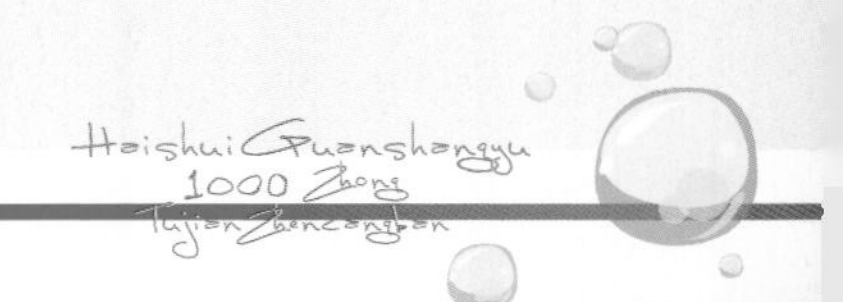

蝴蝶鱼

蝴蝶鱼是最美丽的观赏鱼之一，体色鲜艳华丽，行动婀娜多姿，全世界有110多种，我国有40余种，均分布在珊瑚礁海域。蝴蝶鱼往往是成双成对活动，当一条鱼摄食时，另一条鱼就担任警戒任务，一旦遇到危险迅速钻入珊瑚丛中避敌。有的蝴蝶鱼在幼鱼期或终生有鱼医生行为。蝴蝶鱼的吻部细长可以自由伸缩，牙齿如刚毛状，它的拉丁文名字叫“Chaetodon”意思是“锐利的牙齿”，这种结构很适合摄食珊瑚虫、浮游甲壳类及小型无脊椎动物，但饲养起来比较困难。可以事先在水族箱中设置一些洞穴供其藏身，投喂刚刚生出来的孔雀鱼仔鱼促其开口，再逐渐改喂人工饵料。蝴蝶鱼属于狭盐性鱼类，对盐度十分敏感，即使兑水过程十分细致耐心，如不符合原产地的盐度，仍然不能存活下来。

马夫鱼

分类：鲈形目，蝴蝶鱼科，马夫鱼属
拉丁名：*Heniochus acuminatus*
俗名：黑白关刀。鱼体白色，体侧有2条黑色横带，两眼间由1条黑色横带相连，吻部灰色，鳍棘特长，背鳍软条部、尾鳍和胸鳍为黄色，胸鳍基部和臀鳍为黑色。栖息于珊瑚礁礁区，常十几尾成小群活动。性格温柔，以珊瑚虫、浮游动物为食。最大体长：25cm。光照：明亮。分布：印度洋—太平洋。

金口马夫鱼

分类：鲈形目，蝴蝶鱼科，马夫鱼属
拉丁名：*Heniochus chrysostomus*
俗名：羽毛关刀。鱼体白色，体侧有3条黑色横带，吻端金黄色。栖息于珊瑚礁礁盘及斜面，喜单独活动。性格温柔，以珊瑚虫、浮游动物为食。最大体长：18cm。光照：明亮。分布：印度洋—太平洋。

白带马夫鱼

分类：鲈形目，蝴蝶鱼科，马夫鱼属
拉丁名：*Heniochus varius*
俗名：黑关刀。鱼体黄褐色至棕褐色，有2条白色横带，背缘前部至眼上方有一凹陷，眼上方有一棘突；幼鱼自背鳍起始处经头背部直至吻端，中间无凹陷。栖息于珊瑚礁礁区，特别是枝状珊瑚茂盛或洞穴多的地方，常单独或小群活动。性格温柔，以珊瑚虫、小型底栖无脊椎动物为食。最大体长：17cm。光照：明亮。分布：太平洋。

红海马夫鱼

分类：鲈形目，蝴蝶鱼科，马夫鱼属
拉丁名：*Heniochus intermedius*
俗名：红海关刀。鱼体黄褐色，体侧有2条黑色斜向横带。栖息于珊瑚礁海域。性格温柔，以珊瑚虫、小型浮游动物为食。最大体长：20cm。光照：明亮。分布：红海。

四带马夫鱼

分类：鲈形目，蝴蝶鱼科，马夫鱼属
拉丁名：*Heniochus singularius*
俗名：怪面关刀。鱼体白色，头部有2条黑色横带，体侧有2条黑色斜横带，第2条斜横带之后的体色及背鳍、尾鳍为黄色。背鳍第4棘延长呈丝状，成鱼眼上方有一短棘。栖息于珊瑚礁潟湖中海藻丛生处及枝状珊瑚茂盛的地方。性格温柔，以珊瑚虫、细小浮游生物、海藻为食。最大体长：24cm。光照：明亮。分布：太平洋。

黑面马夫鱼

分类：鲈形目，蝴蝶鱼科，马夫鱼属
拉丁名：*Heniochus monoceros*
俗名：鬼面关刀。鱼体黄白色，头部除吻端外全部为黑色，体侧有2条黑色横带。背鳍第4鳍棘延长呈丝状，胸鳍透明，腹鳍黑色，臀鳍前部黄白色有的具黑边。栖息于珊瑚礁潟湖中，常在死珊瑚的洞穴周边活动。性格温柔，以珊瑚虫、小型无脊椎动物为食。最大体长：20cm。光照：明亮。分布：印度洋—太平洋。

长吻镊口鱼

分类：鲈形目，蝴蝶鱼科，镊口鱼属
拉丁名：*Forcipiger longirostris*
俗名：黄火箭。身体亮黄色，头下部为银白色，背部为黑色，臀鳍后部有一黑色眼斑。栖息于珊瑚礁礁区，总是腹部紧贴岩壁，防止腹部受到攻击。性格温柔，以珊瑚虫、小型浮游生物为食。最大体长：27cm。光照：明亮。分布：印度洋—太平洋。

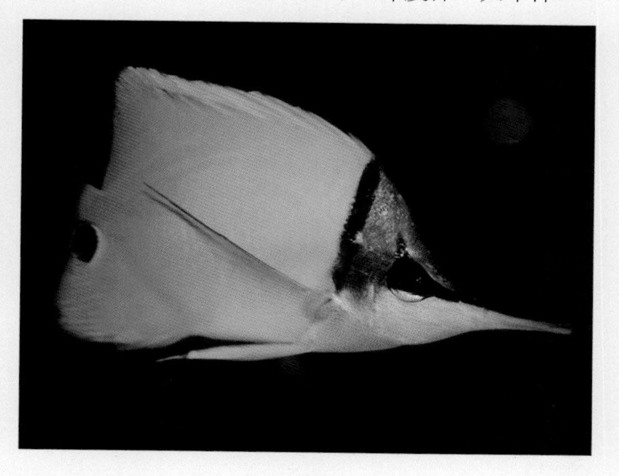

黄镊口鱼

分类：鲈形目，蝴蝶鱼科，镊口鱼属
拉丁名：*Forcipiger flavissimus*
吻部比长吻镊口鱼的短，其余地方完全一样。栖息于珊瑚礁礁区和岩礁海域底层。性格温柔，以底栖小型无脊椎动物为食。最大体长：26cm。光照：明亮。分布：印度洋—太平洋。

金带蝴蝶鱼

分类：鲈形目，蝴蝶鱼科，蝴蝶鱼属

拉丁名：*Chaetodon aureofasciatus*

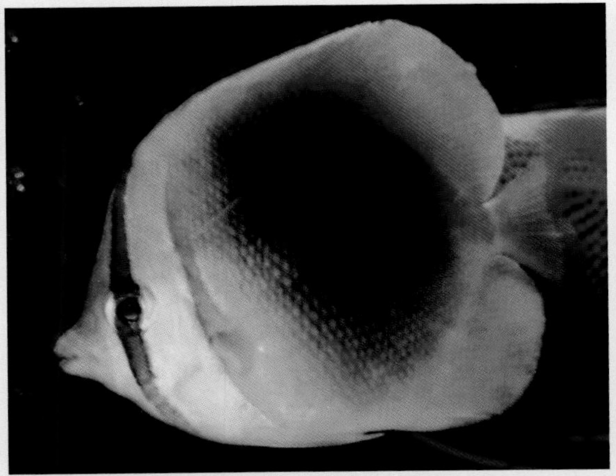

俗名：金面蝶。幼鱼体侧银灰色，眼睛及鳃盖后缘各有1条金黄色横带，胸鳍透明，其他各鳍金黄色；成鱼后体色逐渐变成褐色，2条横带成为桔黄色，唯2条横带之间仍然保持金黄色，背鳍与臀鳍亦成为褐色。幼鱼生活在枝状珊瑚丛中，成鱼栖息于珊瑚礁水深5~15m的潟湖中。性格温柔，以珊瑚虫的黏液为食。最大体长：14cm。光照：明亮。分布：澳大利亚大堡礁。

丝蝴蝶鱼

分类：鲈形目，蝴蝶鱼科，蝴蝶鱼属

拉丁名：*Chaetodon auriga*

俗名：人字蝶。头部及前半身为乳白色，向后逐渐变成艳丽的琥珀色。眼部有1条黑色横带将眼睛隐藏起来，体侧自背鳍向鳃部有5条褐色斜纹，自第5条斜纹并与之垂直向腹部有9~10条斜纹，并在后上方形成“人”字形，分布在太平洋的种类背鳍后方延长呈丝状，分布在印度洋的种类，背鳍后方无丝状延长。栖息于水深20m以内的珊瑚礁礁盘上方。性格温柔，以珊瑚虫、小型浮游动物、多毛类、腹足类、小虾蟹及海藻为食。最大体长：19cm。光照：明亮。分布：印度洋—太平洋。

太平洋型丝蝴蝶鱼

斜纹蝴蝶鱼

分类：鲈形目，蝴蝶鱼科，蝴蝶鱼属

拉丁名：*Chaetodon vagbundus*

俗名：假人字蝶。与丝蝴蝶鱼极其相似，只是身体

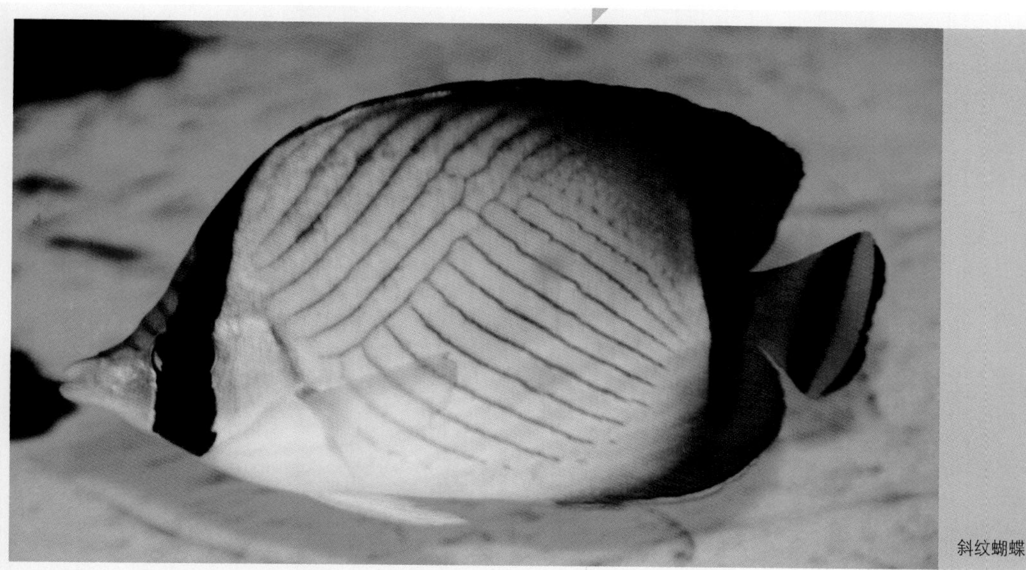
斜纹蝴蝶鱼

前半部的斜纹有6条，此外背鳍鳍条部及背鳍的边缘为黑色，从背鳍通过尾柄有1条黑色的弯月形的横带，尾鳍有2条黑色横带。栖息于珊瑚礁礁区30m以内的水层，睡觉前身上会出现暗色斑。性格温柔，以珊瑚虫、小型无脊椎动物为食。最大体长：17cm。光照：明亮。分布：印度洋—太平洋。

横纹蝴蝶鱼

分类：鲈形目，蝴蝶鱼科，蝴蝶鱼属
拉丁名：*Chaetodon decussates*
俗名：印度假人字蝶。与斜纹蝴蝶鱼十分相似，除了鱼体较狭长之外，其后半部及背鳍为黑色。栖息于珊瑚礁、岩礁海域。性格温柔，以珊瑚虫、小型无脊椎动物为食。最大体长：17cm。光照：明亮。分布：印度洋斯里兰卡附近海域。

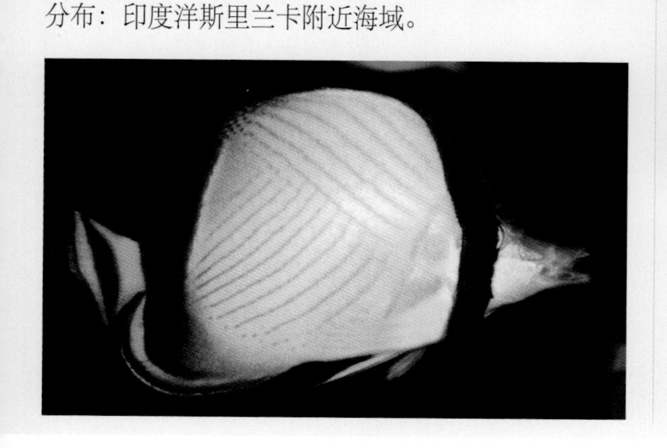

黑背蝴蝶鱼

分类：鲈形目，蝴蝶鱼科，蝴蝶鱼属
拉丁名：*Chaetodon melannotus*
俗名：曙光蝶。鱼体白色，每一鳞片上都有1黑色小斑点斜向背部后侧，并在此汇集成1块大黑斑。头部有1条黑色横带将眼睛隐藏起来，尾柄上下各有1个小黑斑点。栖息于珊瑚礁礁区。性格温柔，以珊瑚虫为食。最大体长：13cm。光照：明亮。分布：印度洋—太平洋。

睛斑蝴蝶鱼

分类：鲈形目，蝴蝶鱼科，蝴蝶鱼属
拉丁名：*Chaetodon ocellicaudus*

俗名：太阳蝶。与黑背蝴蝶鱼极其相似，唯本种尾柄上有1个黑色眼斑，背部颜色较浅，且腹鳍为白色。栖息于珊瑚礁海域水深10~30m处。性格温柔，以珊瑚虫及小型无脊椎动物为食。最大体长：13cm。光照：明亮。分布：菲律宾附近海域。

格纹蝴蝶鱼

分类：鲈形目，蝴蝶鱼科，蝴蝶鱼属

拉丁名：*Chaetodon raffesi*

俗名：网蝶。鳞片的中央为金色，四周淡褐色并形成清晰的网目。栖息于珊瑚礁海域水深15m以内的礁盘上及潟湖内静水处。性格温柔，以珊瑚虫、海葵和多毛类环节动物为食。最大体长：17cm。光照：明亮。分布：印度洋—太平洋。

新月蝴蝶鱼

分类：鲈形目，蝴蝶鱼科，蝴蝶鱼属

拉丁名：*Chaetodon lunula*

俗名：咖啡蝶。鱼体呈咖啡色，体侧具10多条橘红色斜纹。头部有1条黑色眼带，眼带后为1条白色横带，横带后有一镶黄边的黑色三角形斑纹，沿背鳍基底有一前窄后宽的黑纹直通向尾柄处的黑色圆斑。幼鱼栖息于珊瑚礁平台上，成鱼白天在珊瑚缝隙中睡觉夜晚出来捕食，是蝴蝶鱼中唯一的夜行性鱼类。性格温柔，以珊瑚虫、底栖无脊椎动物、裸鳃类及海藻为食。最大体长：21cm。光照：明亮。分布：印度洋—太平洋。

丽蝴蝶鱼

分类：鲈形目，蝴蝶鱼科，蝴蝶鱼属

拉丁名：*Chaetodon wiebeli*

俗名：黑尾蝶。身体咖啡色，身上排列着向后上方斜向的暗色条纹，吻部灰色，头部有1条黑色眼带，眼带后方有1条白色横带，头背部有1块三角形黑色斑块。栖息于岩礁及珊瑚礁水深15m左右浅水处。性格温柔，以小型底栖动物、藻类为食。最大体长：19cm。光照：明亮。分布：西太平洋。

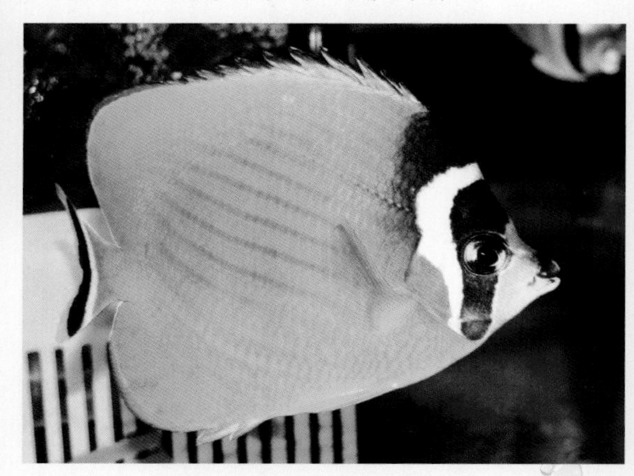

叉纹蝴蝶鱼

分类：鲈形目，蝴蝶鱼科，蝴蝶鱼属
拉丁名：*Chaetodon auripes*
俗名：珍珠白眉。与丽蝴蝶鱼相似，区别之处为头背部没有三角形黑色斑块，身上暗色条纹排列不同。栖息于珊瑚礁海域。性格温柔，以珊瑚虫为食。最大体长：19cm。光照：明亮。分布：印度洋—西太平洋。

细点蝴蝶鱼

分类：鲈形目，蝴蝶鱼科，蝴蝶鱼属
拉丁名：*Chaetodon semeion*
俗名：柑仔蝶。鱼体褐色，头顶自吻端至背鳍起点有1块蓝色至黑色的三角形斑点，头部、背鳍、臀鳍、尾柄处各有一条黑色横带，背鳍后端延长呈丝状。栖息于珊瑚礁海域。性格温柔，以珊瑚虫及小型无脊椎动物、藻类为食。最大体长：22cm。光照：明亮。分布：印度洋—太平洋。

条纹蝴蝶鱼

分类：鲈形目，蝴蝶鱼科，蝴蝶鱼属
拉丁名：*Chaetodon fasciatus*
俗名：红海咖啡蝶。鱼体黄褐色，体侧有多条向后上方倾斜的黑色条纹，眼部有1块黑斑，黑斑上面紧接1块白斑；幼鱼在背鳍后部有1块黑色眼斑。栖息于珊瑚礁海域。性格温柔，以珊瑚虫、小型无脊椎动物为食。最大体长：20cm。光照：明亮。分布：红海及亚丁湾。

桑给巴尔蝴蝶鱼

分类：鲈形目，蝴蝶鱼科，蝴蝶鱼属
拉丁名：*Chaetodon zanzibariensis*
鱼体咖啡色，体侧具许多暗色纵纹，背部有1个黑色眼斑。栖息于珊瑚礁海域。性格温柔，以珊瑚虫为食。最大体长：16cm。光照：明亮。分布：印度洋西北部。

镜蝴蝶鱼

分类：鲈形目，蝴蝶鱼科，蝴蝶鱼属
拉丁名：*Chaetodon speculus*
俗名：一点蝶。背部深黄色，头部有一黑色横带，体两侧横带相连接，体侧有一大椭圆形且边界模糊的黑斑。栖息于珊瑚礁内。生性胆小，以珊瑚虫、小型无脊椎动物为食。最大体长：16cm。光照：明亮。分布：印度洋—太平洋。

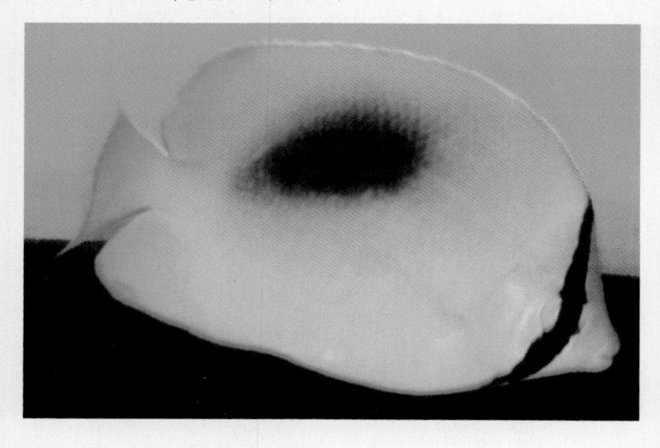

单斑蝴蝶鱼

分类：鲈形目，蝴蝶鱼科，蝴蝶鱼属
拉丁名：*Chaetodon unimaculatus*
俗名：一点青蝶。背部蛋黄色，腹部及头部白色，头部有一黑色横带，背部有一黑色眼斑，由背鳍末端通过尾柄达臀鳍末端有1条黑色横带。栖息于珊瑚礁礁区内的礁盘上方，有领地意识。性格温柔，以珊瑚虫、小型无脊椎动物以及藻类为食。最大体长：20cm。光照：明亮。分布：印度洋—太平洋。

太平洋型

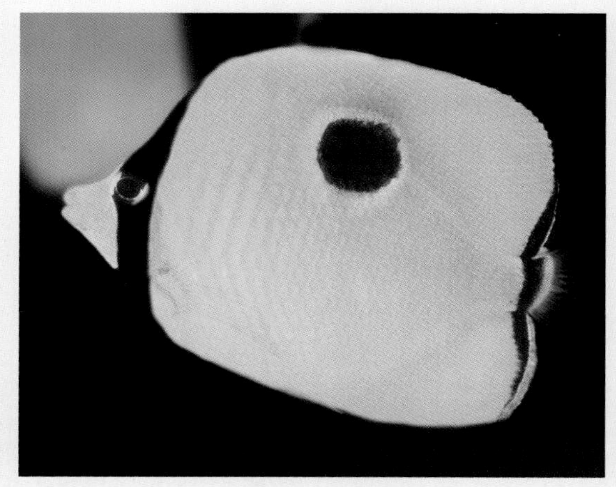

印度洋型

黄色蝴蝶鱼

分类：鲈形目，蝴蝶鱼科，蝴蝶鱼属
拉丁名：*Chaetodon semilarvatus*
俗名：红海黄金蝶。珍贵鱼类，鱼体黄色，体侧有数十条橙色横带，眼睛和鳃盖部有1块黑斑。栖息于珊瑚礁海域水深15m左右处。性格温柔，以珊瑚虫、小型无脊椎动物为食。最大体长：19cm。光照：明亮。分布：红海。

黄尾蝴蝶鱼

分类：鲈形目，蝴蝶鱼科，蝴蝶鱼属
拉丁名：*Chaetodon xanthurus*
鱼体银白色，每一鳞片的边缘为黑色，由此形成明显的网格，尾鳍橘红色。栖息于珊瑚礁海域附近浅水

处。性格温柔，以小型底栖无脊椎动物、海藻为食。最大体长：15cm。光照：明亮。分布：西太平洋。

默氏蝴蝶鱼

分类：鲈形目，蝴蝶鱼科，蝴蝶鱼属

拉丁名：*Chaetodon mertensii*

俗名：橘尾蝶。体侧具“人”字黑纹，产于太平洋的种类头部的黑斑边界较模糊，产于印度洋的种类头顶上的黑斑带有白边，眼带为黑色。栖息于珊瑚礁海域水深120m左右处。性格温柔，以小型底栖无脊椎动物、海藻为食。最大体长：14cm。光照：明亮。分布：印度洋—太平洋。

稀带蝴蝶鱼

分类：鲈形目，蝴蝶鱼科，蝴蝶鱼属

拉丁名：*Chaetodon pauciasciatus*

俗名：红海红尾蝶。默氏蝴蝶鱼的近似种，其区别为鱼体后部颜色是橘红色且眼带为橙色。栖息于珊瑚礁海域礁盘上。性格温柔，以珊瑚虫、小型无脊椎动物为食。最大体长：15cm。光照：明亮。分布：红海。

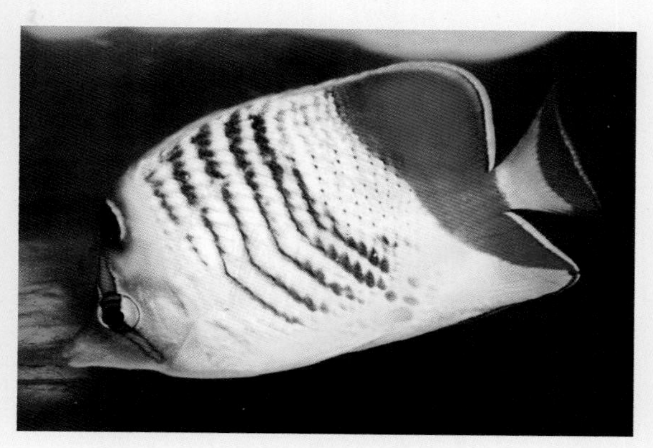

怪蝴蝶鱼

分类：鲈形目，蝴蝶鱼科，蝴蝶鱼属

拉丁名：*Chaetodon larrtus*

俗名：红海天皇蝶。鱼体蓝灰色，体侧有11~13条人字形灰白色斜纹，头部黄褐色。栖息于珊瑚礁海域珊瑚茂盛处，单独或成对活动，领地意识强烈。性格温柔，以珊瑚虫为食。最大体长：14cm。光照：明亮。分布：印度洋西部及红海。

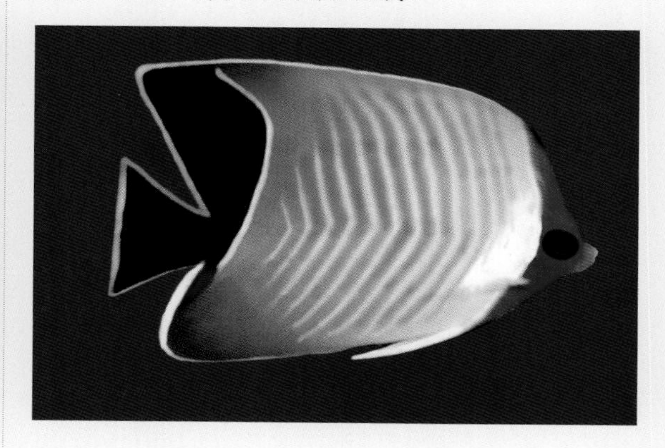

拟角蝴蝶鱼

分类：鲈形目，蝴蝶鱼科，蝴蝶鱼属

拉丁名：*Chaetodon triangulum*

俗名：印度天皇蝶。鱼体蓝灰色，吻部褐色，头部

拟角蝴蝶鱼

有2条褐色横纹，体侧有多条人字形暗色纹。栖息于珊瑚礁海域。性格温柔，以珊瑚虫为食。最大体长：15cm。光照：明亮。分布：印度洋。

小蝴蝶鱼

分类：鲈形目，蝴蝶鱼科，蝴蝶鱼属

拉丁名：*Chaetodon baronessa*

俗名：天皇蝶。与拟角蝴蝶鱼极其相似，不同之处为尾鳍上的斑纹略有差异。常单独活动于珊瑚礁潟湖中，栖息水深3~10m处，幼鱼栖息于枝状珊瑚中。性格温柔，以珊瑚虫为食。最大体长：15cm。光照：明亮。分布：印度洋—西太平洋。

橙带蝴蝶鱼

分类：鲈形目，蝴蝶鱼科，蝴蝶鱼属

拉丁名：*Chaetodon ornatissimus*

俗名：黄斜纹蝶。体侧有6条向后上方倾斜的橙色纵带。幼鱼独居于茂密的枝状珊瑚丛中，成鱼常成对栖息于礁盘上，有领地意识，活动水层35m以内。性格温柔，以珊瑚虫、底栖环节动物、海藻为食。最大体长：19cm。光照：明亮。分布：印度洋—太平洋。

尖头蝴蝶鱼

分类：鲈形目，蝴蝶鱼科，蝴蝶鱼属

拉丁名：*Chaetodon oxycephalus*

俗名：单印。杏黄色的背鳍、尾鳍和臀鳍1/3处有一大的黑斑，体侧有17~18条黑色横带。栖息于珊瑚礁礁盘上。性格温柔，以珊瑚虫为食。最大体长：22cm。光照：明亮。分布：印度洋—太平洋。

细纹蝴蝶鱼

分类：鲈形目，蝴蝶鱼科，蝴蝶鱼属
拉丁名：*Chaetodon linolatus*
俗名：黑影蝶。与尖头蝴蝶鱼极其相似，唯背鳍上的花纹略有不同，尾鳍基部无黑色横带。栖息于珊瑚礁礁盘上方。性格温柔，以珊瑚虫为食。最大体长：18cm。光照：明亮。分布：印度洋—太平洋。

乌利蝴蝶鱼

分类：鲈形目，蝴蝶鱼科，蝴蝶鱼属
拉丁名：*Chaetodon ulietensis*
俗名：双印。体侧有2块大黑斑和17条黑色细横纹。幼鱼时栖息在枝状珊瑚丛中，成鱼栖息于岩礁及珊瑚礁海域浅水区。性格温柔，以小型底栖动物、海藻为食。最大体长：17cm。光照：明亮。分布：印度洋—太平洋。

纹带蝴蝶鱼

分类：鲈形目，蝴蝶鱼科，蝴蝶鱼属
拉丁名：*Chaetodon falcula*
俗名：金双印。与乌利蝴蝶鱼的主要区别是体侧2块黑斑之间的背部为黄色。栖息于珊瑚礁海域珊瑚茂盛的浅水区。性格温柔，以小型无脊椎动物、海藻为食。最大体长：29cm。光照：明亮。分布：印度洋—西太平洋。

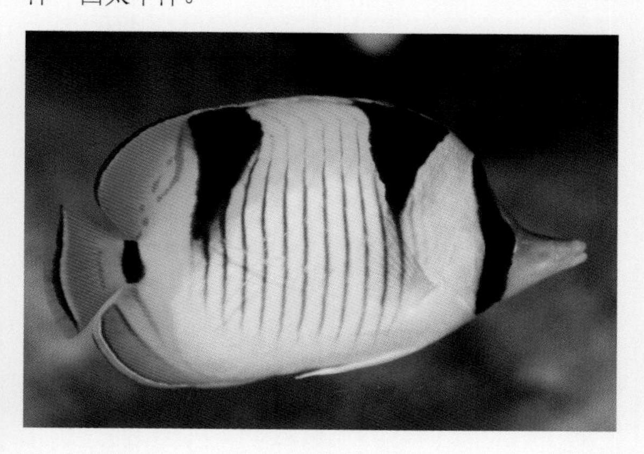

克氏蝴蝶鱼

分类：鲈形目，蝴蝶鱼科，蝴蝶鱼属
拉丁名：*Chaetodon keinii*
俗名：麻袋蝶。鱼体前半部灰白色，后半部灰黄色，中间有一条分界不明显的灰黄色横带。栖息于珊瑚礁海域。性格温柔，以珊瑚虫、小型无脊椎动物为食。最大体长：15cm。光照：明亮。分布：印度洋—太平洋。

八带蝴蝶鱼

分类：鲈形目，蝴蝶鱼科，蝴蝶鱼属
拉丁名：*Chaetodon octofasciatus*
俗名：八线蝶。鱼体银白色，有8条黑色横纹。栖息于珊瑚礁礁区。性格温柔，以珊瑚虫、海藻为食。最大体长：19cm。光照：明亮。分布：印度洋—西太平洋。

弓月蝴蝶鱼

分类：鲈形目，蝴蝶鱼科，蝴蝶鱼属
拉丁名：*Chaetodon lunulatus*
俗名：冬瓜蝶。鱼体鹅黄色，体侧有12~14条淡蓝黑色纵纹，头部有3条黑色横带，背鳍末端有1个眼斑。栖息于珊瑚礁礁区内枝状珊瑚茂盛处，常成对游弋于20m以内的水层。性格温柔，以珊瑚虫、小型无脊椎动物为食。最大体长：17cm。光照：明亮。分布：印度洋—太平洋。

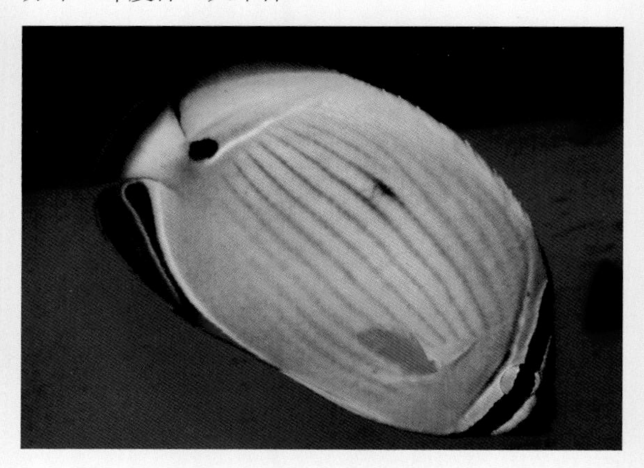

三带蝴蝶鱼

分类：鲈形目，蝴蝶鱼科，蝴蝶鱼属
拉丁名：*Chaetodon trifasciatus*
俗名：印度冬瓜蝶。与弓月蝴蝶鱼很相似，不同之处为鱼体偏蓝色，尾柄及臀鳍上的花纹亦有所不同。栖息于珊瑚礁海域浅水处。性格温柔，以珊瑚虫为食。最大体长：17cm。光照：明亮。分布：印度洋—太平洋。

红海蝴蝶鱼

分类：鲈形目，蝴蝶鱼科，蝴蝶鱼属
拉丁名：*Chaetodon austriacus*
俗名：红海冬瓜蝶。幼鱼时期在背鳍基部有1个眼

斑，成鱼时消失，为三带蝴蝶鱼的近缘种，二者之间的区别为背鳍、臀鳍和尾鳍的颜色不同。栖息于珊瑚礁海域水深15m左右的浅水处。性格温柔，以海螺的卵以及珊瑚、海葵的触手为食。最大体长：16cm。光照：明亮。分布：红海。

黑鳍蝴蝶鱼

分类：鲈形目，蝴蝶鱼科，蝴蝶鱼属

拉丁名：*Chaetodon melapterus*

俗名：黑尾冬瓜蝶。背鳍、臀鳍、尾鳍全为黑色。栖息于珊瑚礁海域潟湖中的沙质海底。性格温柔，以珊瑚虫为食。最大体长：14cm。光照：明亮。分布：印度洋的波斯湾至阿拉伯海。

羽纹蝴蝶鱼

分类：鲈形目，蝴蝶鱼科，蝴蝶鱼属

拉丁名：*Chaetodon trifascialis*

俗名：箭蝶。体侧有许多“人”字形黑色细纹，头部有1条黑色横带，尾鳍黑色；幼鱼鱼体后半部以及背鳍、臀鳍的后半部为黑色。栖息于珊瑚礁桌状珊瑚和枝状珊瑚上方，领地意识极强。性格温柔，以珊瑚虫及珊瑚受伤后流出的黏液为食。最大体长：15cm。光照：明亮。分布：印度洋—太平洋。

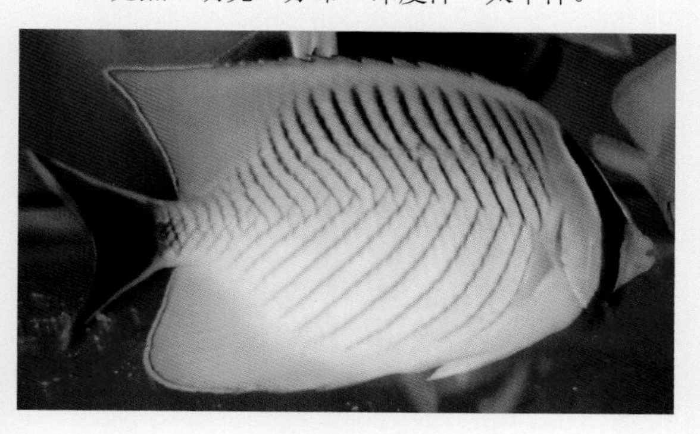

黑斑蝴蝶鱼

分类：鲈形目，蝴蝶鱼科，蝴蝶鱼属

拉丁名：*Chaetodon miliaris*

俗名：澳洲珍珠蝶。鱼体浅黄色，密布整齐排列的黑色小点，头部有1条黑色眼带，尾柄处有1块黑斑。常几十尾至上百尾集成大群游弋于珊瑚礁海域。性格温柔，以藻类、小型无脊椎动物为食。最大体长：12cm。光照：明亮。分布：太平洋。

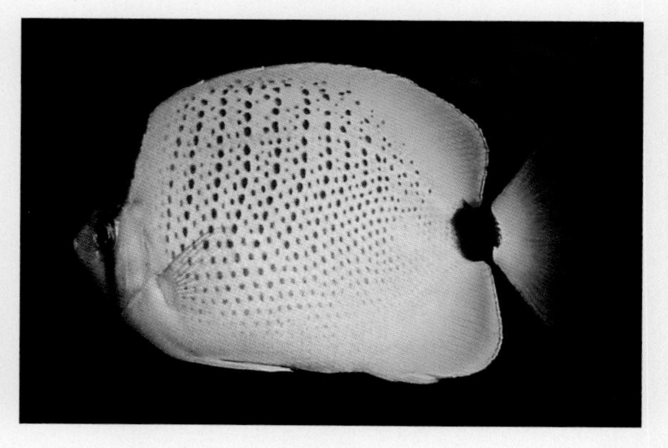

密点蝴蝶鱼

分类：鲈形目，蝴蝶鱼科，蝴蝶鱼属

拉丁名：*Chaetodon citrinellus*

俗名：芝麻蝶。鱼体青黄色，每一鳞片上有1个蓝色小圆点并形成斜纹，头部有一黑色眼带。栖息于珊瑚礁海域水深2~15m处。性格温柔，以珊瑚虫、无脊椎动物和藻类碎片为食。最大体长：13cm。光照：明亮。分布：印度洋—太平洋。

贡氏蝴蝶鱼

分类：鲈形目，蝴蝶鱼科，蝴蝶鱼属
拉丁名：*Chaetodon guentheri*
俗名：黑点蝶。鱼体白色，背鳍软条部、尾柄及臀鳍黄色，头部有1条黑色眼带，每一鳞片上有一小黑点；幼鱼背鳍后部有一眼斑，成鱼后消失。栖息于珊瑚礁海域水深25m左右处。性格温柔，以藻类、小型无脊椎动物为食。最大体长：18cm。光照：明亮。分布：西太平洋。

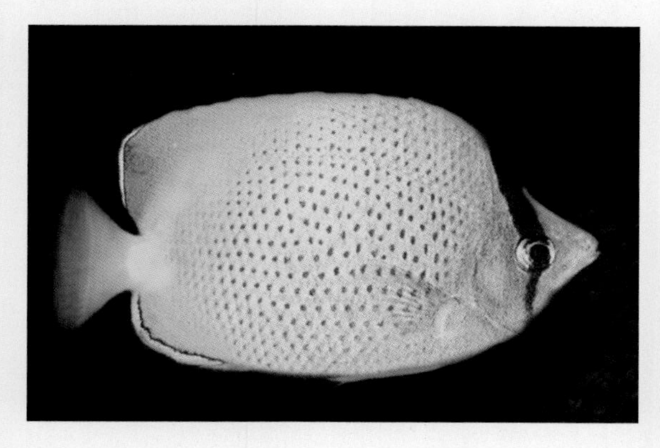

弯月蝴蝶鱼

分类：鲈形目，蝴蝶鱼科，蝴蝶鱼属
拉丁名：*Chaetodon selene*
俗名：天狗蝶。鱼体银白色，每一鳞片中央有一淡黄色小点，并组成向后上方倾斜的细线，头部有1条黑色眼斑，自背鳍基部经尾柄至臀鳍基底有1条弯月形带黄边的黑色横斑。栖息于岩礁及珊瑚礁海域碎石坡处。性格温柔，以小型底栖无脊椎动物、海藻碎片为食。最大体长：16cm。光照：明亮。分布：西太平洋。

鞭蝴蝶鱼

分类：鲈形目，蝴蝶鱼科，蝴蝶鱼属
拉丁名：*Chaetodon ephippium*
俗名：月光蝶。鱼体土黄色至蓝灰色，幼鱼眼部有一黑色横带，随生长黑色横带逐渐缩小乃至消失，尾柄处有一橙色横带；成鱼腹部有6~7条蓝色纵纹，体侧后上部有一大块椭圆形黑斑，背鳍第四棘延长成丝状。栖息于珊瑚礁海域珊瑚茂盛处。性格温柔，以其他鱼类的卵、珊瑚虫、海绵、藻类和小型无脊椎动物为食。最大体长：21cm。光照：明亮。分布：印度洋—太平洋。

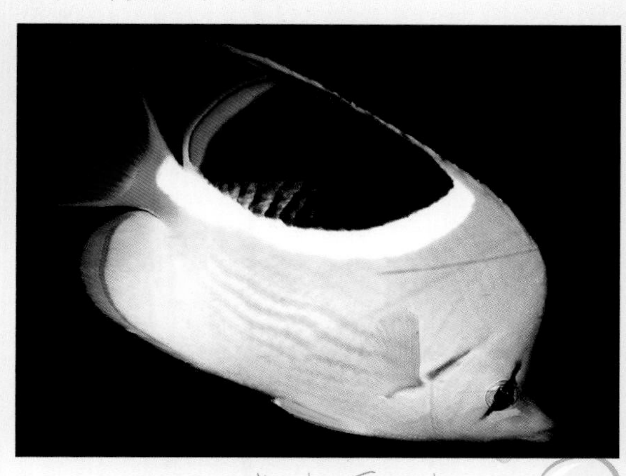

黄头蝴蝶鱼

黄头蝴蝶鱼

分类：鲈形目，蝴蝶鱼科，蝴蝶鱼属
拉丁名：*Chaetodon xanthocephalus*
俗名：印度月光蝶。月白色的身体上，隐约可以看到5~7条淡蓝色的横纹，背鳍和臀鳍黑色并带黄边。栖息于茂密的珊瑚丛中。性格温柔，以珊瑚虫及微小无脊椎动物为食。最大体长：21cm。光照：明亮。分布：印度洋。

丁氏蝴蝶鱼

分类：鲈形目，蝴蝶鱼科，蝴蝶鱼属
拉丁名：*Chaetodon tinkeri*

俗名：坦克蝶。体银灰色，每一鳞片的中央有一黑点，自背鳍第四硬棘斜向下方至臀鳍后部有1块大黑斑，眼部有1条黄褐色横带。栖息于珊瑚礁海域水深40m左右。性格温柔，以珊瑚虫、小型无脊椎动物为食。最大体长：16cm。光照：明亮。分布：印度尼西亚巴厘岛周边海域。

黄面蝴蝶鱼

分类：鲈形目，蝴蝶鱼科，蝴蝶鱼属
拉丁名：*Chaetodon flavocoronatus*
俗名：皇冠坦克。与丁氏蝴蝶鱼十分相似，只是头部多了1条黄色斑纹。栖息水深40~75m处。性格温柔，杂食性。最大体长：13cm。光照：明亮。分布：中部太平洋。

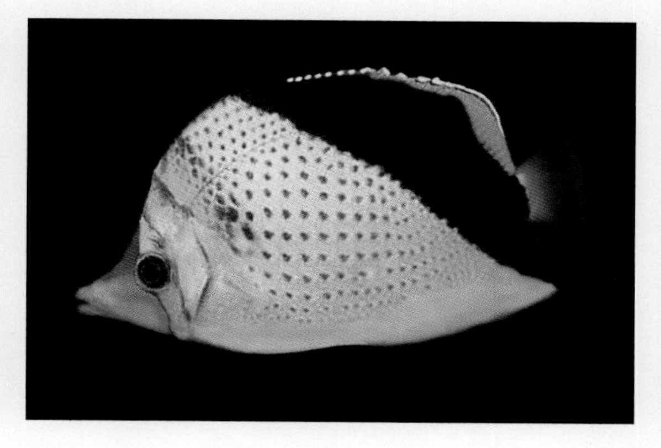

斜蝴蝶鱼

分类：鲈形目，蝴蝶鱼科，蝴蝶鱼属

拉丁名：*Chaetodon declivis*

俗名：金坦克蝶。与丁氏蝴蝶鱼很相似，唯背鳍为黄色。栖息于珊瑚礁海域水深15~30m处。性格温柔，以珊瑚虫及小型无脊椎动物为食。最大体长：15cm。光照：明亮。分布：中部太平洋。

麦氏蝴蝶鱼

分类：鲈形目，蝴蝶鱼科，蝴蝶鱼属

拉丁名：*Chaetodon meyeri*

俗名：黑斜线蝶。鱼体蓝灰色，肩部、腹部黄色，各鳍黄色，头部有3条镶黄边的黑色横带，体侧有数条环状黑色带。幼鱼成群活动于枝状珊瑚丛中，成鱼成对活动于自己的领地内。性格温柔，以珊瑚虫为食。最大体长：18cm。光照：明亮。分布：印度洋—西太平洋。

双丝蝴蝶鱼

分类：鲈形目，蝴蝶鱼科，蝴蝶鱼属

拉丁名：*Chaetodon bennetti*

俗名：二线蝶。鱼体金黄色，头部有1条镶银灰边的黑色眼带，体侧自鳃盖下缘至臀鳍有2条银灰色斜带，体侧后上方有一镶银灰边的黑色眼斑。栖息于枝状珊瑚丛周边。性格温柔，以珊瑚虫为食。最大体长：14cm。光照：明亮。分布：印度洋—太平洋。

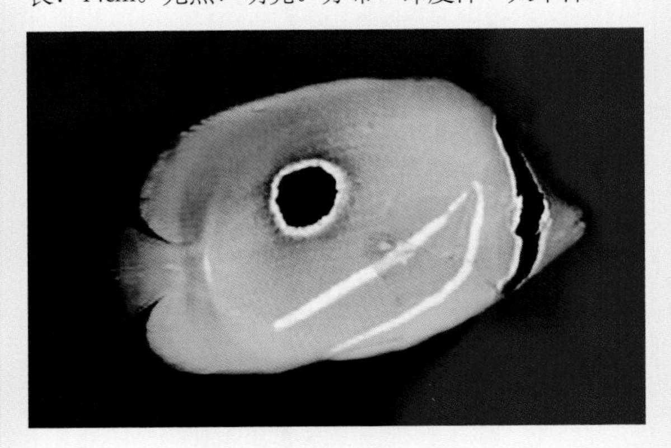

蓝斑蝴蝶鱼

分类：鲈形目，蝴蝶鱼科，蝴蝶鱼属

拉丁名：*Chaetodon plebeius*

俗名：云蝶。鱼体黄褐色，体侧有17~19条暗色纵纹，靠近中央上部有1块长椭圆形边界模糊的蓝斑，尾柄处有1个镶白边的黑色圆斑。栖息于珊瑚礁海域水深10m的浅水处，幼鱼生活于枝状珊瑚周边。性格温柔，以珊瑚虫为食。最大体长：12cm。光照：明亮。分布：西太平洋。

波斯蝴蝶鱼

分类：鲈形目，蝴蝶鱼科，蝴蝶鱼属
拉丁名：*Chaetodon burgessi*
俗名：波斯蝶。鱼体淡黄色至白色，头部有1条黄褐色横带通过眼睛，体侧前半部有1条黑色横带，自背鳍前缘斜向臀鳍的身体后半部为黑色。栖息于珊瑚礁及岩礁海域水深40~75m处。性格温柔，以珊瑚虫、小型无脊椎动物为食。最大体长：11cm。光照：明亮。分布：西太平洋。

僧帽蝴蝶鱼

分类：鲈形目，蝴蝶鱼科，蝴蝶鱼属
拉丁名：*Chaetodon mitratus*
俗名：西非蝶王。鱼体浅黄色至黄色，体侧有3条带白边的黑色斜横带，依栖息地不同体色会有浓淡差异。栖息于珊瑚礁外缘水深30~70m处的黑珊瑚周边。性格温柔，以珊瑚虫、小型无脊椎动物为食。最大体长：14cm。光照：明亮。分布：印度洋。

银蝴蝶鱼

分类：鲈形目，蝴蝶鱼科，蝴蝶鱼属
拉丁名：*Chaetodon argentatus*
俗名：黑镜蝶。鱼体灰黄色，体侧有黑色网状格，有3条黑色宽横带，尾鳍中部有1条弯月状黑色横带。栖息于珊瑚礁海域浅水处。性格温柔，以底栖无脊椎动物、藻类为食。最大体长：13cm。光照：明亮。分布：西太平洋。

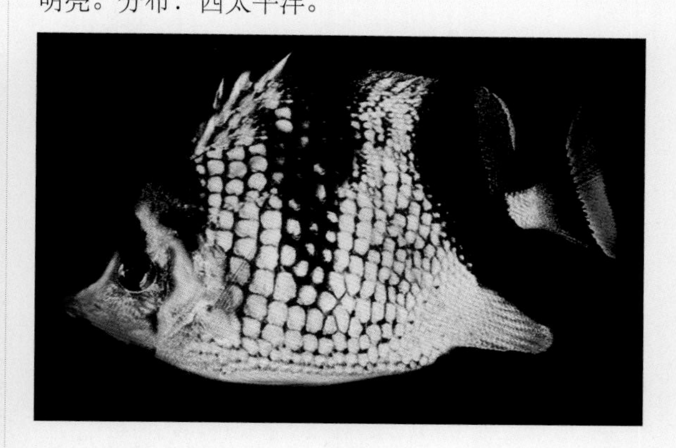

项斑蝴蝶鱼

分类：鲈形目，蝴蝶鱼科，蝴蝶鱼属
拉丁名：*Chaetodon adiergastos*
俗名：熊猫蝶。体形近乎圆形，眼部有1块黑斑，每一鳞片上有1个浅褐色斑点并组成斜向后上方的斜线。栖息于珊瑚礁海域及其内湾处。性格温柔，以小型底栖无脊椎动物为食。最大体长：19cm。光照：明亮。分布：西太平洋。

条带蝴蝶鱼

分类：鲈形目，蝴蝶鱼科，蝴蝶鱼属

拉丁名：*Chaetodon striatus*

俗名：五线蝶。体侧有3条褐色横带，头部有1条黑褐色横带，每一鳞片上有1个浅褐色小点，侧线以上的小点斜向后上方，侧线以下的小点斜向后下方。单独活动于珊瑚礁及岩礁海域。性格温柔，以珊瑚虫、珊瑚受伤后分泌的黏液、小型甲壳类及海藻为食。最大体长：15cm。光照：明亮。分布：加勒比海。

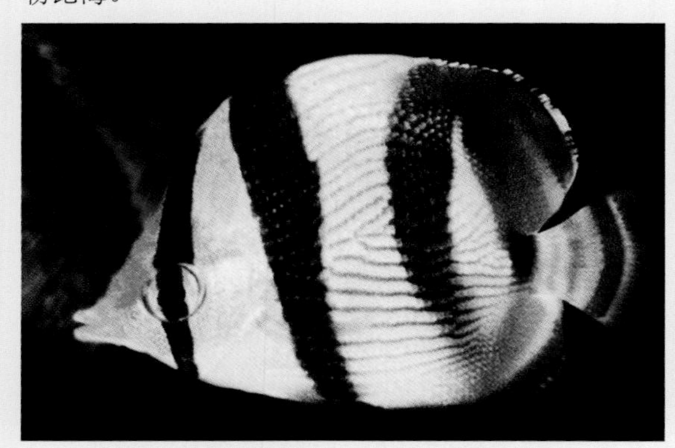

四斑蝴蝶鱼

分类：鲈形目，蝴蝶鱼科，蝴蝶鱼属

拉丁名：*Chaetodon capistratus*

俗名：四眼蝶。全身灰褐色，每一鳞片的中央有1个暗色小点并组成“人”字形。单独活动于珊瑚礁浅水处。性格温柔，以枝状珊瑚的珊瑚虫、海树、海葵等为食。最大体长：13cm。光照：明亮。分布：大西洋。

鳍斑蝴蝶鱼

分类：鲈形目，蝴蝶鱼科，蝴蝶鱼属

拉丁名：*Chaetodon ocellatus*

俗名：美国蝶。鱼体银灰色，边缘黄色，头部有1条黑色横带，背鳍有1个灰色斑点。栖息于珊瑚礁海域珊瑚茂密处。性格温柔，以珊瑚虫、小型无脊椎动物为食。最大体长：20cm。光照：明亮。分布：大西洋。

礁蝴蝶鱼

分类：鲈形目，蝴蝶鱼科，蝴蝶鱼属

拉丁名：*Chaetodon sendentarius*

俗名：枯叶蝶。鱼体灰色，背部颜色稍暗且略带黄褐色，腹部色浅。栖息于珊瑚礁海域珊瑚茂密处。性格温柔，以小型甲壳类为食。最大体长：15cm。光照：明亮。分布：加勒比海和墨西哥湾中心海域。

斑带蝴蝶鱼

分类：鲈形目，蝴蝶鱼科，蝴蝶鱼属
拉丁名：*Chaetodon punctatofasciatus*
俗名：虎皮蝶。鱼体柠檬黄色，体侧下方每一鳞片中央有一银色小点，愈近鳍部斑点愈小，体侧上方有7条褐色横带。栖息于珊瑚礁礁盘上。性格温柔，以珊瑚虫、无脊椎动物、海藻碎片为食。最大体长：13cm。光照：明亮。分布：印度洋—太平洋。

多带蝴蝶鱼

分类：鲈形目，蝴蝶鱼科，蝴蝶鱼属
拉丁名：*Chaetodon multicinctus*
俗名：白虎皮蝶。与斑带蝴蝶鱼近似，只是身体后部无橘红色。栖息于珊瑚礁海域。性格温柔，以珊瑚虫、小型无脊椎动物、海藻碎片为食。最大体长：13cm。光照：明亮。分布：印度尼西亚巴厘岛周边海域。

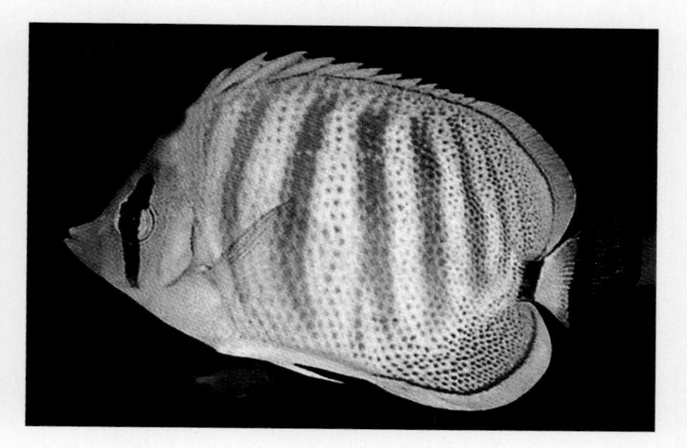

夕阳蝴蝶鱼

分类：鲈形目，蝴蝶鱼科，蝴蝶鱼属
拉丁名：*Chaetodon pelewensis*
俗名：斜纹虎皮蝶。与斑带蝴蝶鱼极其相似，仅身上的黑纹是斜向的。栖息于珊瑚礁海域浅水处。性格温柔，以珊瑚虫、小型无脊椎动物、海藻碎片为食。最大体长：13cm。光照：明亮。分布：印度尼西亚巴厘岛周边珊瑚礁海域。

绿侧蝴蝶鱼

分类：鲈形目，蝴蝶鱼科，蝴蝶鱼属
拉丁名：*Chaetodon guttatissimus*
俗名：印度虎皮蝶。与斑带蝴蝶鱼、夕阳蝴蝶鱼、多带蝴蝶鱼相似，区别为身上的黑斑不成整齐的带状排列而是散布全身。栖息于珊瑚礁浅水处。性格温柔，以珊瑚虫、小型无脊椎动物、海藻碎片为食。最大体长：15cm。光照：明亮。分布：印度洋。

四点蝴蝶鱼

分类：鲈形目，蝴蝶鱼科，蝴蝶鱼属
拉丁名：*Chaetodon quadrimaculatus*
俗名：四点蝶。鱼体黄色，体侧上半部黑色，在黑色之中有2块白斑。栖息于珊瑚礁海域浅水处。性格温柔，以小型底栖无脊椎动物为食。最大体长：15cm。光照：明亮。分布：中、西部太平洋。

中白蝴蝶鱼

分类：鲈形目，蝴蝶鱼科，蝴蝶鱼属
拉丁名：*Chaetodon mesoleucos*
俗名：白面蝶。头部白色，有1条黑色横带从眼部通过，躯干蓝褐色并有多条暗色横纹，尾鳍基部有1条白色横纹。栖息于珊瑚礁海域浅水处。性格温柔，以小型无脊椎动物、珊瑚虫、海藻碎片为食。最大体长：15cm。光照：明亮。分布：红海—亚丁湾。

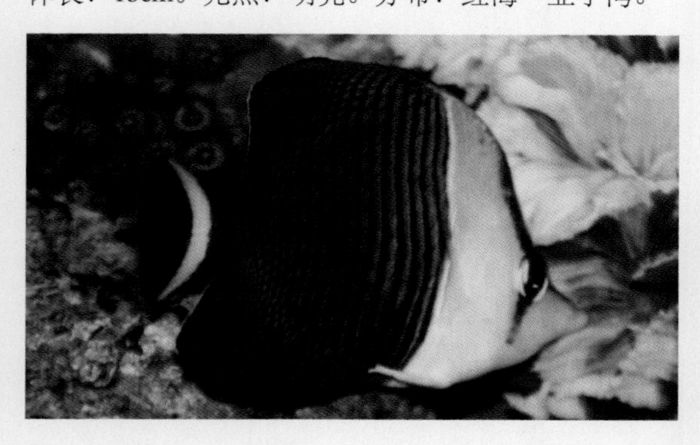

黄吻蝴蝶鱼

分类：鲈形目，蝴蝶鱼科，蝴蝶鱼属
拉丁名：*Chaetodon flavirostris*
俗名：澳洲帝王蝶。鱼体黑色，吻部白色，其后至眼睛之前为杏黄色，背鳍、臀鳍及尾柄有1条镶杏黄色边的橘红色带，身体后部有1块橙色斑块，有的斑块不明显或只是1条橙色线条；幼鱼鱼体灰色，随生长逐渐变黑。栖息于岩礁、珊瑚礁海域，有时也漫游在河口地区海淡水混合处。性格温柔，以无脊椎动物，海藻碎片为食。最大体长：18cm。光照：明亮。分布：南太平洋。

达德蝴蝶鱼

分类：鲈形目，蝴蝶鱼科，蝴蝶鱼属
拉丁名：*Chaetodon daedalma*
俗名：日本黑蝶。鱼体黑褐色，每一鳞片的中央有1个灰色小点，形成清晰的网纹。常10~20尾小群活动于水深10~20m的珊瑚礁、岩礁外围有潮流的地方；幼鱼时单独活动于礁壁上海葵的周围；养殖时需具水流、高氧及23℃低温。性格温柔，以小型底栖动物、海藻碎片为食。最大体长：15cm。光照：明亮。分布：西太平洋。

黑斑蝴蝶鱼

分类：鲈形目，蝴蝶鱼科，蝴蝶鱼属
拉丁名：*Chaetodon nigropunctatus*
鱼体灰褐色，每一鳞片中央有1个黑点。栖息于珊瑚礁海域。性格温柔，以珊瑚虫为食。最大体长：16cm。光照：明亮。分布：印度洋阿拉伯海。

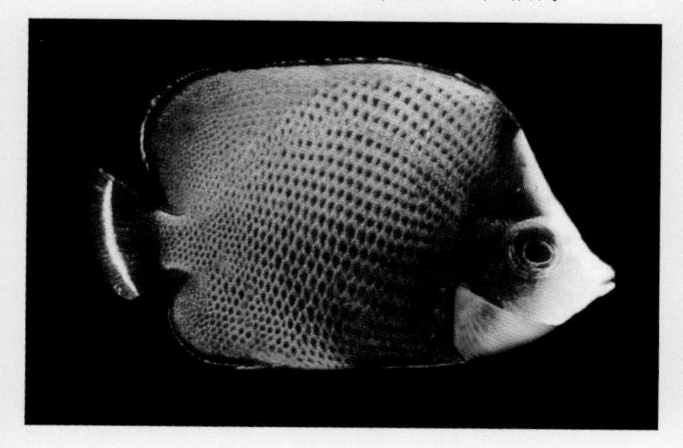

蓝纹蝴蝶鱼

分类：鲈形目，蝴蝶鱼科，蝴蝶鱼属
拉丁名：*Chaetodon fremblii*
俗名：蓝线蝶。鱼体土黄色，体侧有8条蓝色斜向纵纹。栖息于珊瑚礁礁盘上方。性格温柔，以小型甲壳类动物为食。最大体长：18cm。光照：明亮。分布：印度尼西亚巴厘岛周边海域。

网纹蝴蝶鱼

分类：鲈形目，蝴蝶鱼科，蝴蝶鱼属
拉丁名：*Chaetodon reticulates*
俗名：黑珍珠蝶。全身黑色，每一鳞片中央有一灰色圆点恰似披挂一身珍珠。幼鱼在枝状珊瑚丛中生活，成鱼在珊瑚礁外缘及潟湖中活动。性格温柔，以珊瑚虫、小型无脊椎动物为食。最大体长：18cm。光照：明亮。分布：中、西部太平洋。

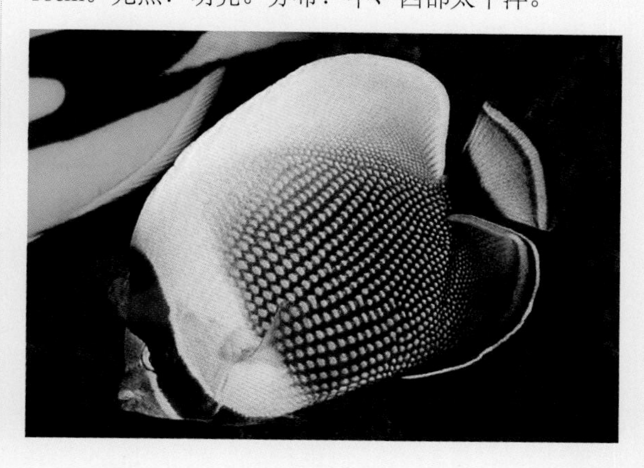

暗带蝴蝶鱼

分类：鲈形目，蝴蝶鱼科，蝴蝶鱼属
拉丁名：*Chaetodon nippon*
鱼体由青褐色至红褐色变化较大。栖息于岩礁海域水深10~20m有潮流的地方。性格温柔，以小型底栖动物、珊瑚虫为食。最大体长：17cm。光照：明亮。分布：西太平洋的温带海域。

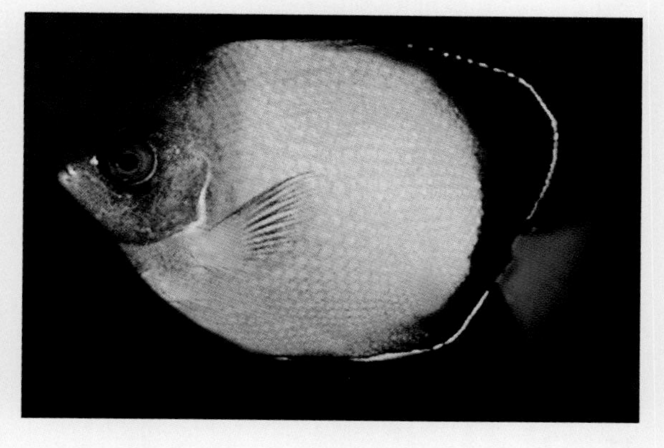

林氏蝴蝶鱼

分类：鲈形目，蝴蝶鱼科，蝴蝶鱼属

拉丁名：*Chaetodon rainfordi*
俗名：澳洲彩虹蝶。鱼体黄色体侧有4条暗色宽横带。幼鱼栖息于枝状珊瑚周边，成鱼活动于珊瑚礁潟湖中珊瑚茂密处，栖息水深1~15m。性格温柔，以珊瑚虫、小型底栖无脊椎动物、海藻碎片为食。最大体长：15cm。光照：明亮。分布：澳大利亚大堡礁－巴布亚新几内亚。

朴蝴蝶鱼

分类：鲈形目，蝴蝶鱼科，蝴蝶鱼属
拉丁名：*Chaetodon modestus*
俗名：小斑马。鱼体白色，头部有1条暗褐色眼带，体侧具2条暗褐色宽横带。栖息于岩礁及水质较混浊的海湾海底上，栖息水深10m左右。性格温柔，以底栖无脊椎动物为食。最大体长：16cm。光照：明亮。分布：印度洋—太平洋。

波带蝴蝶鱼

分类：鲈形目，蝴蝶鱼科，蝴蝶鱼属
拉丁名：*Chaetodon tricinctus*
俗名：三纹蝶。鱼体黄色，头部及体侧共有3条黑色横带。栖息于温带岩礁和珊瑚礁海域水深3~15m处。性格温柔，以珊瑚虫的黏液及小型无脊椎动物为食。最大体长：20cm。光照：明亮。分布：新西兰及澳大利亚南部海域。

乌拉圭蝴蝶鱼

分类：鲈形目，蝴蝶鱼科，蝴蝶鱼属
拉丁名：*Chaetodon guyanensis*
俗名：镰刀蝶。鱼体黄色，体侧有3条“八”字形黑色斜横带。栖息于岩礁海域水深100~200m处。性格温柔，以小型无脊椎动物为食。最大体长：15cm。光照：明亮。分布：加勒比海南部海域。

沙州蝴蝶鱼

分类：鲈形目，蝴蝶鱼科，蝴蝶鱼属
拉丁名：*Chaetodon aya*
俗名：八字蝶。鱼体黄色，体侧有2条“八”字形黑色斜横带，比乌拉圭蝴蝶鱼少1条。栖息于岩礁海域水深30~150m处。性格温柔，以小型底栖无脊椎动物为食。最大体长：15cm。光照：明亮。分布：墨西哥湾。

镰蝴蝶鱼

分类：鲈形目，蝴蝶鱼科，蝴蝶鱼属
拉丁名：*Chaetodon falcifer*
鱼体灰褐色，体侧有3条黑色斜横带。栖息于岩礁海域水深30~150m。性格温柔，以小型底栖无脊椎动物为食。最大体长：19cm。光照：明亮。分布：东部太平洋。

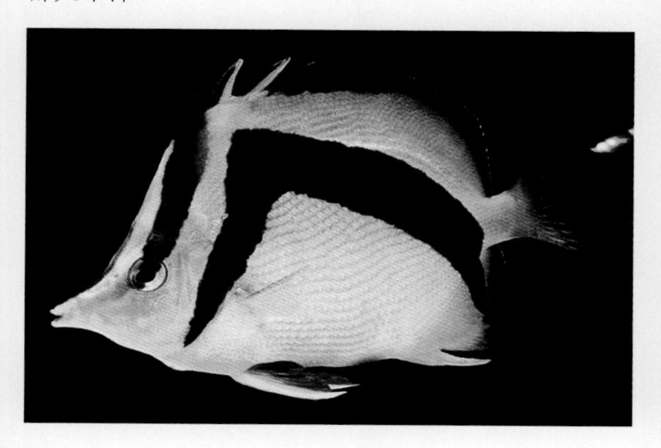

叉纹蝴蝶鱼

分类：鲈形目，蝴蝶鱼科，蝴蝶鱼属
拉丁名：*Chaetodon collare*
俗名：红尾朱砂蝶。身上每一鳞片的中心为橘黄色，四周为咖啡色，并且组成整齐的斜纹，背鳍与臀鳍的边缘为红褐色，尾鳍红色。栖息于珊瑚礁海域浅水处。性格温柔，以小虾、浮游动物、藻类为食。最大体长：18cm。光照：明亮。分布：印度洋—西太平洋。

长吻蝴蝶鱼

分类：鲈形目，蝴蝶鱼科，蝴蝶鱼属
拉丁名：*Chaetodon aculeatus*
俗名：美国火箭。全身灰褐色，背部黑色。栖息于珊瑚礁海域水深20~30m处。性格温柔，以珊瑚虫、小型无脊椎动物为食。最大体长：12cm。光照：明亮。分布：加勒比海。

约翰兰德蝴蝶鱼

分类：鲈形目，蝴蝶鱼科，约翰兰德蝴蝶鱼属
拉丁名：*Johnrandallia nigrirostris*
俗名：美容蝶。吻端有1块斑，头顶枕部有1块三角形大斑，体侧靠背鳍软条部有一斜横带，尾柄有一横带，均为蓝黑色。栖息于岩礁、珊瑚礁海域水深5~40m。性格温柔，专门为双髻鲨等大型鱼类清理身上的寄生虫、伤口处的坏死组织，是终身专职鱼医生和美容师。最大体长：18cm。光照：明亮。分布：东太平洋，加利福尼亚海湾。

副蝴蝶鱼

分类：鲈形目，蝴蝶鱼科，副蝴蝶鱼属
拉丁名：*Parachaetodon ocellatus*
俗名：新斑蝶。鱼体灰白色，体侧及头部有5条黑色横带，尾柄处有一黑色圆斑。栖息于沿岸水深3~50m的泥沙质海底上。性格温柔，以底栖无脊椎动物，海藻碎片为食。最大体长：17cm。光照：明亮。分布：印度洋—太平洋。

多鳞霞蝶鱼

分类：鲈形目，蝴蝶鱼科，霞蝶鱼属
拉丁名：*Hemitaurichthys polylepis*
俗名：霞蝶。鱼体银白色，头部棕色，自背鳍第3硬棘斜向腹部通过胸鳍基底为黄色，背鳍和臀鳍为黄色，使体侧的白色形成菱形如钻石状。常在珊瑚礁海域水深40m以内处成群活动。性格温柔，以小型浮游动物为食。最大体长：18cm。光照：明亮。分布：印度洋—西太平洋。

霞蝶

分类：鲈形目，蝴蝶鱼科，霞蝶鱼属
拉丁名：*Hemitaurichthys zoster*
俗名：印度霞蝶。鱼体大体上可以分为3个区域，前1/3和后1/3为黑褐色，中间1/3为银白色。常数百尾活动于珊瑚礁外缘水深10~35m处。性格温柔，以小型无脊椎动物为食。最大体长：20cm。光照：明亮。分布：太平洋。

褐带少女鱼

分类：鲈形目，蝴蝶鱼科，少女鱼属

拉丁名：*Coradion altivelis*

俗名：方旗蝶。鱼体灰白色，体侧及头部共有4条褐色横带。栖息于岩礁、珊瑚礁海域，栖息水深5~70m。性格温柔，以小型甲壳类为食。最大体长：15cm。光照：明亮。分布：印度洋—西太平洋。

双点少女鱼

分类：鲈形目，蝴蝶鱼科，少女鱼属

拉丁名：*Coradion melanopus*

俗名：法国蝶。与褐带少女鱼及金斑少女鱼的区别为最后一条横带有黄褐色边缘，且背鳍及臀鳍上各有一眼斑。栖息于岩礁、珊瑚礁及内湾处。性格温柔，以小型底栖无脊椎动物、海藻碎片为食。最大体长：12cm。光照：明亮。分布：西太平洋。

金斑少女鱼

分类：鲈形目，蝴蝶鱼科，少女鱼属

拉丁名：*Coradion chrysozonus*

俗名：柠檬蝶。与褐带少女鱼的区别为在背鳍后端有1个带白边的黑色眼斑。栖息于珊瑚礁海域岩礁质海底上。性格温柔，以小型无脊椎动物为食。最大体长：12cm。光照：明亮。分布：印度洋—太平洋。

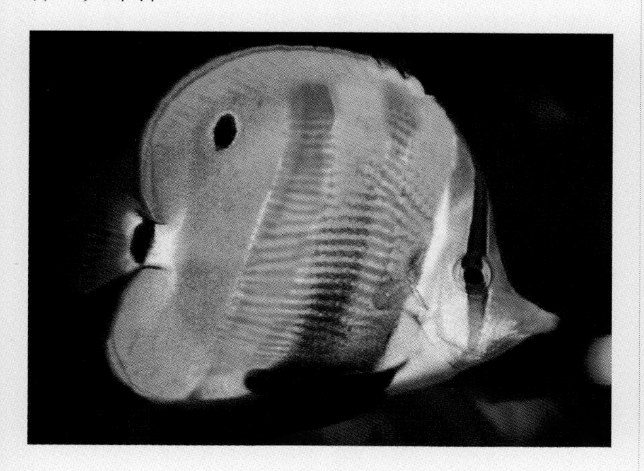

黑鳍钻嘴鱼

分类：鲈形目，蝴蝶鱼科，少女鱼属

拉丁名：*Chelmon mulleri*

俗名：澳洲火箭。钻嘴鱼中吻部较短的一种，头顶有1个凸起，体侧有4条褐色横带，背部有1个黑色眼斑。栖息于珊瑚礁泥沙底质的海藻茂密处。性格温柔，以小型无脊椎动物、海藻碎片为食。最大体长：15cm。光照：明亮。分布：澳大利亚大堡礁。

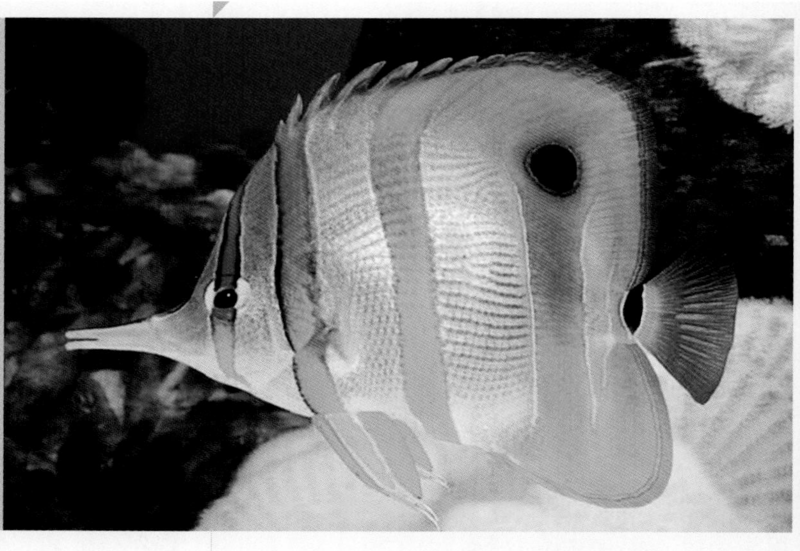
钻嘴鱼

截尾钻嘴鱼

分类：鲈形目，蝴蝶鱼科，钻嘴鱼属
拉丁名：*Chelmon truncates*
俗名：四间火箭。与黑鳍钻嘴鱼最大的差别是头部无凸起，吻部上方红色。栖息于岩礁海域直立的悬崖峭壁处。性格温柔，以小型无脊椎动物为食。最大体长：23cm。光照：明亮。分布：澳大利亚南部海域。

钻嘴鱼

分类：鲈形目，蝴蝶鱼科，钻嘴鱼属
拉丁名：*Chelmon rostratus*
俗名：三间火箭。鱼体银白色，头部及体侧共有5条橙黄色横带，体色变化较大。常隐藏在珊瑚礁缝隙中，亦活动于礁底或沙底上。性格温柔，以珊瑚虫、小型无脊椎动物、海葵、水母及藻类为食。最大体长：20cm。光照：明亮。分布：西太平洋。

缘钻嘴鱼

分类：鲈形目，蝴蝶鱼科，钻嘴鱼属
拉丁名：*Chelmon marginalis*
俗名：二间火箭。鱼体银白色，头部有1条眼带，体前部有1条横带，后部有1条模糊的宽横带，均为黄色；幼鱼时背鳍后部有1个黑色眼斑成鱼后消失。栖息于珊瑚礁海域水深1~30m处。性格温柔，杂食性，以珊瑚虫、水母、海葵、海藻碎片为食。最大体长：10cm。光照：明亮。分布：西太平洋。

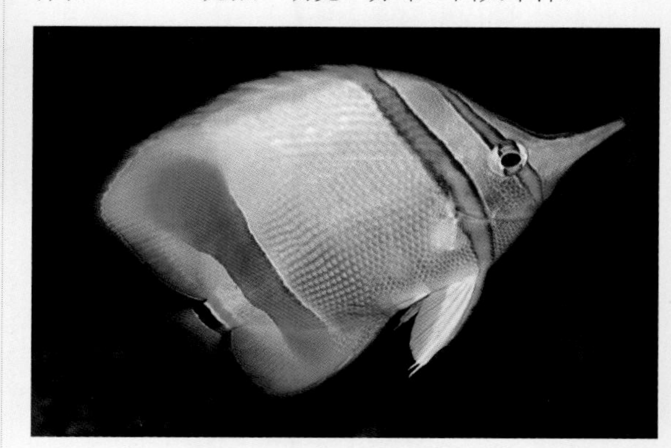

神仙鱼

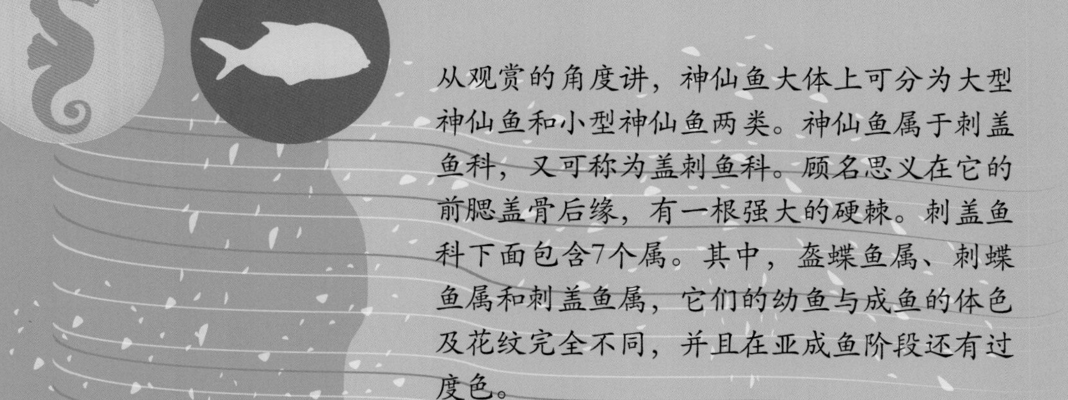

从观赏的角度讲，神仙鱼大体上可分为大型神仙鱼和小型神仙鱼两类。神仙鱼属于刺盖鱼科，又可称为盖刺鱼科。顾名思义在它的前腮盖骨后缘，有一根强大的硬棘。刺盖鱼科下面包含7个属。其中，盔蝶鱼属、刺蝶鱼属和刺盖鱼属，它们的幼鱼与成鱼的体色及花纹完全不同，并且在亚成鱼阶段还有过度色。

弓纹刺盖鱼

分类：鲈形目，刺盖鱼科，刺盖鱼属

拉丁名：*Pomacanthus arcuatus*

俗名：灰仙。鱼体呈灰褐色，布满黑褐色小点，背鳍鳍条延长呈丝状，前腮盖骨后缘有细锯齿，后下角延长形成强大硬棘。栖息于珊瑚礁外缘斜面有海流处。性格温柔，以小型甲壳类、底栖生物、藻类为食。最大体长：50cm。光照：明亮。分布：大西洋。

幼鱼

成鱼

黄斑刺盖鱼

分类：鲈形目，刺盖鱼科，刺盖鱼属

拉丁名：*Pomacanthus paru*

俗名：法国神仙。幼鱼身体浅蓝灰色，有5条白色至黄色横纹；成鱼后横纹消失，每个鳞片的外缘均为白色，组成整齐的白点。栖息于珊瑚礁外缘斜面有海流的悬崖峭壁处。性格温柔，以小型甲壳类、底栖动物、藻类为食。最大体长：50cm。光照：明亮。分布：大西洋。

成鱼

幼鱼

半环刺盖鱼

分类：鲈形目，刺盖鱼科，刺盖鱼属

拉丁名：*Pomacanthus semicirculatus*

俗名：蓝纹神仙（幼鱼），北斗（成鱼）。幼鱼蓝色，身上有多条浅蓝色和白色横带；成鱼身体前1/3为棕黄色，中间1/3逐渐过度到灰色，后1/3逐渐过度到蓝黑色，身上布满蓝色和黑色小点，除胸鳍外各鳍边缘都有蓝边。前腮盖后缘具锯齿，后下角延长为一强棘。栖息于岩礁和珊瑚礁习见种。性格温柔，以小型甲壳类、底栖动物、藻类为食。最大体长：40cm。光照：明亮。分布：印度洋—西太平洋。

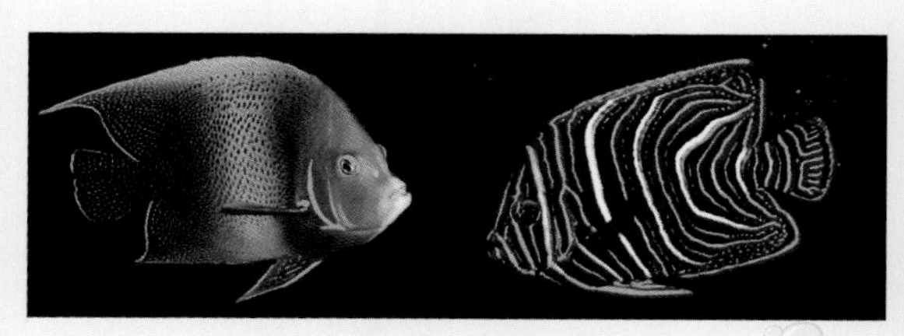

成鱼　　幼鱼

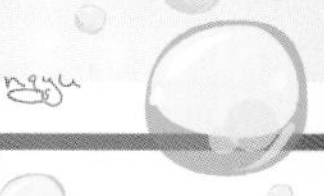

亚成鱼

体侧条纹无分叉的直纹皇后极为难得

主刺盖鱼

分类：鲈形目，刺盖鱼科，刺盖鱼属
拉丁名：*Pomacanthus imperator*
俗名：蓝圈神仙（幼鱼），皇后神仙（成鱼）。幼鱼为蓝色，有靶心状白色环形斑纹；成鱼后在蓝色的身体上有20~27条黄色纵纹，分布于太平洋的种类背鳍后面有一丝状鳍条。栖息于珊瑚礁海域水深30~40m处。性格温柔，以小型甲壳类、底栖生物、藻类为食。最大体长：40cm。光照：明亮。分布：印度洋—太平洋。

幼鱼

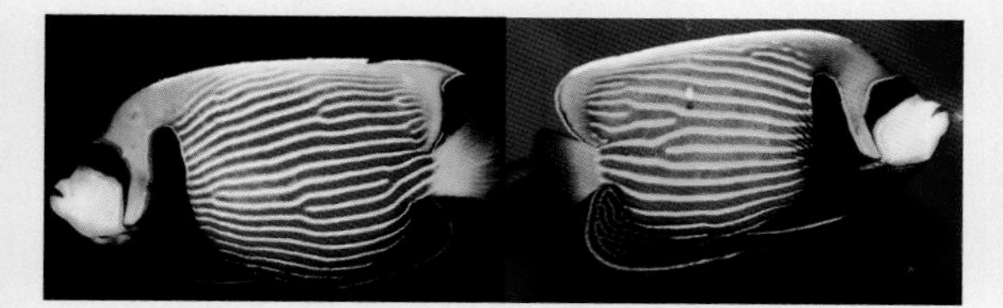
太平洋型　　印度洋型

六带刺盖鱼

分类：鲈形目，刺盖鱼科，刺盖鱼属
拉丁名：*Pomacanthus sexstriatus*
俗名：六间神仙。鱼体淡黄色，体侧有6~7条灰褐色横带。栖息于珊瑚礁海域内外缘悬崖峭壁处。性格温柔，以无脊椎动物、底栖生物、藻类为食。最大体长：50cm。光照：明亮。分布：西太平洋。

幼鱼

成鱼

肩环刺盖鱼

分类：鲈形目，刺盖鱼科，刺盖鱼属
拉丁名：*Pomacanthus annularis*
俗名：蓝环神仙。鱼体黄褐色，鳃后斜上方的肩部有一个蓝色圆环，体侧有多条蓝色纵带呈放射状斜向后上方；幼鱼为蓝色，有多条白色横纹。栖息于岩礁、珊瑚礁海域悬崖峭壁处。性格温柔，以小型甲壳类、底栖生物、藻类为食。最大体长：40cm。光照：明亮。分布：印度洋—西太平洋。

月斑刺盖鱼

分类：鲈形目，刺盖鱼科，刺盖鱼属
拉丁名：*Pomacanthus maculosus*

幼鱼

俗名：半月神仙。幼鱼身体呈蓝色，体侧有多条较细的白色横纹，中间部分有一条宽且边界模糊的白色横带；随生长细横纹逐渐消失，宽的横带变成半月形金黄色横带。栖息于珊瑚礁内外缘悬崖峭壁处。性格温柔，以无脊椎动物、底栖生物、藻类为食。最大体长：50cm。光照：明亮。分布：非洲东部海域、红海。

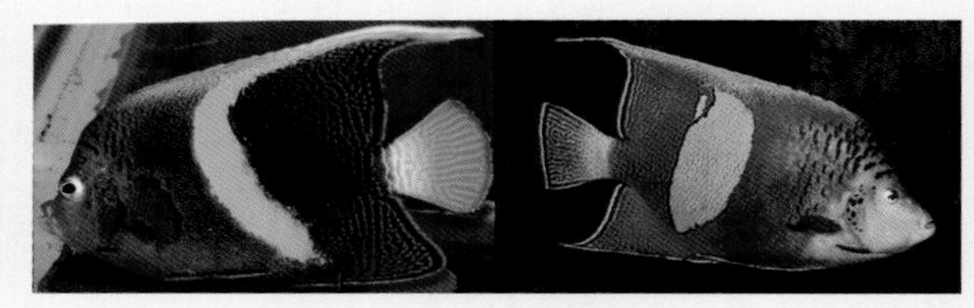

成鱼　老成鱼

黄鳍刺盖鱼

分类：鲈形目，刺盖鱼科，刺盖鱼属
拉丁名：*Pomacanthus xanthometopon*
俗名：蓝面神仙。头部蓝色有金黄色斑点，两眼之间有一黄色鞍状斑，背鳍后部有一蓝色圆斑，胸鳍黄色，腹鳍蓝黑色，前鳃盖后缘具细锯齿，后下角有一枚强棘；成鱼鳞片的中心为蓝色，边缘为金黄色，形成整齐的网目。栖息于珊瑚礁斜面，水深15~25m处的洞穴附近。性格温柔，以小型甲壳类、底栖生物、藻类为食。最大体长：40cm。光照：明亮。分布：印度洋—太平洋。

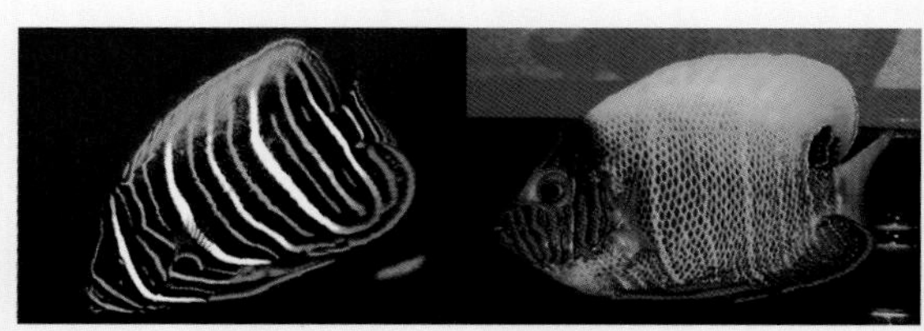

幼鱼　亚成鱼

成鱼

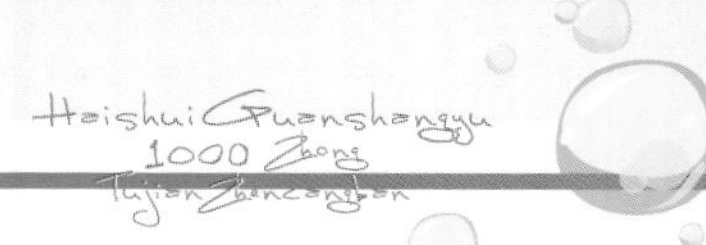

蓝肩刺盖鱼

分类：鲈形目，刺盖鱼科，刺盖鱼属

拉丁名：*Pomacanthus navarchus*

俗名：马鞍神仙。鱼体呈橙黄色，肩部、腹鳍及臀鳍为深蓝色，并有浅蓝色细边，每一鳞片的中央具一蓝黑色小点，前鳃盖后缘具细锯齿，后下角具一强棘。栖息于岩礁、珊瑚礁海域悬崖峭壁处。性格温柔，以无脊椎动物、甲壳类、藻类为食。最大体长：30cm。光照：明亮。分布：印度洋—太平洋。

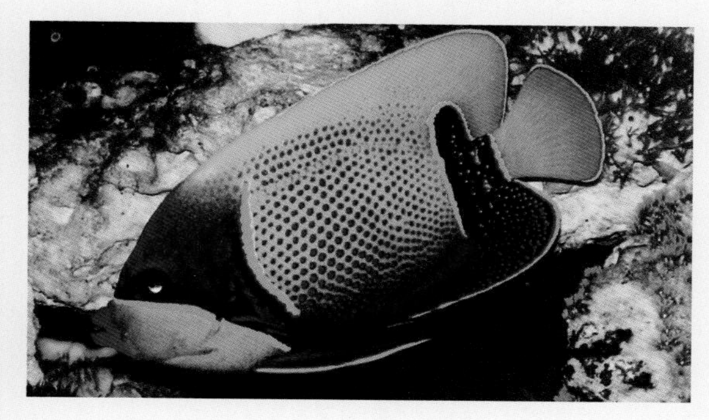

胸带刺盖鱼

分类：鲈形目，刺盖鱼科，刺盖鱼属

拉丁名：*Pomacanthus zonipectus*

俗名：哥迪仙。幼鱼时体色为蓝黑色，体侧有6条黄色横纹，体长5~6cm以后，蓝色逐渐褪去，横纹全部消失，到成鱼时胸部只保留1条浅色横带，前鳃盖后缘具细锯齿，后下角具一强棘。单独活动于珊瑚礁海域悬崖峭壁处。性格温柔，以无脊椎动物、藻类为食。最大体长：45cm。光照：明亮。分布：东太平洋的芭拉斯和墨西哥湾。

幼鱼

成鱼

黄尾刺盖鱼

分类：鲈形目，刺盖鱼科，刺盖鱼属

拉丁名：*Pomacanthus chrysurus*

俗名：耳斑神仙。幼鱼体色以蓝黑色为基调，成鱼体色以黄黑色为基调，身上的横纹为黄白色。栖息于珊瑚礁海域珊瑚茂盛的地方，栖息水深1~25m。性格温柔，以无脊椎动物、藻类为食。最大体长：35cm。光照：明亮。分布：印度洋西部的珊瑚礁海域。

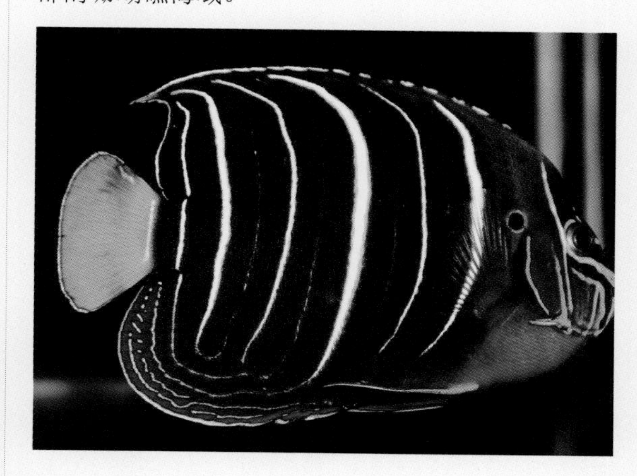

金背刺尻鱼

分类：鲈形目，刺盖鱼科，刺尻鱼属

拉丁名：*Centropyge aurantonota*

俗名：美国火背仙。背部黄色，腹部蓝色的小型神仙鱼。栖息于珊瑚礁海域水深25~200m处。性格温柔，以小型无脊椎动物、海藻为食。最大体长：8cm。光照：明亮。分布：加勒比海南部。

非洲刺尻鱼

分类：鲈形目，刺盖鱼科，刺尻鱼属
拉丁名：*Centropyge acanthops*
俗名：非洲火背仙。与金背刺尻鱼的区别是尾鳍为半透明的黄色。栖息于岩礁海域海藻丛中。性格温柔，以无脊椎动物、藻类为食。最大体长：8cm。光照：明亮。分布：印度洋非洲东部海域。

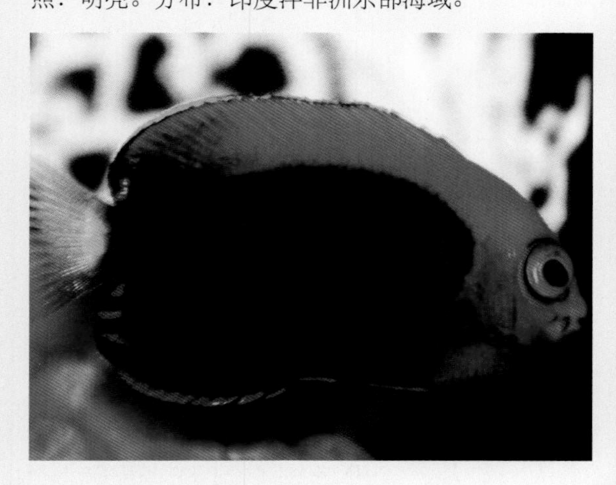

闪光刺尻鱼

分类：鲈形目，刺盖鱼科，刺尻鱼属
拉丁名：*Centropyge resplendens*
俗名：金背仙。背部为黄色，腹部蓝色且蓝色直达前鳃盖骨。栖息于岩礁海域藻类茂密处。性格温柔，以小型无脊椎动物、藻类为食。最大体长：7cm。光照：明亮。分布：中部太平洋。

双棘刺尻鱼

分类：鲈形目，刺盖鱼科，刺尻鱼属
拉丁名：*Centropyge bispinosus*
俗名：蓝闪电。鱼体蓝褐色，有17~20条灰褐色横纹。栖息于珊瑚礁海域水深10m处。性格温柔，以底栖动物、珊瑚虫、藻类为食。最大体长：12cm。光照：明亮。分布：印度洋—太平洋。

波氏刺尻鱼

分类：鲈形目，刺盖鱼科，刺尻鱼属
拉丁名：*Centropyge potteri*
俗名：花豹神仙。鱼体为黄褐色，中间部分为蓝黑色，体侧有多条纤细的蓝色横纹。栖息于珊瑚礁、岩礁海域礁石较多的地方。性格温柔，以珊瑚虫、

波氏刺尻鱼

小型底栖动物、藻类为食。最大体长：10cm。光照：明亮。分布：印尼巴厘岛周边海域。

橘色刺尻鱼

分类：鲈形目，刺盖鱼科，刺尻鱼属
拉丁名：*Centropyge aurantia*
俗名：红麒麟神仙。全身红色至褐色，有多条暗色横纹，个体间体色差异很大。栖息于珊瑚礁海域浅水处的潟湖中。性格温柔，以珊瑚虫、小型底栖动物、藻类为食。最大体长：12cm。光照：明亮。分布：印尼巴厘岛周边海域。

施氏刺尻鱼

分类：鲈形目，刺盖鱼科，刺尻鱼属
拉丁名：*Centropyge shepardi*
俗名：橘红新娘。鱼体红褐色，背部布满不规则的褐色斑点，腹部色淡无斑点。栖息于珊瑚礁海域10m左右深处。性格温柔，以珊瑚虫、底栖生物、藻类为食。最大体长：12cm。光照：明亮。分布：西太平洋。

锈红刺尻鱼

分类：鲈形目，刺盖鱼科，刺尻鱼属
拉丁名：*Centropyge ferrugata*

俗名：红闪电。与施氏刺尻鱼极其相似，唯一不同的是本种鱼的褐色斑直达腹部下侧。栖息于珊瑚礁海域软珊瑚茂盛的地方，栖息水深10~20m。性格温柔，以珊瑚虫、底栖动物、藻类为食。最大体长：10cm。光照：明亮。分布：西太平洋。

黄尾刺尻鱼

分类：鲈形目，刺盖鱼科，刺尻鱼属
拉丁名：*Centropyge flavicauda*
俗名：白尾新娘。全身紫蓝色，尾鳍中央软条部淡橙色，后缘淡黄色。由于分布广泛，不同海域的鱼体色变化较大，有紫色、褐色、蓝黑色等。栖息于珊瑚礁海域水深10~20m。性格温柔，以珊瑚虫、附着生物、藻类为食。最大体长：8cm。光照：明亮。分布：印度洋—太平洋。

黄胸鳍刺尻鱼

分类：鲈形目，刺盖鱼科，刺尻鱼属
拉丁名：*Centropyge flavipectoralis*
俗名：黑闪电。全身黑色，胸鳍黄色。栖息于岩礁海域，少数分布于珊瑚礁海域。性格温柔，以小型浮游动物、珊瑚虫为食。最大体长：10cm。光照：明亮。分布：斯里兰卡－马尔代夫周边海域。

多彩刺尻鱼

分类：鲈形目，刺盖鱼科，刺尻鱼属
拉丁名：*Centropyge multicolor*
俗名：多彩神仙。全身灰色，眼睛上方至头顶有一块蓝黑色斑。栖息于珊瑚礁外缘水深20~90m处。性格温柔，以珊瑚虫、藻类为食。最大体长：8cm。光照：明亮。分布：中部太平洋。

拿克奇刺尻鱼

分类：鲈形目，刺盖鱼科，刺尻鱼属
拉丁名：*Centropyge nahackyi*
俗名：拿克奇神仙。鱼体黄色，越向后体色越趋向褐色，背部蓝黑色，头顶上方有蓝黑相间的斑纹。

栖息于岩礁及珊瑚礁海域水深15~70m左右处，常数尾小群活动。性格温柔，以小型无脊椎动物为食。最大体长：15cm。光照：明亮。分布：印度尼西亚巴厘岛西南约900公里海域。

胄刺尻鱼

分类：鲈形目，刺盖鱼科，刺尻鱼属
拉丁名：*Centropyge loriculus*
俗名：火焰仙。鱼体红色，体侧有4条黑色横纹，分布于西太平洋的个体为朱红色，分布于夏威夷群岛的个体为深红色。栖息于珊瑚礁海域珊瑚茂盛处。性格温柔，以珊瑚虫、小型无脊椎动物、藻类为食。最大体长：12cm。光照：明亮。分布：太平洋热带海域。

黑刺尻鱼

分类：鲈形目，刺盖鱼科，刺尻鱼属
拉丁名：*Centropyge nox*
俗名：黑魔鬼。全身黑色，头与胸部色稍淡。栖息于珊瑚礁海域的珊瑚丛中。性格温柔，以珊瑚虫、小型无脊椎动物、海藻为食。最大体长：10cm。光照：明亮。分布：西太平洋。

珠点刺尻鱼

分类：鲈形目，刺盖鱼科，刺尻鱼属
拉丁名：*Centropyge vrolikii*
俗名：红眼仙。鱼身体的前2/3至3/4为灰白色至深灰色，后1/4至1/3部分为黑色。栖息于珊瑚礁海域珊瑚茂密处。性格温柔，同种间有打斗现象，以珊瑚虫、底栖生物、藻类为食。最大体长：10cm。光照：明亮。分布：西太平洋。

海氏刺尻鱼

分类：鲈形目，刺盖鱼科，刺尻鱼属
拉丁名：*Centropyge heraldi*
俗名：黄新娘。全身金黄色的小型神仙鱼。栖息于珊瑚礁及岩礁海域，水深10~30m处。性格温柔，以珊瑚虫、小型无脊椎动物、藻类为食。最大体长：12cm。光照：明亮。分布：太平洋。

金刺尻鱼

分类：鲈形目，刺盖鱼科，刺尻鱼属
拉丁名：*Centropyge flavissimus*
俗名：柠檬批。比海氏刺尻鱼多1个蓝眼圈。单独活动于珊瑚礁海域珊瑚生长茂盛处，水深10m的潟湖中。性格温柔，以小型无脊椎动物、海藻为食。最大体长：10cm。光照：明亮。分布：中、西部太平洋。

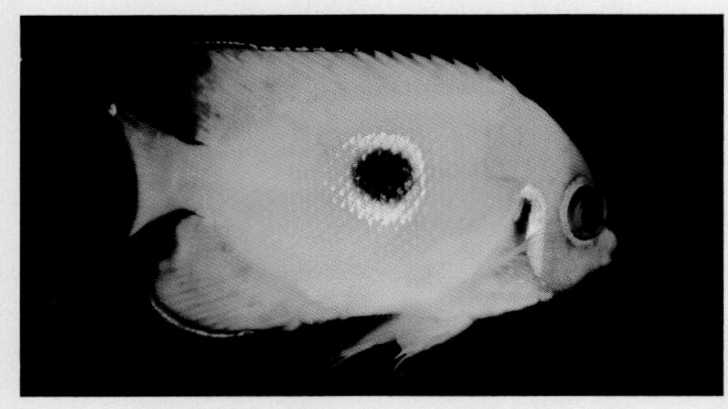

幼鱼

成鱼

黑鳍刺尻鱼

分类：鲈形目，刺盖鱼科，刺尻鱼属
拉丁名：*Centhopyge woodheadi*
俗名：黑鳍批。与海氏刺尻鱼相似，唯背鳍后部有一块大黑斑。单独活动于珊瑚礁海域水深10~30m处。性格温柔，以无脊椎动物、藻类、珊瑚虫为食。最大体长：12cm。光照：明亮。分布：南太平洋。

乔卡刺尻鱼

分类：鲈形目，刺盖鱼科，刺尻鱼属
拉丁名：*Centropyge joculator*
俗名：可可仙。从背鳍前端到腹鳍前为分界线，其前部为黄色，后部为蓝黑色，尾鳍黄色。栖息于珊瑚礁海域浅水区。性格温柔，以珊瑚虫、小型无脊椎动物、藻类为食。最大体长：15cm。光照：明亮。分布：印度洋。

二色刺尻鱼

二色刺尻鱼

分类：鲈形目，刺盖鱼科，刺尻鱼属
拉丁名：*Centropyge bicolor*
俗名：石美人。鱼体的前半部黄色，后半部蓝色。栖息于珊瑚礁海域10m左右的浅水区。性格温柔，以小型甲壳类、底栖动物、藻类为食。最大体长：15cm。光照：明亮。分布：印度洋—太平洋。

虎纹刺尻鱼

分类：鲈形目，刺盖鱼科，刺尻鱼属
拉丁名：*Centropyge eibli*

俗名：老虎新娘。灰白色的体色上配有10余条金红色的横纹，尾鳍黑色。栖息于珊瑚礁海域10~20m的浅水处。性格温柔，以珊瑚虫、小型无脊椎动物、藻类为食。最大体长：15cm。光照：明亮。分布：印度洋—太平洋。

白斑刺尻鱼

分类：鲈形目，刺盖鱼科，刺尻鱼属
拉丁名：*Centropyge tibicen*
俗名：白点仙。全身黑色，在体侧中部有一大块椭圆形白斑。栖息于珊瑚礁海域浅水处。性格温柔，以小型甲壳类、底栖动物、藻类为食。最大体长：19cm。分布：南太平洋的复活岛周边海域。

断线刺尻鱼

分类：鲈形目，刺盖鱼科，刺尻鱼属
拉丁名：*Centropyge interruptus*

俗名：日本神仙。橘红色的鱼体上布满蓝色的斑点，越往后斑点越密集，直至后半部身体全部成为蓝色。栖息于热带至亚热带岩礁、珊瑚礁海域。性格温柔，以小型无脊椎动物、珊瑚虫、藻类为食。最大体长：16cm。光照：明亮。分布：日本南部海域。

柯氏刺尻鱼

分类：鲈形目，刺盖鱼科，刺尻鱼属

拉丁名：*Centropyge colini*

俗名：紫背仙。鱼体黄色，背部蓝色。栖息于珊瑚礁海域较深处。性格温柔，以小型无脊椎动物、藻类为食。最大体长：7cm。光照：明亮。分布：中部太平洋。

仙女刺尻鱼

分类：鲈形目，刺盖鱼科，刺尻鱼属

拉丁名：*Centropyge venusta*

俗名：黄肚仙。前半身黄色，后半身蓝色，眼睛上方有一三角形蓝色斑。单独活动在珊瑚礁外缘悬崖处的裂缝及洞穴周围，栖息水深15~30m。性格温柔，以浮游动物、小型底栖动物、藻类为食。最大体长：14cm。光照：明亮。分布：西太平洋。

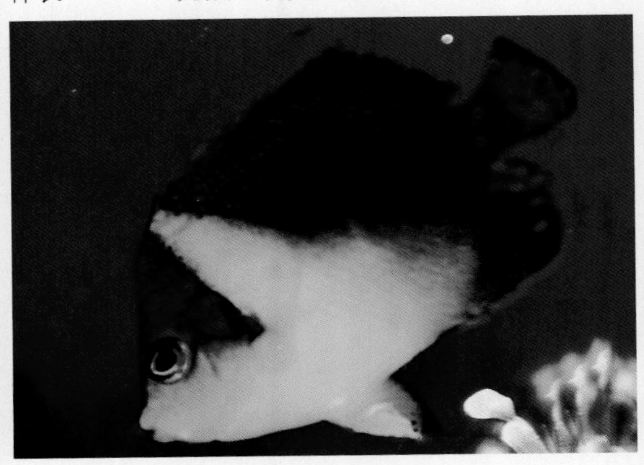

多带刺尻鱼

分类：鲈形目，刺盖鱼科，刺尻鱼属

拉丁名：*Centropyge multispinis*

俗名：印度蓝闪电。体色为蓝黑色至棕黄色的小型神仙鱼。栖息于岩礁海域浅水处。性格温柔，以小型无脊椎动物、藻类为食。最大体长：14cm。光照：明亮。分布：印度洋，红海。

条尾刺尻鱼

分类：鲈形目，刺盖鱼科，刺尻鱼属

拉丁名：*Centropyge fisheri*

俗名：渔夫仙。鱼体黄褐色，鳃盖后面有一块黑色斑。栖息于岩礁及珊瑚礁海域水深30m左右处。性格

温柔，以小型无脊椎动物、藻类为食。最大体长：10cm。光照：明亮。分布：夏威夷群岛周边海域。

黑睛刺尻鱼

分类：鲈形目，刺盖鱼科，刺尻鱼属
拉丁名：*Centropyge nigriocellus*
俗名：日食神仙。鱼体淡黄白色，背鳍后部基底及胸鳍基底各有一黑色斑点。栖息于珊瑚礁海域。性格温柔，以珊瑚虫、小型无脊椎动物、藻类为食。最大体长：6cm。光照：明亮。分布：中部太平洋。

库克群岛刺尻鱼

分类：鲈形目，刺盖鱼科，刺尻鱼属
拉丁名：*Centropyge narcosis*
俗名：刑警神仙。全身黄色，背部上方有一黑色眼斑。栖息于岩礁海域水深60~120m处的较深水层。性格温柔，以小型浮游动物、小型甲壳类、藻类为食。最大体长：7cm。光照：明亮。分布：南太平洋新西兰库克群岛周边海域。

毛里求斯刺尻鱼

分类：鲈形目，刺盖鱼科，刺尻鱼属
拉丁名：*Centropyge debelius*
俗名：蓝茉莉神仙。鱼体蓝色，布满黑色斑点，胸鳍及尾鳍黄色。栖息于珊瑚礁海域藻类茂盛处，栖息水深50~90m。性格温柔，以小型无脊椎动物、藻类为食。最大体长：10cm。光照：明亮。分布：印度洋西部，毛里求斯及里尤尼奥群岛周边海域。

多带刺尻鱼

分类：鲈形目，刺盖鱼科，刺尻鱼属
拉丁名：*Centropyge multifasciatus*

俗名：十一间仙。鱼体灰白色，体侧有11条黑色横带。栖息于珊瑚礁悬崖峭壁处。性格温柔，以珊瑚虫、藻类、无脊椎动物为食。最大体长：15cm。光照：明亮。分布：印度洋—太平洋。

金尾刺蝶鱼

分类：鲈形目，刺盖鱼科，刺蝶鱼属

拉丁名：*Holacanthus passer*

俗名：国王神仙。鱼体黄色，体侧有一条白色横带；性成熟的个体腹鳍白色为雄性，黄色为雌性。幼鱼活动在内湾海浪平稳的地方，成鱼成群活动在潮间带波涛凶涌的海域。性格温柔，终生有鱼医生行为。最大体长：30cm。光照：明亮。分布：东部太平洋，加利福尼亚南端至墨西哥沿岸。

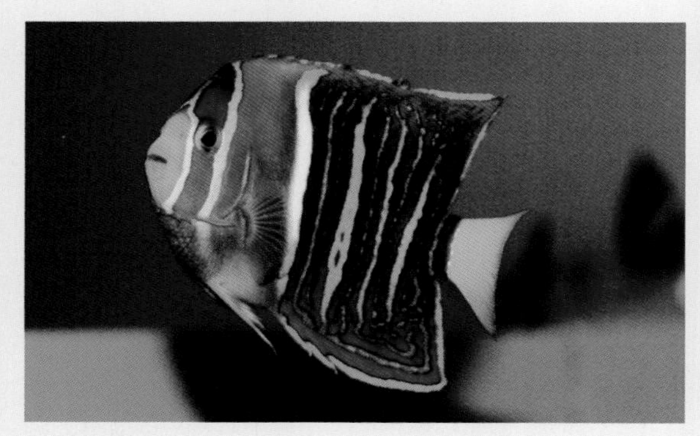

幼鱼

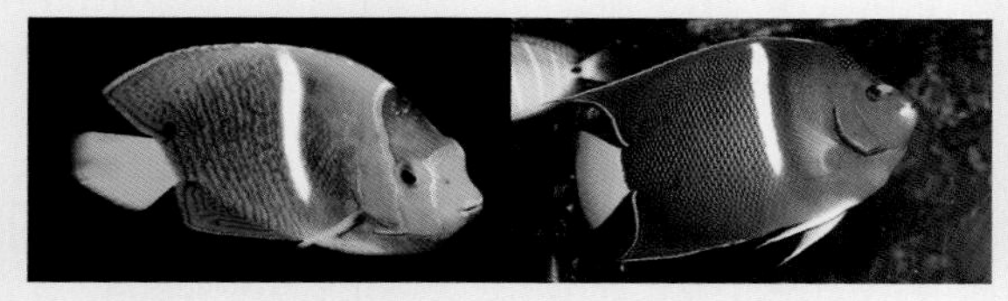

亚成鱼　　成鱼

额斑刺蝶鱼

分类：鲈形目，刺盖鱼科，刺蝶鱼属

拉丁名：*Holacanthus ciliaris*

俗名：女王神仙。每一鳞片的中间为黄色四周为蓝色，体色变化千差万别，是一种非常漂亮的大型神仙鱼。常大群活动于珊瑚礁斜面的开阔海域。性格温柔，以无脊椎动物、藻类为食。最大体长：25cm。光照：明亮。分布：大西洋。

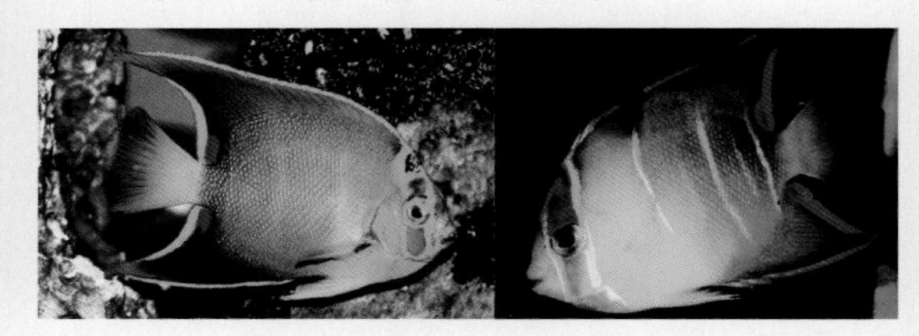

幼鱼

亚成鱼

成鱼

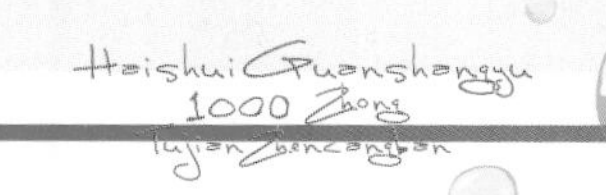

百慕大刺蝶鱼

分类：鲈形目，刺盖鱼科，刺蝶鱼属
拉丁名：*Holacanthus bermudensis*
俗名：蓝仙。鱼体蓝灰色，头顶有一带蓝边的黑斑。栖息于珊瑚礁外围的开阔海域。性格温柔，以无脊椎动物、藻类为食。最大体长：45cm。光照：明亮。分布：大西洋。

幼鱼

成鱼

加勒比刺蝶鱼

分类：鲈形目，刺盖鱼科，刺蝶鱼属
拉丁名：*Holacanthus limbaughi*

俗名：蓝钻神仙。鱼体紫蓝色，背部有一个白色斑点。栖息于珊瑚礁及岩礁外侧开阔海域。性格温柔，以无脊椎动物、藻类为食。最大体长：40cm。光照：明亮。分布：加勒比海。

非洲刺蝶鱼

分类：鲈形目，刺盖鱼科，刺蝶鱼属
拉丁名：*Holacanthus africanus*
俗名：西非仙。幼鱼体色为蓝色，身体中央有一条浅蓝色横带；成鱼时逐渐变成黄褐色，体侧中央的横带逐渐变宽颜色变成淡灰褐色。栖息于珊瑚礁海域水深8~30m处，活动于岩礁洞穴周边。性格温柔，以无脊椎动物、藻类为食。最大体长：18cm。光照：明亮。分布：西部非洲沿岸海域。

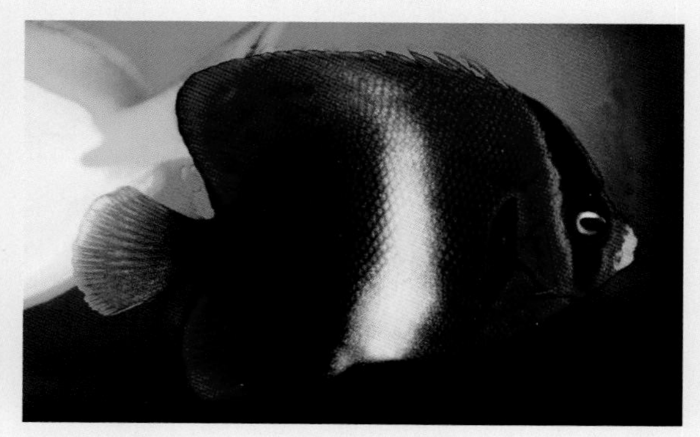

幼鱼

成鱼

塞拉利昂刺蝶鱼

分类：鲈形目，刺盖鱼科，刺蝶鱼属

拉丁名：*Holacanthus clarionensis*
俗名：美国神仙。幼鱼体色为橘红色，有蓝色横带；成鱼体色完全呈金黄色至橘黄色。栖息于珊瑚外围水深8~30m处。性格温柔，有鱼医生行为，以小型无脊椎动物、藻类为食。最大体长：45cm。光照：明亮。分布：东太平洋，墨西哥西部海域。

三色刺蝶鱼

分类：鲈形目，刺盖鱼科，刺蝶鱼属
拉丁名：*Holacanthus tricolor*

俗名：美国石美人。鱼体黄色，身体后部为蓝黑色。栖息于珊瑚礁海域及岩礁海域沿岸。性格温柔，具有鱼医生行为，以小型甲壳类、底栖生物、藻类为食。最大体长：25cm。光照：明亮。分布：东部太平洋的加勒比海。

月蝶鱼

分类：鲈形目，刺盖鱼科，月蝶鱼属
拉丁名：*Genicanthus lamarck*
俗名：拉马克。鱼体白色，体侧有4条由黑点组成的纵线，雄鱼体侧最上边的黑线连接尾鳍上缘，雌鱼连接尾鳍下缘。栖息于水深15m左右的珊瑚礁外缘斜面有海流的地方。性格温柔，以小型无脊椎动物、藻类为食。最大体长：24cm。光照：明亮。分布：印度洋－西太平洋。

雌鱼

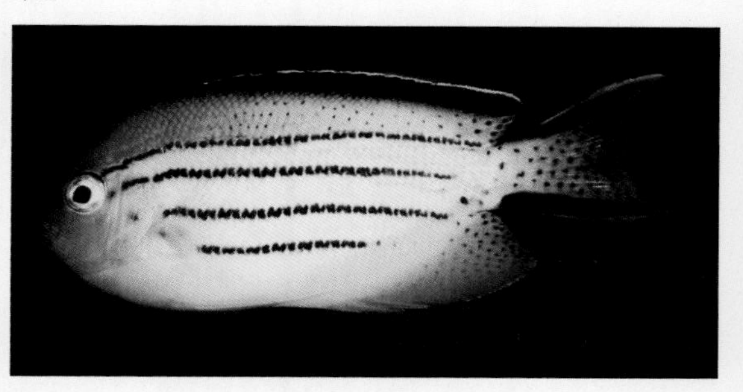

雄鱼

渡边月蝶鱼

分类：鲈形目，刺盖鱼科，月蝶鱼属
拉丁名：*Genicanthus watanabei*
俗名：蓝宝王（雄鱼）、蓝宝新娘（雌鱼）。鱼体灰白色，背部蓝色，雄鱼体侧有多条黑色纵纹，雌鱼头

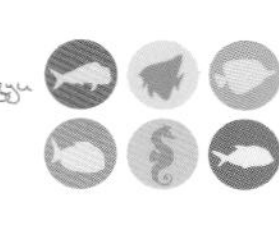

顶有短的黑色斑，吻部上方有一倒“U”字形黑斑，体侧无纵带，有性转换现象。栖息于珊瑚礁海域外围开阔场所。性格温柔，以小型甲壳类、藻类为食。最大体长：10cm。光照：明亮。分布：太平洋。

雄鱼

半纹月蝶鱼

分类：鲈形目，刺盖鱼科，月蝶鱼属

拉丁名：*Genicanthus semifasciatus*

俗名：老虎新娘（雄鱼），燕尾新娘（雌鱼）。雄鱼身上有20余条黑色横纹，横纹只达上半身，头部的黄斑一直延伸到身体中部；雌鱼全身黄灰色与黑斑月蝶鱼的雌鱼极相似，只是头部多了一些黑斑以及尾柄有一黑色横带。有性转换现象。栖息于岩礁海域水深100m处。性格温柔，以浮游动物、藻类为食。最大体长：20cm。光照：明亮。分布：西太平洋。

黑斑月蝶鱼

分类：鲈形目，刺盖鱼科，月蝶鱼属

拉丁名：*Genicanthus melanospilus*

雄鱼

雌鱼

半纹月蝶鱼

俗名：虎皮王（雄鱼），燕尾仙（雌鱼）。雌、雄之间体色差异很大，雄鱼体侧有多条黑色横纹；雌鱼背部淡黄色腹部银白色，尾鳍上、下叶黑色如燕尾一般。有性转换行为。栖息于珊瑚礁海域水深8~30m处。性格温柔，以珊瑚虫、浮游动物、藻类为食。最大体长：20cm。光照：明亮。分布：西太平洋。

纹尾月蝶鱼

分类：鲈形目，刺盖鱼科，月蝶鱼属

拉丁名：*Genicanthus caudovittatus*

俗名：红海虎皮王。与黑斑月蝶鱼的区别是尾柄为灰白色，而非桔黄色。栖息于珊瑚礁海域。性格温柔，以珊瑚虫、浮游动物、藻类为食。最大体长：20cm。光照：明亮。分布：红海。

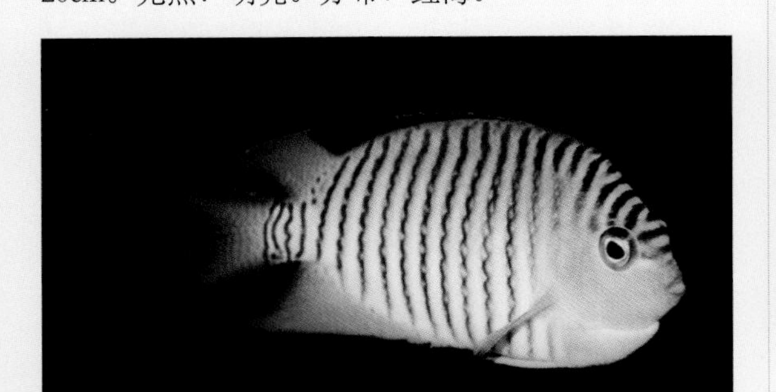

半环月蝶鱼

分类：鲈形目，刺盖鱼科，月蝶鱼属

拉丁名：*Genicanthus semicinctus*

俗名：半带神仙。鱼体青灰色，体侧有10~13条黑色横带，横带的长度只达腹部上部。栖息于岩礁海域水深10~100m处，而以35m深处数量最多。性格温柔，以珊瑚虫、小型无脊椎动物、藻类为食。最大体长：25cm。光照：明亮。分布：中部太平洋。

美丽月蝶鱼

分类：鲈形目，刺盖鱼科，月蝶鱼属

拉丁名：*Genicanthus bellus*

俗名：贝鲁士（雄鱼），胜利女神（雌鱼）。雌、雄之间体色相差甚远，雌鱼背鳍及体侧各有一条蓝黑色纵带，雄鱼体侧有一条黄色纵带。栖息于珊瑚礁海域水深45~95m处。性格温柔，以底栖生物、藻类为食。最大体长：13cm。光照：明亮。分布：中、西部太平洋。

雄鱼

雌鱼

蓝嘴阿波鱼

分类：鲈形目，刺盖鱼科，阿波鱼属

拉丁名：*Apolemichthys xanthotis*

俗名：阿拉伯王子新娘。胸鳍前的头部、背鳍、腹鳍、臀鳍及尾柄为黑色，尾鳍黄色，身体的中央部分为米黄色至灰色。栖息于珊瑚礁海域海葵、海绵或海藻丰富，水深10~20m处。性格温柔，以小型甲壳类、海绵、海藻为食。最大体长：20cm。光照：明亮。分布：红海。

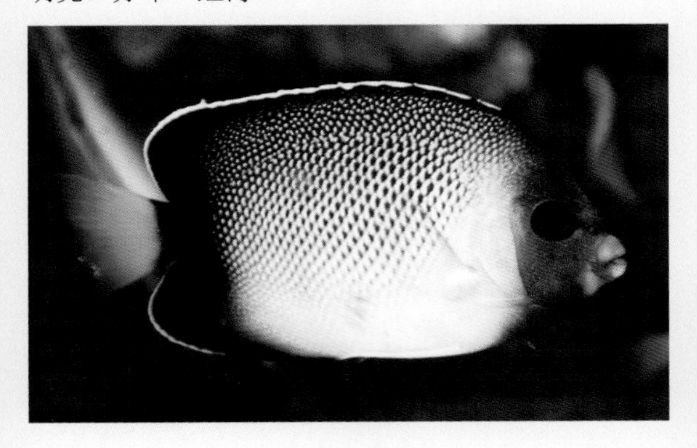

黄褐阿波鱼

分类：鲈形目，刺盖鱼科，阿波鱼属

拉丁名：*Apolemichthys xanthurus*

俗名：印度蓝嘴新娘。与蓝嘴阿波鱼极其相似，只是身体中央部分的体色比较暗。单独活动于珊瑚礁海域珊瑚生长茂盛，水深5~20m处。性格温柔，以小型无脊椎动物、海藻为食。最大体长：15cm。光照：明亮。分布：印度洋。

金点阿波鱼

分类：鲈形目，刺盖鱼科，阿波鱼属

拉丁名：*Apolemichthys xanthopunctahus*

俗名：金点火花。鱼体黄灰色，幼鱼时身上没有金色斑点，背鳍后部有一黑色眼斑，直到长至10cm时才逐渐长出金色斑点。单独活动于珊瑚礁潟湖中有水流的地方。性格温柔，以小型无脊椎动物、藻类为食。最大体长：25cm。光照：明亮。分布：中部太平洋。

三点阿波鱼

分类：鲈形目，刺盖鱼科，阿波鱼属

拉丁名：*Apolemichthys trimaculatus*

黄褐阿波鱼

三点阿波鱼

俗名：蓝嘴黄新娘。全身黄色，吻端蓝色，头顶及两鳃后各有一蓝黑色斑纹。栖息于珊瑚礁海域水深10m左右处，极具领地意识。性格温柔，以珊瑚虫、小型无脊椎动物、藻类为食。最大体长：25cm。光照：明亮。分布：印度洋—太平洋。

弓纹阿波鱼

分类：鲈形目，刺盖鱼科，阿波鱼属
拉丁名：*Apolemichthys arcuatus*
俗名：蒙面神仙。鱼体肉粉色，体侧有一条宽的带白边的黑色纵带，从头部直达背鳍末端。栖息于岩礁和珊瑚礁的罅缝及洞穴中，栖息水深25~50m。性格温柔，以海绵、海藻为食。最大体长：18cm。光照：明亮。分布：太平洋热带海域。

格氏阿波鱼

分类：鲈形目，刺盖鱼科，阿波鱼属
拉丁名：*Apolemichthys griffisi*
俗名：白带蓝嘴新娘。鱼体前半部灰色，后半部黑色，并有一条白色斜横带。栖息于珊瑚礁及岩礁海域水深40m以下。性格温柔，以小型甲壳类、藻类为食。最大体长：20cm。光照：明亮。分布：中部太平洋。

双棘甲尻鱼

分类：鲈形目，刺盖鱼科，甲尻鱼属
拉丁名：*Pygoplites diacanthus*

双棘甲尻鱼

俗名：毛巾。鱼体黄色至橙黄色，体侧有8条带黑边的白色横纹。栖息于珊瑚礁海域水深10m左右处。性格温柔，以小型底栖动物、海绵、藻类为食。最大体长：30cm。光照：明亮。分布：印度洋—太平洋。

眼带荷包鱼

分类：鲈形目，刺盖鱼科，荷包鱼属

拉丁名：*Chaetodontoplus duboulayi*

俗名：澳洲神仙。鱼体为蓝黑色，体侧布满灰色虫形纵纹，由背鳍起点至腹鳍有一宽的黄色横带，背鳍后部延背鳍基底有一黄色弧形纵带。栖息于珊瑚礁海域水深10~30m处。性格温柔，以小型甲壳类、小型底栖无脊椎动物、藻类为食。最大体长：22cm。光照：明亮。分布：印度洋—西太平洋。

梅氏荷包鱼

分类：鲈形目，刺盖鱼科，荷包鱼属

拉丁名：*Chaetodontoplus meredithi*

俗名：宝马。头部灰黄色，体侧黑色，背鳍与臀鳍后缘及尾鳍黄色。单独活动于珊瑚礁及岩礁海域悬崖峭壁处，栖息水深35m以内。性格温柔，以小型无脊椎动物、藻类为食。最大体长：23cm。光照：明亮。分布：澳大利亚大堡礁。

黑体荷包鱼

分类：鲈形目，刺盖鱼科，荷包鱼属
拉丁名：*Chaetodontoplus melanosoma*
俗名：灰斑黑神仙。鱼体灰色，腹部黑色，与梅氏荷包鱼极其相似，尾鳍的花纹有所区别。栖息于近海岩礁区域。性格温柔，以无脊椎动物、藻类为食。最大体长：20cm。光照：明亮。分布：印度洋—西太平洋。

淡斑荷包鱼

分类：鲈形目，刺盖鱼科，荷包鱼属
拉丁名：*Chaetodontoplus caeruleopunetatus*
俗名：珍珠宝马。头部灰色，身体黑色散面蓝色小斑点，属小型种。栖息于珊瑚礁海域水深30m左右处。性格温柔，以小型甲壳类、藻类为食。最大体长：15cm。光照：明亮。分布：菲律宾周边海域。

罩面荷包鱼

分类：鲈形目，刺盖鱼科，荷包鱼属
拉丁名：*Chaetodontoplus personifer*
俗名：澳洲蓝面。头部后有一条白色横带，体侧黑色，背鳍及臀鳍黑色外缘有白色细边，尾鳍及腹鳍黄色。栖息于珊瑚礁海域珊瑚和海藻茂盛处，水深35m以内。性格温柔，以无脊椎动物、藻类为食。最大体长：23cm。光照：明亮。分布：印度洋—西太平洋。

淡斑荷包鱼

蓝带荷包鱼

蓝带荷包鱼

分类：鲈形目，刺盖鱼科，荷包鱼属
拉丁名：*Cheotobontoplus Septentrionalis*
俗名：金蝴蝶。鱼体淡褐色，体侧具7~9条蓝色纵纹。栖息于珊瑚礁水深20m左右礁石下面。性格温柔，以无脊椎动物、藻类为食。最大体长：22cm。光照：明亮。分布：西太平洋。

黄头荷包鱼

分类：鲈形目，刺盖鱼科，荷包鱼属
拉丁名：*Chaetodontoplus chrysocephalus*

俗名：花蝴蝶。与蓝带荷包鱼的区别是背鳍和臀鳍为黑色，且无蓝色纵纹。栖息于岩礁海域水深20m左右。性格温柔，以小型无脊椎动物、藻类为食。最大体长：22cm。光照：明亮。分布：西太平洋。

点荷包鱼

分类：鲈形目，刺盖鱼科，荷包鱼属
拉丁名：*Chaetodontoplus conspicillatus*
俗名：眼镜神仙。鱼体褐色，眼眶外缘及鳃盖后缘有蓝黑色边框。幼鱼栖息于珊瑚礁澙湖内的浅水处，成鱼栖息于珊瑚礁海域水深20~40m左右处。性格温柔，以甲壳类、珊瑚虫、藻类为食。最大体长：45cm。光照：明亮。分布：澳大利亚以东640km处海域。

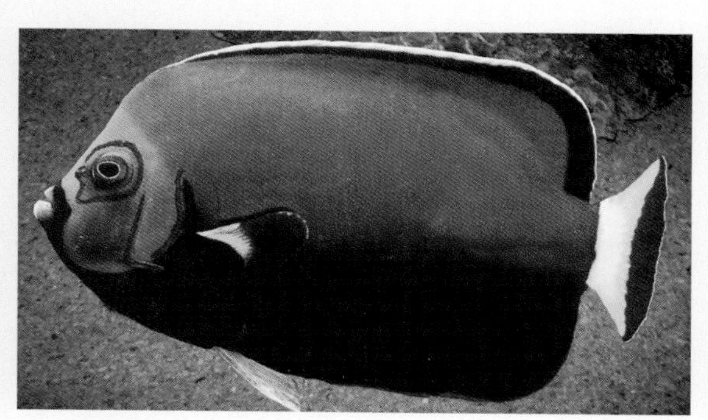

黄尾荷包鱼

分类：鲈形目，刺盖鱼科，荷包鱼属

拉丁名：*Chaetodontoplus mesoleucus*

俗名：黄尾神仙。鱼体前半部灰白色，后半部逐渐过渡为黑色。栖息于珊瑚礁海域，少数栖息于近海海湾内。性格温柔，杂食性，以藻类为主，兼食小型甲壳类和底栖生物为食。最大体长：15cm。光照：明亮。分布：印度洋—西太平洋。

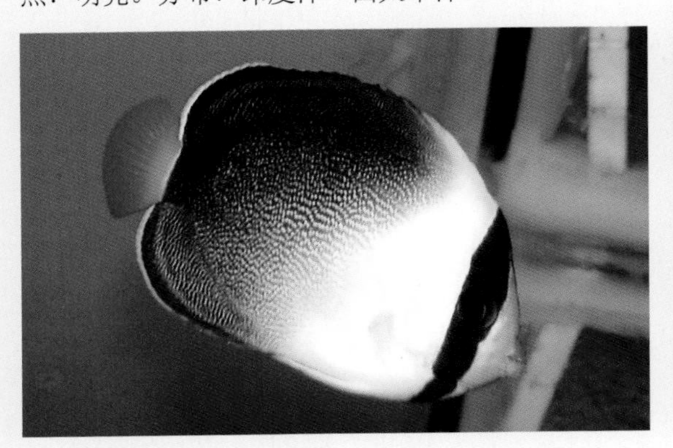

阿拉伯盖棘鱼

分类：鲈形目，刺盖鱼科，盖棘鱼属

拉丁名：*Arusetta asfur*

俗名：阿拉伯神仙。与月斑棘盖鱼极其相似，体侧都有一块半月形黄斑，只是其他部位体色不同。栖息于沿岸泥沙底质的海域。性格温柔，以底栖动物、甲壳类、藻类为食。最大体长：35cm。光照：明亮。分布：红海－阿拉伯湾。

雀鲷科

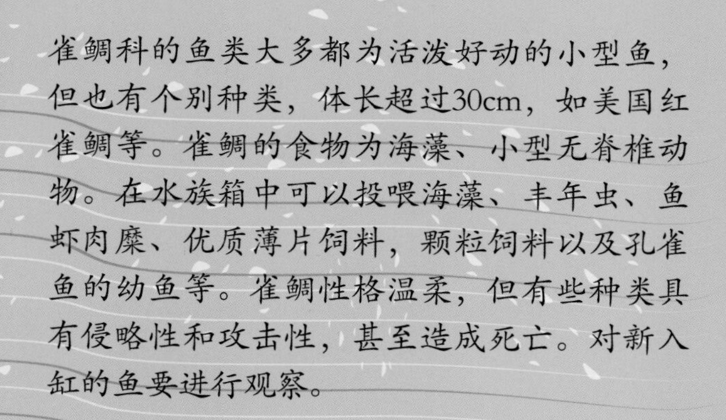

雀鲷科的鱼类大多都为活泼好动的小型鱼，但也有个别种类，体长超过30cm，如美国红雀鲷等。雀鲷的食物为海藻、小型无脊椎动物。在水族箱中可以投喂海藻、丰年虫、鱼虾肉糜、优质薄片饲料，颗粒饲料以及孔雀鱼的幼鱼等。雀鲷性格温柔，但有些种类具有侵略性和攻击性，甚至造成死亡。对新入缸的鱼要进行观察。

白条双锯鱼

分类：鲈形目，雀鲷科，双锯鱼属
拉丁名：*Amphiprion frenatus*
俗名：红小丑。鱼体红色，幼鱼体侧有2~3条白色横带，成鱼后仅剩头部1条，并且随生长雌鱼体侧会长出1块黑斑且越来越大。栖息于珊瑚礁海域浅水处，与海葵共生。性格温柔，以浮游动物、其他鱼类的卵子、海藻为食。最大体长：15cm。光照：明亮。分布：西太平洋。

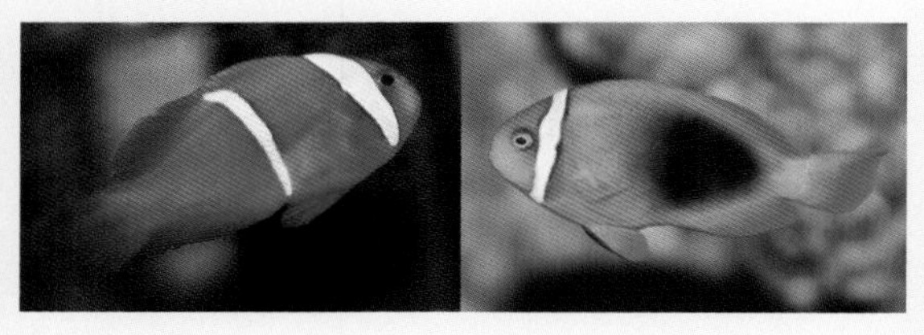

幼鱼　　雌鱼

雄鱼

黑斑双锯鱼

分类：鲈形目，雀鲷科，双锯鱼属
拉丁名：*Amphiprion melanopus*

俗名：黑红小丑。鱼体红色，腹部有1块大黑斑，头部有1条白色横带，背鳍、胸鳍及尾鳍红色，腹鳍与臀鳍黑色。栖息于珊瑚礁海域与海葵共生。性格温柔，以浮游动物、其他鱼类的卵、藻类为食。最大体长：13cm。光照：明亮。分布：中部太平洋及澳大利亚北部海域。

大眼双锯鱼

分类：鲈形目，雀鲷科，双锯鱼属
拉丁名：*Amphiprion ephippium*
俗名：印度红小丑。鱼体红色，幼鱼体侧有2~3条白色横带，成鱼无白色横带。栖息于珊瑚礁海域与海葵共生。性格温柔，以小型浮游动物、其他鱼类的卵及海藻为食。最大体长：10cm。光照：明亮。分布：印度洋。

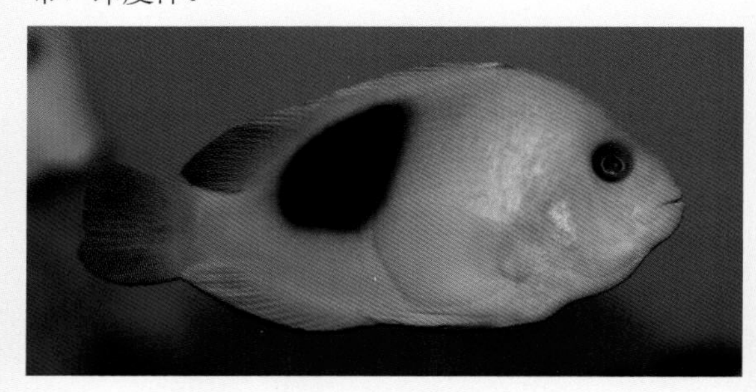

睛斑双锯鱼

分类：鲈形目，雀鲷科，双锯鱼属
拉丁名：*Amphiprion ocellaris*
俗名：公子小丑。鱼体橘红色，有3条白色横带。栖息于珊瑚礁海域水深2~15m浅水处，与海葵共生。性格温柔，以浮游动物、藻类为食。最大体长：15cm。光照：明亮。分布：印度洋—西太平洋。

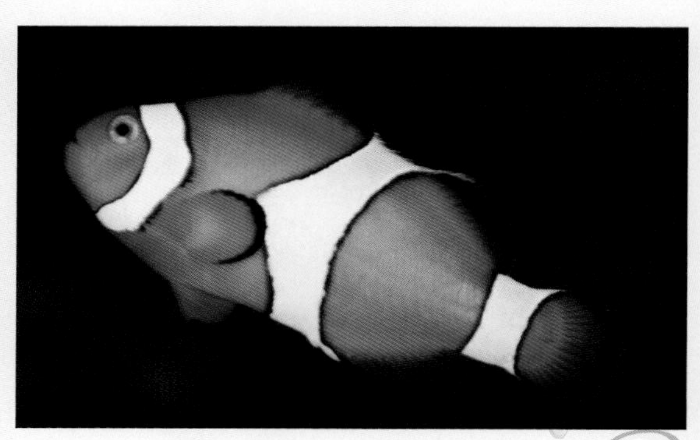

海葵双锯鱼

分类：鲈形目，雀鲷科，双锯鱼属
拉丁名：*Amphiprion percula*
俗名：黑背心。与睛斑双锯鱼不同的是白色横带具有黑边。栖息于珊瑚礁海域与海葵共生。性格温柔，以浮游动物、其他鱼类的卵、藻类为食。最大体长：14cm。光照：明亮。分布：西太平洋。

菲律宾产

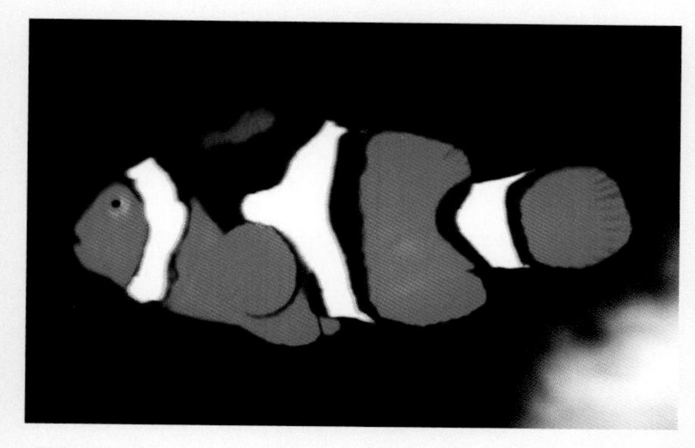

所罗门产

海葵双锯鱼（变异种）

分类：鲈形目，雀鲷科，双锯鱼属
拉丁名：*Amphiprion percula*
俗名：毕加索。此种鱼是在人工养殖下，近亲交配的变异种，体侧的白色横纹变化很大，几乎没有花纹完全一样的两条鱼。性格温柔，以糠虾、丰年虾、人工饵料为食。最大体长：14cm。光照：明亮。分布：人工环境。

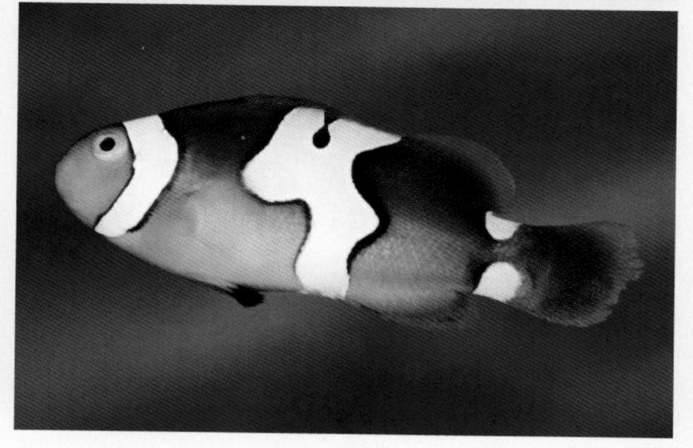

海葵双锯鱼（白化种）

分类：鲈形目，雀鲷科，双锯鱼属
拉丁名：*Amphiprion percula*
俗名：白金小丑。人工繁殖条件下，近亲交配产生的白化种。与海葵共生。性格温柔，以糠虾、丰年虾、人工饵料为食。最大体长：14cm。光照：明亮。分布：人工环境。

眼斑双锯鱼（地域变异种）

分类：鲈形目，雀鲷科，双锯鱼属
拉丁名：*Amphiprion ocellaris var*
俗名：黑公子小丑。全身黑色，有3条白色横带。栖息于珊瑚礁海域与海葵共生。性格温柔，以小型浮游动物为食。最大体长：14cm。光照：明亮。分布：澳大利亚大堡礁。

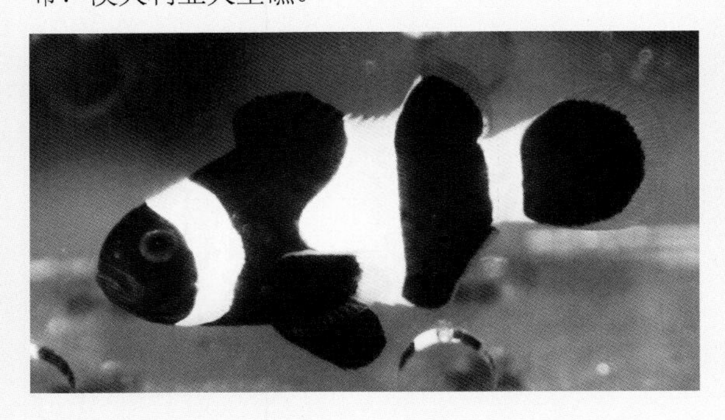

大堡礁双锯鱼（人工繁育）

分类：鲈形目，雀鲷科，双锯鱼属
拉丁名：*Amphiprion akindynos*
俗名：白眉双带。鱼体黑色至黑褐色，体侧有2条白色横带，尾柄白色，眼睛上方有1条短白色，尾鳍后缘有白边。栖息于珊瑚礁海域与海葵共生。性格温柔，以浮游动物、丰年虫为食。最大体长：13cm。光照：明亮。分布：印度洋—太平洋。

三带双锯鱼

分类：鲈形目，雀鲷科，双锯鱼属
拉丁名：*Amphiprion tricinctus*
俗名：所罗门黑双带。全身黑褐色至黑色，体侧有2条白色横带，尾鳍白色，背鳍黑色，其他各鳍褐色。栖息于珊瑚礁海域与海葵共生。性格温柔，以浮游动物、其他鱼类的卵、海藻为食。最大体长：15cm。光照：明亮。分布：中部太平洋。

克氏双锯鱼

分类：鲈形目，雀鲷科，双锯鱼属
拉丁名：*Amphiprion clarkii*
俗名：金双带。鱼体背部黑色，头部及腹部橙黄色，体侧有2条白色横带，尾柄有1条白色横带；雌鱼尾鳍白色；变异种尾鳍白色带黄边。栖息于珊瑚礁海域与海葵共生。性格温柔，以小型无脊椎动物、藻类为食。最大体长：14cm。光照：明亮。分布：印度洋—西太平洋。

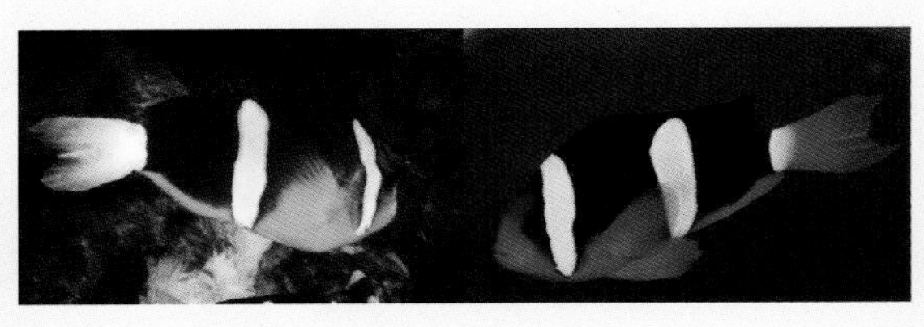

雌鱼　　雄鱼

雄体色变异

阿拉双锯鱼

分类：鲈形目，雀鲷科，双锯鱼属
拉丁名：*Amphiprion allardi*
俗名：所罗门金双带。鱼体黑色，头部、腹部和各鳍为金黄色，体侧有2条白色横带，尾柄1条白色横带。栖息于珊瑚礁海域与海葵共生。性格温柔，以小型无脊椎动物、藻类为食。最大体长：11cm。光照：明亮。分布：中部太平洋。

二带双锯鱼

分类：鲈形目，雀鲷科，双锯鱼属
拉丁名：*Amphiprion bicintus*
俗名：黑双带。鱼体褐色至黑褐色，体侧有2条白色横带，尾柄及尾鳍均为白色，其他各鳍呈黑色或黑褐色。栖息于珊瑚礁海域与海葵共生。性格温柔，以浮游动物、其他鱼类的卵、海藻为食。最大体长：14cm。光照：明亮。分布：印度洋—太平洋。

黑尾双锯鱼

分类：鲈形目，雀鲷科，双锯鱼属
拉丁名：*Amphiprion fuscocaudatus*
俗名：印度金双带。全身黑色，头部及腹部黄色，体侧有2条白色横带，尾鳍黑色，尾柄及尾鳍上下叶白色。栖息于珊瑚礁海域与海葵共生。性格温柔，以无脊椎动物、海藻为食。最大体长：13cm。光照：明亮。分布：印度洋—太平洋。

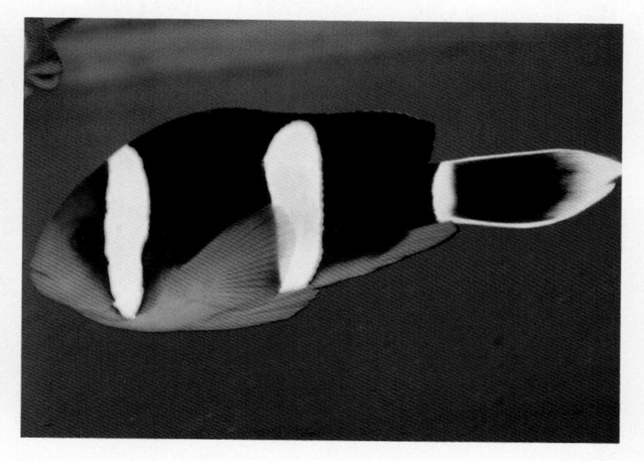

鞍斑双锯鱼

分类：鲈形目，雀鲷科，双锯鱼属
拉丁名：*Amphiprion polymnus*
俗名：鞍背小丑。头部及胸部为红褐色，体侧为黑色，头部有1条白色横带，背部有一白色鞍状斑。栖息于珊瑚礁海域与海葵共生，尤其喜欢地毯海葵。性格温柔，以浮游动物、其他鱼类卵、海藻为食。最大体长：10cm。光照：明亮。分布：西太平洋。

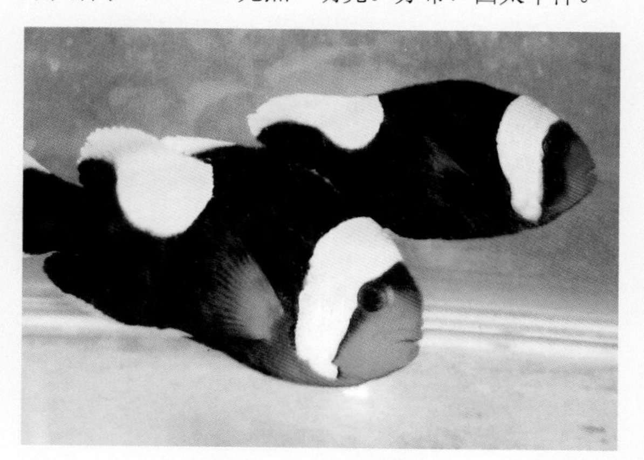

金腹双锯鱼

金腹双锯鱼

分类：鲈形目，雀鲷科，双锯鱼属
拉丁名：*Amphiprion pereula*
俗名：黑豹小丑。鱼体黑色，体侧有3条白色横带，背鳍鳍棘及尾鳍边缘白色。领地意识强。栖息于珊瑚礁海域与海葵共生。性格温柔，以浮游动物、其他鱼类的卵、海藻为食。最大体长：12cm。光照：明亮。分布：中、西部太平洋。

橘鳍双锯鱼

分类：鲈形目，雀鲷科，双锯鱼属
拉丁名：*Amphiprion chrysopterus*

体侧有3条白色横带，背鳍黄色，尾鳍白色。栖息于珊瑚礁海域与海葵共生。性格温柔，以浮游动物、藻类为食；可投喂糠虾、丰年虾。最大体长：11cm。光照：明亮。分布：印度洋西部马尔代夫周边海域。

橘鳍双锯鱼（变异种）

分类：鲈形目，雀鲷科，双锯鱼属
拉丁名：*Amphiprion chrysopterus var*
俗名：蓝带小丑。体侧有2条蓝色横带。与海葵共生。性格温柔，以小型无脊椎动物、藻类为食。最大体长：11cm。光照：明亮。分布：所罗门群岛。

宽带双锯鱼

分类：鲈形目，雀鲷科，双锯鱼属
拉丁名：*Amphiprion latezonatus*
俗名：澳洲黑双带。体侧有3条白色横带，其中中间的一条特别宽是其显著特点。栖息于珊瑚礁海域与海葵共生。性格温柔，以浮游动物、其他鱼类的卵为食；可投喂丰年虾、糠虾。最大体长：15cm。光照：明亮。分布：澳大利亚东部海域。

颈环双锯鱼

分类：鲈形目，雀鲷科，双锯鱼属
拉丁名：*Amphiprion perideraion*
俗名：咖啡小丑。鱼体粉红色，自头顶中央沿背鳍基底至尾柄有1条白色纵带。栖息于珊瑚礁海域与海葵共生。性格温柔，以浮游动物、藻类为食；可投喂丰年虾、糠虾。最大体长：9cm。光照：明亮。分布：西太平洋。

白背双锯鱼

分类：鲈形目，雀鲷科，双锯鱼属
拉丁名：*A mphiprion sandaracinos*
鱼体桔黄色，背部有一条白色纵带，与海葵共生。性格温柔，以浮游生物、藻类为食。最大体长：14cm。光照：明亮。分布：西太平洋。

背纹双锯鱼

分类：鲈形目，雀鲷科，双锯鱼属
拉丁名：*Amphiprion akallopisos*
俗名：银背小丑。鱼体粉褐色，背鳍及基底银白色。栖息于珊瑚礁波浪比较大的潟湖内，与海葵共生。性格温柔，以浮游动物、藻类为食；可投喂丰年虾、糠虾。最大体长：14cm。光照：明亮。分布：西太平洋。

希氏双锯鱼

分类：鲈形目，雀鲷科，双锯鱼属
拉丁名：*Amphiprion thiellei*

希氏双锯鱼

俗名：伯爵小丑。在体侧自头部经眼后有半条白色横带，背鳍及尾柄各有1个白色斑点。与海葵共生。性格温柔，以浮游动物、藻类为食；可投喂丰年虾、糠虾。最大体长：15cm。光照：明亮。分布：菲律宾周边海域。

黑双锯鱼

分类：鲈形目，雀鲷科，双锯鱼属
拉丁名：*Amphiprion nigripes*

俗名：玫瑰小丑。与希氏双锯鱼极为相似，只是背鳍与尾柄上无白斑。栖息于珊瑚礁海域水深2~25m处，与海葵共生。性格温柔，以浮游动物、藻类为食；可投喂丰年虾、糠虾。最大体长：12cm。光照：明亮。分布：马尔代夫－斯里兰卡之间的海域。

棘颊雀鲷

分类：鲈形目，雀鲷科，棘颊雀鲷属
拉丁名：*Premnas biaculeatus*

雌鱼　　雄鱼

体色变异　俗名“金透红”

俗名：透红小丑。鱼体椭圆形，体侧有3条白色横带，雄鱼体色为鲜艳的红色，雌鱼为褐色；有的体色发生变异，白色的横带变成黄色，俗名“金透红”。栖息于珊瑚礁海域与海葵共生。性格温柔，以浮游动物、藻类为食；可投喂丰年虾、糠虾。最大体长：18cm。光照：明亮。分布：印度洋—西太平洋。

史氏金翅雀鲷

分类：鲈形目，雀鲷科，金翅雀鲷属
拉丁名：*Chrysiptera starcki*
俗名：深水蓝魔。体侧为蓝色，自吻部经背鳍及基底至尾鳍后缘有1条黄色纵带，尾鳍黄色。栖息于珊瑚礁海域水深15~52m的礁石堆积处。性格温柔，以浮游生物、藻类为食。最大体长：10cm。光照：明亮。分布：西太平洋。

黄鳍金翅雀鲷

分类：鲈形目，雀鲷科，金翅雀鲷属
拉丁名：*Chrysiptera flavipinnis*

与史氏金翅雀鲷相似，只是腹部为白色，尾鳍、臀鳍、胸鳍透明。栖息于珊瑚礁中层水域。性格温柔，以小型无脊椎动物、藻类为食。最大体长：11cm。光照：明亮。分布：中部太平洋、澳大利亚大堡礁。

副金翅雀鲷

分类：鲈形目，雀鲷科，金翅雀鲷属
拉丁名：*Chrysiptera parasema*
俗名：黄尾蓝魔。鱼体呈蓝色，尾柄及尾鳍为黄色。栖息于珊瑚礁海域枝状珊瑚的上方，水深15m以内。性格温柔，以浮游动物、藻类为食；可投喂丰年虾、糠虾。最大体长：8cm。光照：明亮。分布：西太平洋。

半篮金翅雀鲷

分类：鲈形目，雀鲷科，金翅雀鲷属
拉丁名：*Chrysiptera hemicyanea*
俗名：半篮魔。腹鳍、臀鳍后部及背鳍后部黄色。栖息于珊瑚礁枝状珊瑚周边。性格温柔，以浮游动物、藻类为食。最大体长：20cm。光照：明亮。分布：西太平洋。

斯氏金翅雀鲷

分类：鲈形目，雀鲷科，金翅雀鲷属

拉丁名：*Chrysiptera springeri*

俗名：蓝宝石魔。鱼体蓝色，带不规则的黑斑。栖息于珊瑚礁枝状珊瑚周边。性格温柔，以浮游动物、藻类为食。最大体长：10cm。光照：明亮。分布：印度尼西亚。

陶波金翅雀鲷

分类：鲈形目，雀鲷科，金翅雀鲷属

拉丁名：*Chrysiptera taupou*

俗名：美国蓝魔。头部及体侧蓝色，腹部及尾柄黄色，胸鳍透明，其他各鳍黄色；雄鱼背鳍黄色。栖息于珊瑚礁水深较浅的海域。性格温柔，以小型无脊椎动物、藻类为食；可投喂丰年虾、糠虾。最大体长：7.5cm。光照：明亮。分布：中部太平洋。

雌鱼

雄鱼

勒克基斯雀鲷

分类：鲈形目，雀鲷科，金翅雀鲷属

拉丁名：*Chrysiptera rex*

俗名：蓝头雀。鱼体橙黄至粉红色，头部蓝色。栖息于珊瑚礁波浪带和潮间带，1~6m深的浅水区。性格温柔，以藻类为主的杂食性；可投喂丰年虾、糠虾。最大体长：11cm。光照：明亮。分布：印度洋—西太平洋。

幼鱼

成鱼

圆尾金翅雀鲷

分类：鲈形目，雀鲷科，金翅雀鲷属

拉丁名：*Chrysiptera cyanea*

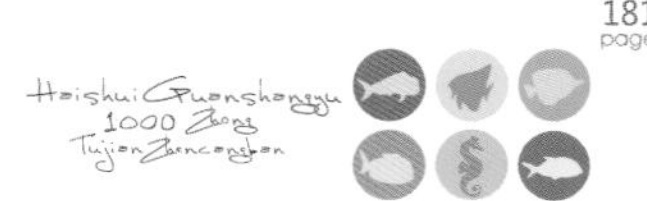

俗名：蓝魔。全身蓝色，雄鱼尾鳍蓝色并带有黑边，雌鱼尾鳍透明。栖息于水深10m以内的珊瑚礁海域。领地意识强烈，对侵入其领地的其他小型鱼类有攻击行为。性格温柔，以浮游动物、藻类为食；可投喂丰年虾、糠虾。最大体长：15cm。光照：明亮。分布：印度洋—西太平洋。

雄鱼

雌鱼

圆尾金翅雀鲷（体色变异种）

分类：鲈形目，雀鲷科，金翅雀鲷属
拉丁名：*Chrysiptera cyanea var*
俗名：金尾蓝魔。尾鳍黄色。栖息于水深10m左右的珊瑚礁海域。有领地行为，对侵入其领地的其他小型鱼类会进行攻击。性格温柔，以浮游动物、海藻为食。最大体长：8cm。光照：明亮。分布：马尔代夫、印度尼西亚、所罗门群岛。

塔氏金翅雀鲷

分类：鲈形目，雀鲷科，金翅雀鲷属
拉丁名：*Chrysiptera talboti*
俗名：金头雀。头部黄色，身体粉红色，背鳍后部基底有1块黑斑。栖息于珊瑚礁浅水处。性格温柔，但有打斗现象可造成鳍条损伤。以浮游动物、藻类为食。最大体长：10cm。光照：明亮。分布：中部太平洋、西太平洋及印度洋。

青金翅雀鲷

分类：鲈形目，雀鲷科，金翅雀鲷属
拉丁名：*Chrysiptera glauca*
俗名：关岛蓝魔。幼鱼蓝色，腹部白色，头部有黑色条纹；亚成鱼鱼体灰色；成鱼时全身变成灰白色。栖息于珊瑚礁潟湖中1m水深沙砾底上。性格温柔，以浮游动物、藻类为食。最大体长：12cm。光照：明亮。分布：印度洋—太平洋。

白带金翅雀鲷

分类：鲈形目，雀鲷科，金翅雀鲷属
拉丁名：*Chrysiptera leucopoma*
俗名：蓝线雀。幼鱼红褐色，背部有1条蓝色纵带，靠近背鳍处有一带蓝圈的黑色眼斑；亚成鱼灰色；成鱼体色为灰黑色。栖息于水深1~2m的珊瑚礁礁盘上或浅水处的乱石堆中。性格温柔，以小型甲壳类、藻类为食。最大体长：12cm。光照：明亮。分布：印度洋—太平洋。

幼鱼

亚成鱼

三带金翅雀鲷

分类：鲈形目，雀鲷科，金翅雀鲷属

拉丁名：*Chrysiptera tricincta*

俗名：三间魔。鱼体银白色，体侧有3条黑色横带，尾鳍橘红色。栖息于岩礁及珊瑚礁海域水深10~50m处。性格温柔，以浮游动物、藻类为食。最大体长：10cm。光照：明亮。分布：西太平洋。

双斑金雀鲷

分类：鲈形目，雀鲷科，金翅雀鲷属

拉丁名：*Chrysiptera biocellata*

俗名：波浪雀鲷。鱼体灰褐色，体侧有半条灰黄色横带，背鳍基底有一黑色眼斑。栖息于珊瑚礁潟湖内水深3m左右处。性格温柔，以藻类为食。最大体长：12cm。光照：明亮。分布：印度洋—太平洋。

黄色金翅雀鲷

分类：鲈形目，雀鲷科，金翅雀鲷属

拉丁名：*Chrysiptera galba*

俗名：深水黄魔。全身金黄色，胸鳍基部有1个不明显的褐色小斑点，眼眶有2条褐色细线。栖息于珊瑚礁海域枝状珊瑚附近。性格温柔，以小型无脊椎动物、藻类为食。最大体长：12cm。光照：明亮。分布：复活节岛周边海域。

霓虹雀鲷

分类：鲈形目，雀鲷科，雀鲷属

拉丁名：*Pomacentrus coelestis*

俗名：蓝天堂。鱼体蓝色，腹部白色，尾柄黄色。

领地意识强烈，同种间会发生争斗。栖息于岩礁及珊瑚礁海域水深5~10m的浅水处。性格温柔，以小型无脊椎动物、藻类为食。最大体长：10cm。光照：明亮。分布：印度洋—太平洋。

颊鳞雀鲷

分类：鲈形目，雀鲷科，雀鲷属

拉丁名：*Pomacentrus lepidogenys*

俗名：灰白雀鲷。鱼体灰白色，背部暗黄色，各鳍为半透明的黄色，胸鳍基部有一暗色小点。常单独或5~10尾小群活动于珊瑚礁海域水深10m左右处。性格温柔，以小型甲壳类、藻类为食。最大体长：12cm。光照：明亮。分布：印度洋—西太平洋。

摩鹿加雀鲷

分类：鲈形目，雀鲷科，雀鲷属

拉丁名：*Pomacentrus moluccensis*

俗名：黄魔。全身黄色，在胸鳍基底有1个小黑点。栖息于珊瑚礁海域枝状珊瑚茂盛水深1~14m处。同种间以及对其他小型鱼类有打斗现象。性格温柔，以浮游动物、藻类为食。最大体长：11cm。光照：明亮。分布：西太平洋。

安邦雀鲷

分类：鲈形目，雀鲷科，雀鲷属

拉丁名：*Pomacentrus amboinensis*

全身黄色至青灰色，各鳍较暗，侧线起点处及胸鳍基底各有一小黑点。栖息于珊瑚礁中或沙区珊瑚顶上。性格温柔，以浮游动物、藻类为食。最大体长：12cm。光照：明亮。分布：西太平洋。

奇雀鲷

分类：鲈形目，雀鲷科，雀鲷属

拉丁名：*Pomacentrus sulfureus*

俗名：红海黄魔。鱼体黄色，胸鳍基底有1块较大的黑斑。栖息于珊瑚礁枝状珊瑚周边。性格温柔，以小型无脊椎动物、藻类为食。最大体长：10cm。光照：明亮。分布：红海。

长崎雀鲷

分类：鲈形目，雀鲷科，雀鲷属
拉丁名：*Pomacentrus nagasakiensis*
俗名：蓝魔。幼鱼全身蓝色，背鳍后缘有1个黑色眼斑；成鱼后体色蓝黑至黑褐色。栖息于珊瑚礁潟湖内水深1~30m处。性格温柔，以浮游动物、藻类为食。最大体长：12cm。光照：明亮。分布：印度洋—西太平洋。

斑卡雀鲷

分类：鲈形目，雀鲷科，雀鲷属
拉丁名：*Pomacentrus bankanensis*
俗名：红头雀。鱼体头部及背部棕红色，腹部棕黄色，头部有3条蓝色细纵纹。栖息于珊瑚礁海域水深10m以内。性格温柔，以浮游动物、藻类为食。最大体长：11cm。光照：明亮。分布：西太平洋。

蓝黄雀鲷

分类：鲈形目，雀鲷科，雀鲷属
拉丁名：*Pomacentrus coeruleus*
俗名：蓝天堂。腹部黄色，背部蓝色在光线的照射下会反射出很强的金属光泽。栖息于珊瑚礁海域及岩礁海湾的浅水处，有很强的领地意识。性格温柔，以小型无脊椎动物、海藻为食。最大体长：12cm。光照：明亮。分布：中部太平洋。

阿伦氏雀鲷

分类：鲈形目，雀鲷科，雀鲷属
拉丁名：*Pomacentrus alleni*
俗名：子弹魔。鱼体蓝色，臀鳍黄色带蓝点，尾鳍下叶黑色。常成群栖息于珊瑚礁潮间带的浅水处。性格温柔，以小型无脊椎动物、海藻为食。最大体长：8cm。光照：明亮。分布：东部印度洋。

孔雀雀鲷

分类：鲈形目，雀鲷科，雀鲷属
拉丁名：*Pomacentrus pavo*

孔雀雀鲷

俗名：青玉雀。鱼体通身蓝色，每一鳞片的中央有一褐色小点，成鱼后体色变成褐色，全身散布蓝色斑点。栖息于珊瑚礁潟湖中，领地意识强烈。性格温柔，以小型无脊椎动物、海藻为食。最大体长：13cm。光照：明亮。分布：印度洋—太平洋。

王子雀鲷

分类：鲈形目，雀鲷科，雀鲷属

拉丁名：*Pomacentrus vaiuli*

俗名：眼斑雀鲷。鱼体棕色，每一鳞片的中央都有2~3个蓝黑色的小点，从而组成细密的蓝黑色纹，至鱼体后半部全都成为蓝色，背鳍上有一眼斑。栖息于珊瑚礁外缘斜面水深1~40m处，单独活动于礁岩缝隙，洞穴中。性格温柔，以藻类为主，也少量摄食死珊瑚，浮游动物。最大体长：15cm。光照：明亮。分布：太平洋。

菲律宾雀鲷

分类：鲈形目，雀鲷科，雀鲷属

拉丁名：*Pomacentrus philippinus*

鱼体蓝黑色，背鳍和臀鳍末端黄色，尾鳍黄色，与黄尾新雀鲷的区别之处是本种侧线起点处无黑斑。栖息于珊瑚礁斜面悬崖处，常单独或小群活动于水深10m左右处。性格温柔，以小型无脊椎动物、藻类为食。最大体长：13cm。光照：明亮。分布：印度洋—西太平洋。

三斑雀鲷

分类：鲈形目，雀鲷科，雀鲷属

拉丁名：*Pomacentrus tripunctatus*

鱼体褐色，侧线起点处有一小黑点，幼鱼时背鳍上有一眼斑。栖息于水质较浑浊的港湾或珊瑚礁浅水处。性格温柔，以小型无脊椎动物及藻类为食。最大体长：11cm。光照：柔和。分布：印度洋—西太平洋。

澳大利亚雀鲷

分类：鲈形目，雀鲷科，雀鲷属

拉丁名：*Pomacentrus australis*

俗名：澳洲蓝魔。幼鱼时身体为淡蓝色，成鱼后身体逐渐变成蓝黑色。栖息于珊瑚礁海域藻类茂密处。性格温柔，以藻类为食。最大体长：11cm。光照：明亮。分布：澳大利亚大堡礁。

金尾雀鲷

分类：鲈形目，雀鲷科，雀鲷属

拉丁名：*Pomacentrus chrysurus*

鱼体黑褐色，背鳍、腹鳍、臀鳍黑褐色带蓝边，尾鳍白色。栖息于珊瑚礁潟湖内，栖息水深3m左右。性格温柔，以小型无脊椎动物、藻类为食。最大体长：12cm。光照：明亮。分布：印度洋—西太平洋。

条尾新雀鲷

分类：鲈形目，雀鲷科，新雀鲷属

拉丁名：*Neopomacentrus taeniurus*

俗名：燕尾雀。全身黑色，背鳍黑色外缘有1条蓝边末端黄色，尾鳍黄色，上下叶黑色。成群活动于岩石沿岸和泥沙底的海湾处。性格温柔，以浮游动物、小型无脊椎动物为食。最大体长：11cm。光照：明亮。分布：印度洋—西太平洋。

黄尾新雀鲷

分类：鲈形目，雀鲷科，新雀鲷属

拉丁名：*Neopomacentrus azysron*

俗名：黄尾雀。鱼体黄色偏蓝，背鳍后半部、尾柄及尾鳍黄色，侧线起点处及胸鳍基部各有一小黑斑。栖息于珊瑚礁斜面水深1~12m波浪冲击拍打处。性格温柔，以浮游动物、小型甲壳类为食。最大体长：6cm。光照：明亮。分布：印度洋—西太平洋。

蓝黑新雀鲷

分类：鲈形目，雀鲷科，新雀鲷属
拉丁名：*Neopomacentrus cyanomos*
俗名：魔鬼雀。鱼体蓝灰色，眼后鳃盖上方有一暗色斑，背鳍后缘及尾鳍无色透明。栖息于岩礁及内湾处的泥沙底质的海域。性格温柔，以无脊椎动物、藻类为食。最大体长：12cm。光照：明亮。分布：印度洋—西太平洋。

双斑光鳃鱼

分类：鲈形目，雀鲷科，光鳃鱼属
拉丁名：*Chromis margaritifer*

俗名：半身魔。全身黑色，尾柄及尾鳍白色。栖息于珊瑚礁海域水深15m左右处。性格温柔，以浮游动物、藻类为食。最大体长：6cm。光照：明亮。分布：太平洋。

双色光鳃鱼

分类：鲈形目，雀鲷科，光鳃鱼属
拉丁名：*Chromis dimidiate*
俗名：印度半身魔。前半身褐色，从背鳍中部至臀鳍前端的后半身为白色。栖息于珊瑚礁海域洞穴附近。性格温柔，以无脊椎动物、藻类为食。最大体长：9cm。光照：明亮。分布：印度洋—太平洋。

艾伦光鳃鱼

分类：鲈形目，雀鲷科，光鳃鱼属
拉丁名：*Chromis alleni*
俗名：巧克力半身魔。鱼体暗褐色，头部淡蓝色，尾鳍白色。栖息于珊瑚礁斜面水深10~30m处。性格温柔，以小型无脊椎动物为食。最大体长：8cm。光照：明亮。分布：西北太平洋。

长棘光鳃鱼

长棘光鳃鱼

分类：鲈形目，雀鲷科，光鳃鱼属
拉丁名：*Chromis chrysura*
俗名：白尾雀。全身暗褐色，背鳍及臀鳍末端白色，尾柄及尾鳍白色，上下叶边缘有非常窄的暗色带。栖息于珊瑚礁礁体斜面水深6~30m处。性格温柔，以浮游动物、藻类为食。最大体长：15cm。光照：明亮。分布：印度洋—西太平洋。

侏儒光鳃鱼

分类：鲈形目，雀鲷科，光鳃鱼属
拉丁名：*Chromis acares*

俗名：侏儒雀。鱼体蓝灰色，头部淡黄色，尾鳍上下叶外缘黄色。栖息于珊瑚礁海域枝状珊瑚茂盛的浅水处。性格温柔，以无脊椎动物、藻类为食。最大体长：9cm。光照：明亮。分布：印度洋—西太平洋。

白斑光鳃鱼

分类：鲈形目，雀鲷科，光鳃鱼属
拉丁名：*Chromis albomaculata*
鱼体黑色，每一鳞片中央有一灰白色小点，背鳍后端、臀鳍后端及尾鳍软条部分为灰白色。栖息于岩礁海域水深20~40m处。性格温柔，以小型无脊椎动物、藻类为食。最大体长：15cm。光照：明亮。分布：西北太平洋。

长臂光鳃鱼

分类：鲈形目，雀鲷科，光鳃鱼属
拉丁名：*Chromis analis*
俗名：白尾黄雀鲷。鱼体黄色，由侧线向上逐渐变暗，到背部变成灰褐色。单独或小群活动于岩礁海域水深20~70m处。性格温柔，以小型无脊椎动物、藻类为食。最大体长：10cm。光照：明亮。分布：印度洋—西太平洋。

腋斑光鳃鱼

分类：鲈形目，雀鲷科，光鳃鱼属
拉丁名：*Chromis atripes*
鱼体呈灰褐色，腹鱼和尾鳍延长呈丝状。单独或小群活动在岩礁斜面处，栖息水深10m左右。性格温柔，以浮游动物、小型甲壳类、藻类为食。最大体长：5cm。光照：明亮。分布：印度洋—西太平洋。

蓝绿光鳃鱼

分类：鲈形目，雀鲷科，光鳃鱼属
拉丁名：*Chromis viridis*
俗名：水银灯。背部青绿色，腹部银白色。栖息于珊瑚礁海域水深5~10m，枝状珊瑚丛生处。性格温柔，以浮游动物、藻类为食。最大体长：10cm。光照：明亮。分布：印度洋—太平洋。

绿光鳃鱼

分类：鲈形目，雀鲷科，光鳃鱼属
拉丁名：*Chromis atripectoralis*
俗名：青魔。与蓝绿光鳃鱼极其相似，区别之处是头部具蓝色斑点，胸鳍基部有一小的黑色斑，且体形稍大一些。单独或小群活动于珊瑚礁枝状珊瑚上方，遇有危险便钻入珊瑚丛中。性格温柔，以浮游动物、藻类为食。最大体长：13cm。光照：明亮。分布：印度洋—太平洋。

蓝光鳃鱼

分类：鲈形目，雀鲷科，光鳃鱼属

拉丁名：*Chromis altus*

全身紫蓝色，每一鳞片中央有一黑点，从而组成多条黑色纵带。常集结成大群活动于珊瑚礁外缘斜面，枝状珊瑚茂盛的地方，栖息水深2~55m。性格温柔，以浮游动物、小型甲壳类、藻类为食。最大体长：13cm。光照：明亮。分布：大西洋。

伊乐光鳃鱼

分类：鲈形目，雀鲷科，光鳃鱼属

拉丁名：*Chromis elerae*

俗名：台湾雀。鱼体灰褐色，背鳍及臀鳍基底各有一黄斑；幼鱼各鳍为蓝色。栖息于珊瑚礁水深20~30m处。性格温柔，以小型无脊椎动物、藻类为食。最大体长：10cm。光照：明亮。分布：印度洋—西太平洋。

双色光鳃鱼

分类：鲈形目，雀鲷科，光鳃鱼属

拉丁名：*Chromis hemicyanea*

俗名：双色蓝魔。由鳃盖下方至尾柄上方形成一条直线，其上方为蓝色，下方为黄色。常集结成大群活动于珊瑚礁上方。如果饲养空间狭小，同种间会出现打斗现象。性格温柔，以小型浮游动物、海藻为食。最大体长：9cm。光照：明亮。分布：东印度洋。

黄斑光鳃鱼

分类：鲈形目，雀鲷科，光鳃鱼属

拉丁名：*Chromis flavomaculata*

俗名：黄斑雀。鱼体青褐色，每一鳞片中央有一黄点，尾鳍黄色，胸鳍基底有一大圆形黑斑。常成大群活动于岩礁，珊瑚礁海域水深10~40m处。性格温柔，以小型无脊椎动物、藻类为食。最大体长：12cm。光照：明亮。分布：西太平洋。

烟色光鳃鱼

分类：鲈形目，雀鲷科，光鳃鱼属
拉丁名：*Chromis fumea*
全身灰褐色，胸鳍基底有一黑点。单独或小群活动于岩礁，珊瑚礁海域水深10~20m处。性格温柔，以小型无脊椎动物、藻类为食。最大体长：9cm。光照：明亮。分布：印度洋—西太平洋。

林氏光鳃鱼

分类：鲈形目，雀鲷科，光鳃鱼属
拉丁名：*Chromis limbaughi*
幼鱼时尾鳍上下叶延长呈丝状，身体前部呈蓝色，后部黄色；体长4cm以后黄色逐渐退去全部为蓝色。常小群活动于岩礁海域50~100m的深水处。性格温柔，以小型无脊椎动物、藻类为食。最大体长：10cm。光照：明亮。分布：东部太平洋。

闪烁光鳃鱼

分类：鲈形目，雀鲷科，光鳃鱼属
拉丁名：*Chromis nitida*
有一条黑线自吻端经眼睛斜向后上方直达背鳍末端，黑线上方为黄褐色，黑线下方为银白色。栖息于珊瑚礁海域枝状珊瑚茂密处，栖息水深5~25m。性格温柔，以无脊椎动物、藻类为食。最大体长：12cm。光照：明亮。分布：澳大利亚大堡礁东部海域。

卵形光鳃鱼

分类：鲈形目，雀鲷科，光鳃鱼属
拉丁名：*Chromis ovatiformis*
俗名：剪刀魔。幼鱼鱼体橄榄色，尾鳍延长呈丝状；成鱼鱼体灰褐色。栖息于珊瑚礁外缘悬崖峭壁处，栖息水深20m左右。性格温柔，以浮游动物、藻类为食。最大体长：7.5cm。光照：明亮。分布：西太平洋。

黑带光鳃鱼

分类：鲈形目，雀鲷科，光鳃鱼属
拉丁名：*Chromis retrofasciata*
俗名：黑线雀。体侧有1条黑色横带，自背鳍末端直至臀鳍末端，体色为灰褐色，尾柄白色。栖息于珊瑚礁海域水深5~65m的珊瑚丛中，单独或十余尾小群活动。性格温柔，以浮游动物、藻类为食。最大体长：9cm。光照：明亮。分布：西太平洋。

韦氏光鳃鱼

分类：鲈形目，雀鲷科，光鳃鱼属
拉丁名：*Chromis weberi*
鱼体褐色，每一鳞片中央有一灰色斑点，尾鳍上下缘为黑色。栖息于珊瑚礁海域枝状珊瑚丛中。性格温柔，以浮游动物、藻类为食。最大体长：12cm。光照：明亮。分布：印度洋—太平洋。

黑尾光鳃鱼

分类：鲈形目，雀鲷科，光鳃鱼属
拉丁名：*Chromis nigrura*
俗名：黑魔。鱼体背部黑色，腹部灰色。栖息于珊瑚礁潟湖内各水层。性格温柔，以小型无脊椎动物、藻类为食。最大体长：5cm。光照：明亮。分布：印度洋—西太平洋。

黑副凹齿鱼

分类：鲈形目，雀鲷科，副凹齿鱼属
拉丁名：*Paraglyphidon melas*
俗名：蓝翅雀。幼鱼背部金黄色，体侧白色，腹鳍及臀鳍外缘为蓝色；长成后全身均为黑色。幼鱼时生活在软珊瑚附近，成鱼后独居于岩礁罅穴中，栖息水层12m内。对体形小于自己的鱼类有攻击行为。性格温柔，以小型无脊椎动物、藻类为食。最大体长：17cm。光照：明亮。分布：印度洋—西太平洋。

亚成鱼　　幼鱼

成鱼

克氏新箭齿雀鲷

分类：鲈形目，雀鲷科，新箭齿雀鲷属
拉丁名：*Neoglyphidodon crossi*
俗名：火燕子。橘红色的身体上从吻端经眼睛上方至尾鳍上叶，有一条细的蓝色纵带；成鱼则变成黑灰色，且性格凶猛具强烈的攻击行为。栖息于珊瑚礁内湾及潟湖内有海流的地方。性格温柔，以珊瑚虫为食。最大体长：13cm。光照：明亮。分布：印度尼西亚巴厘岛周边海域。

成鱼

黑褐新箭齿雀鲷

分类：鲈形目，雀鲷科，新箭齿雀鲷属
拉丁名：*Neoglyphidodon nigroris*
俗名：帝王雀。4cm以下的幼鱼身体为黄色，有2条黑色纵带；成鱼时黑色纵带逐渐消失，鱼体全部为黄褐色。栖息于珊瑚礁斜面水深2~23m处。性格温柔，以浮游动物、藻类为食。最大体长：15cm。光照：明亮。分布：印度洋—西太平洋。

幼鱼

闪光新箭齿雀鲷

分类：鲈形目，雀鲷科，新箭齿雀鲷属
拉丁名：*Naraglyphidodon oxyodon*
俗名：蓝丝绒。蓝黑色的体色，从吻端经眼睛的上下方各有1条浅蓝色的纵带斜向背鳍，体侧中央有1条白色横带贯通上下。单独活动于珊瑚礁潟湖中波浪小的地方，具领地行为，对水质条件要求较高。性格温柔，以小型无脊椎动物、藻类为食。最大体长：5cm。光照：明亮。分布：西太平洋，主要分部于菲律宾南部海域。

跟踪拍摄一年后的模样

眼斑椒雀鲷

分类：鲈形目，雀鲷科，椒雀鲷属
拉丁名：*Plectroglyphidodon lacrymatus*
俗名：蓝星雀鲷。在灰褐色的鱼体上，靠近背鳍处散布着许多带有金属光泽的蓝色小圆点；幼鱼时蓝点较大。栖息于珊瑚礁内、外缘，水深2~10m处。领地意识强烈，宜单独饲养。性格温柔，以小型无脊椎动物、海藻为食。最大体长：13cm。光照：明亮。分布：印度洋—太平洋。

羽状椒雀鲷

分类：鲈形目，雀鲷科，椒雀鲷属
拉丁名：*Plectroglyphidodon imparipennis*
俗名：印尼三色雀鲷。鱼体色淡灰色，头背部暗绿色。栖息于珊瑚礁暴露的礁盘上。性格温柔，以珊瑚虫、藻类为食。最大体长：4.5cm。光照：明亮。分布：印度洋—太平洋。

孟加拉豆娘鱼

分类：鲈形目，雀鲷科，豆娘鱼属
拉丁名：*Abudefduf bengalensis*
俗名：七带雀。鱼体银白色，体侧有7条黑色细横带。单独或小群活动于岩礁海域水深6m以内的浅水处。性格温柔，以腹足类、小蟹、藻类为食。最大体长：17cm。光照：明亮。分布：西太平洋。

六带豆娘鱼

分类：鲈形目，雀鲷科，豆娘鱼属
拉丁名：*Abudefdus sexfasciatus*
俗名：六线雀。体侧有5条黑色横带，尾鳍上下缘黑色。常大群活动于珊瑚礁水深1~12m处。性格温柔，以浮游动物、藻类为食。最大体长：15cm。光照：明亮。分布：印度洋—太平洋 。

豆娘鱼

分类：鲈形目，雀鲷科，豆娘鱼属
拉丁名：*Abudefduf sordidus*
俗名：五间雀。体侧有5条黑色横带，尾柄上方有一黑斑。栖息于岩礁海域水深3m以内，波浪平稳的潮池内。性格温柔，以藻类为主，兼食小型无脊椎动物。最大体长：20cm。光照：明亮。分布：印度洋—太平洋。

五带豆娘鱼

分类：鲈形目，雀鲷科，豆娘鱼属
拉丁名：*Abudefduf vaigiensis*
俗名：五线雀。鱼体银灰色，体侧有5条黑色横带，背部黄绿色。常集群活动于珊瑚礁及岩礁海域水深1~12m处。性格温柔，以小型无脊椎动物、藻类为食。最大体长：20cm。光照：明亮。分布：印度洋—太平洋。

金凹牙豆娘鱼

分类：鲈形目，雀鲷科，凹牙豆娘鱼属
拉丁名：*Amblygphidodon aureus*
俗名：黄金雀。鱼体鲜黄色，腹部色浅背部色暗并逐渐过渡到黄褐色。常单独或小群活动于海扇（角珊瑚之一种）的周围，栖息水深12~35m处。性格温柔，以浮游动物、藻类为食。最大体长：13cm。光照：明亮。分布：西太平洋。

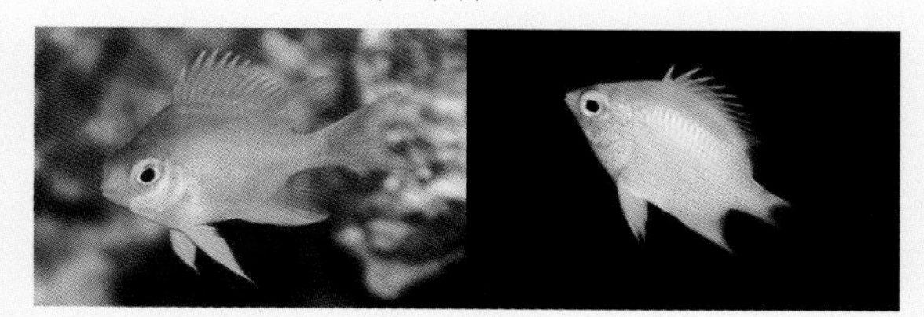

幼鱼　幼鱼

成鱼

库拉索凹牙豆娘鱼

分类：鲈形目，雀鲷科，凹牙豆娘鱼属
拉丁名：*Amblyglyphidodon curacao*

俗名：黑吻雀。鱼体黄绿色至褐色，体侧有数条不明显的黑色宽横带。栖息于珊瑚礁及沿岸港湾水深1~15m处。性格温柔，以浮游动物、藻类为食。最大体长：14cm。光照：明亮。分布：西太平洋。

白腹凹牙豆娘鱼

分类：鲈形目，雀鲷科，凹牙豆娘鱼属
拉丁名：*Amblyglyphidodon leucogaster*
俗名：黄翅雀。腹部淡黄色，背部灰褐色，胸鳍透明基部有1个小黑点，腹鳍、臀鳍黄色。单独活动于珊瑚礁潟湖内珊瑚茂盛的地方。性格温柔，以浮游动物、藻类为食。最大体长：15cm。光照：明亮。分布：印度洋—西太平洋。

平颔凹齿豆娘鱼

分类：鲈形目，雀鲷科，凹牙豆娘鱼属
拉丁名：*Amblyglyphidodon ternatensis*

俗名：青魔。鱼体灰绿色，头顶色暗呈深灰色，体侧无斑纹。栖息于枝状珊瑚丛中。性格温柔，以浮游动物、藻类为食。最大体长：14cm。光照：明亮。分布：西太平洋。

白宅泥鱼

分类：鲈形目，雀鲷科，宅泥鱼属
拉丁名：*Dascyllus albisella*
俗名：三点白。全身黑色，头顶及背部中央两侧各有一白斑。栖息于珊瑚礁悬崖边，栖息水深45m左右。性格温柔，以浮游动物、藻类为食。最大体长：13cm。光照：明亮。分布：巴厘岛周边海域。

宅泥鱼

分类：鲈形目，雀鲷科，宅泥鱼属
拉丁名：*Dascyllus aruanus*
俗名：三间雀。鱼体白色，体侧有3条黑色横带。栖息于珊瑚礁水深1~12m，鹿角珊瑚和柳珊瑚茂密处。性格温柔，以底栖动物、浮游动物、藻类为食。最大体长：10cm。光照：明亮。分布：印度洋—西太平洋。

肉色宅泥鱼

分类：鲈形目，雀鲷科，宅泥鱼属
拉丁名：*Dascyllus carneus*
俗名：二间雀。鱼体灰白色，体前部有1条黑色横带，背鳍、臀鳍黑色。常小群活动于枝状珊瑚周围，亦活动于潟湖中较深水域。性格温柔，以浮游动物、藻类为食。最大体长：10cm。光照：明亮。分布：印度洋。

幼鱼

成鱼

黑尾宅泥鱼

分类：鲈形目，雀鲷科，宅泥鱼属
拉丁名：*Dascyllus melanurus*
俗名：四间雀。鱼体白色，体侧有3条黑色横带，尾鳍后缘大部分为黑色。栖息于珊瑚礁海域礁池、海湾、海口等水深1~10m的浅水处。性格温柔，以浮游动物、海鞘、其他鱼类的鱼卵、虾蟹幼体、藻类等为食。最大体长：10cm。光照：明亮。分布：太平洋热带海域。

灰边宅泥鱼

分类：鲈形目，雀鲷科，宅泥鱼属
拉丁名：*Dascyllus marginatus*
俗名：达摩雀鲷。体侧自头顶至臀鳍后缘为界，此前为灰褐色，此后为灰黄色。栖息于珊瑚礁海域浅水处，单独活动，领地意识较强。性格温柔，以小型无脊椎动物、海藻为食。最大体长：12cm。光照：明亮。分布：红海。

网斑宅泥鱼

分类：鲈形目，雀鲷科，宅泥鱼属
拉丁名：*Dascyllus reticulates*
体侧有2条黑色横带。成小群活动于枝状珊瑚周边。

性格温柔，以浮游动物、藻类为食。最大体长：10cm。光照：明亮。分布：太平洋。

三斑宅泥鱼

分类：鲈形目，雀鲷科，宅泥鱼属
拉丁名：*Dascyllus trimaculatus*
俗名：三点白。全身黑色，在头顶及身体两侧靠近背鳍基底各有1个白斑。栖息于珊瑚礁水深1~55m处。幼鱼时与海葵共生，成鱼后成群活动于珊瑚礁斜面，领地意识极强，在水族箱中有攻击其他鱼类的行为。性格温柔，以小虾蟹、浮游动物、藻类为食。最大体长：14cm。光照：明亮。分布：印度洋—太平洋。

成鱼　　银将军

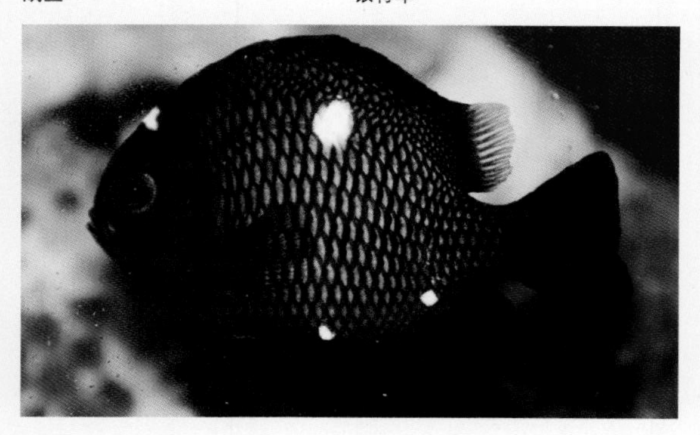

幼鱼

三斑宅泥鱼（变异种）

分类：鲈形目，雀鲷科，宅泥鱼属
拉丁名：*Dascyllus trimaculatus var*
俗名：金将军。金黄色的三斑宅泥鱼。栖息于珊瑚礁水深1~55m处。幼鱼时与海葵共生，成鱼后成群游泳于珊瑚礁斜面，领地意识极强。性格温柔，以小虾蟹、浮游动物、藻类为食。最大体长：14cm。光照：明亮。分布：印度洋—太平洋。

锯唇鱼

分类：鲈形目，雀鲷科，锯唇鱼属
拉丁名：*Cheiloprion labiatus*
俗名：彩虹雀鲷。幼鱼背部有一带蓝边的黑色眼斑，眼睛上下各有1条蓝色纵带；成鱼后背部眼斑及蓝色纵带消失，体色为一致的暗褐色。栖息于珊瑚礁内湾枝状珊瑚茂盛的地方。性格温柔，以藻类及珊瑚虫为食。最大体长：11cm。光照：明亮。分布：印度洋—西太平洋。

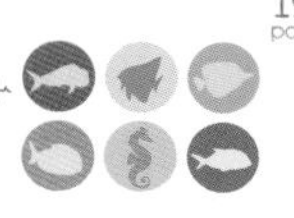

黑斑盘雀鲷

黑斑盘雀鲷

分类：鲈形目，雀鲷科，盘雀鲷属
拉丁名：*Dischistodus melanotus*
俗名：白肚雀。从吻部下端斜向后上方至背鳍软条前方为界，上半部为黑褐色，下半部为银白色，头部下方黄褐色，腹部有一圆形黑色斑。栖息于珊瑚礁波浪平稳的潟湖内。性格温柔，以无脊椎动物、藻类为食。最大体长：12cm。光照：明亮。分布：西太平洋。

显盘雀鲷

分类：鲈形目，雀鲷科，盘雀鲷属
拉丁名：*Dischistodus perspicillatus*

俗名：云雀。全身白色，背部有3个黑斑。栖息于珊瑚礁潟湖内，沙质海底的浅水处。领地意识强烈，对进入其领地的鱼类有激烈的攻击行为。性格温柔，以无脊椎动物、藻类为食。最大体长：18cm。光照：明亮。分布：印度洋—西太平洋。

多刺棘光鳃鲷

分类：鲈形目，雀鲷科，棘光鳃鲷属
拉丁名：*Acanthochromis polyacanthus*
俗名：橙线雀。幼鱼时全身黑色，体侧自鳃盖后方至尾柄有1条橙黄色纵线；成鱼后橙色线消失，全身黑色。栖息于成群生活在珊瑚礁礁盘上。性格温柔，以无脊椎动物、藻类为食；最大体长：10cm。光照：明亮。分布：印度洋。

高欢雀鲷

分类：鲈形目，雀鲷科，高欢雀鲷属
拉丁名：*Hypsypops rubicunda*

俗名：美国红雀鲷。全身红色，幼鱼身上有蓝色斑点，是一种特大型雀鲷，为世界野生保护动物。性格温柔，以甲壳类、藻类为食。最大体长：36cm。光照：明亮。分布：东部太平洋，加利福尼亚东部海域。

背斑眶锯雀鲷

分类：鲈形目，雀鲷科，眶锯雀鲷属
拉丁名：*Stegastes altus*
幼鱼前半部红褐色，每一鳞片外缘黑色，后半部白色或黄色；成鱼完全变成黑色。栖息于岩礁海域水深5~20m处。性格温柔，以无脊椎动物、藻类为食。最大体长：15cm。光照：明亮。分布：西北太平洋。

漫游眶锯雀鲷

分类：鲈形目，雀鲷科，眶锯雀鲷属
拉丁名：*Stegastes planifrons*
俗名：美国三斑雀鲷。鱼体橘红色，背鳍及尾柄上方各有一黑色斑点。栖息于珊瑚礁海域海藻丛生处。性格温柔，以无脊椎动物、藻类为食。最大体长：13cm。光照：明亮。分布：大西洋。

杂色眶锯雀鲷

分类：鲈形目，雀鲷科，眶锯雀鲷属
拉丁名：*Stegastes variabilis*
俗名：可可雀鲷。幼鱼体侧及腹部黄色，背部蓝色，尾鳍后部基底有1个黑色眼斑；成鱼鱼体全部变成棕黄色。栖息于珊瑚礁海域中上层。性格温柔，以小型无脊椎动物、藻类为食。最大体长：13cm。光照：明亮。分布：东部太平洋可可岛周边海域。

短头钝雀鲷

分类：鲈形目，雀鲷科，钝雀鲷属
拉丁名：*Amohlypomacwntrus breviceps*
俗名：三色魔。鱼体银白色，体侧有3条黑色横带，

短头钝雀鲷

尾柄处有一黑色斑点。小群活动于珊瑚礁泥沙底质的潟湖中，也栖息于海绵丛生的地方，栖息水深2~35m。性格温柔，以底栖无脊椎动物、藻类为食。最大体长：8cm。光照：明亮。分布：印度洋—西太平洋。

小鳞盾豆娘鱼

分类：鲈形目，雀鲷科，波鱼属
拉丁名：*Parma microlepis*
俗名：红尾雀。幼鱼全身橘红色，背鳍中央有1个带蓝边的黑色眼斑，眼眶上方有1条蓝色纵带，全身散布蓝色斑点；成鱼体色变成灰褐色。栖息于岩礁海域中层。性格温柔，以无脊椎动物、藻类为食。最大体长：30cm。光照：明亮。分布：新西兰。

复瓦眶锯雀鲷

分类：鲈形目，雀鲷科，眶锯雀鲷属
拉丁名：*Stegastes imbricate*
俗名：假蓝魔。鱼体浅灰色，每一鳞片上具一蓝色斑点。栖息于珊瑚礁海域，水深1~20m。性格温柔，以小型无脊椎动物、藻类为食。最大体长：13cm。光照：柔和。分布：大西洋东部热带海域。

金色小叶齿鲷

分类：鲈形目，雀鲷科，小叶齿鲷属
拉丁名：*Microspathodon chrysurus*
俗名：珠宝魔。幼鱼时蓝黑色，全身布满天蓝色小圆点，尾鳍白色；成鱼时体色变成黄色至黄褐

色，蓝点逐渐变得模糊或消失。栖息于岩礁海域水深2~25m处。性格温柔，但同种间有猛烈的打斗行为，属杂食性。最大体长：20cm。光照：明亮。分布：加勒比海。

长雀鲷

分类：鲈形目，雀鲷科，长雀鲷属
拉丁名：*Lepidozygus tapeinosoma*
俗名：印尼三色魔。背部灰褐色，体侧具金属蓝色，腹部银白色。栖息于珊瑚礁海域潟湖内，呈小群活动。性格温柔，以小型无脊椎动物、藻类为食。最大体长：12cm。光照：明亮。分布：中部太平洋－印度洋。

鹰䲗

鹰䲗属于䲗科，领地意识极强，独自居住在岩礁或珊瑚礁的洞穴之中。性格凶猛，专门偷袭小型鱼虾。

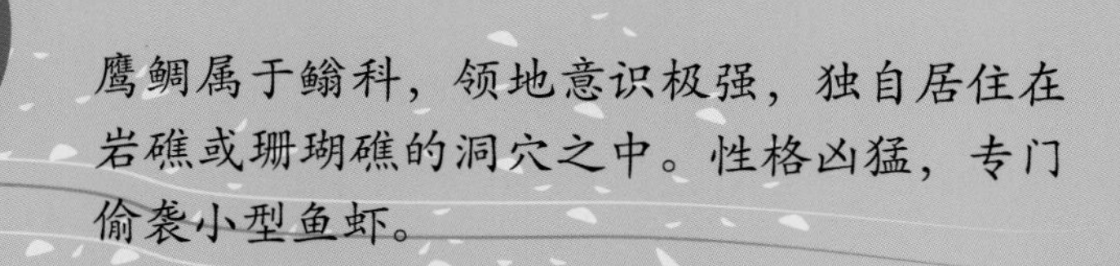

尖吻䱵

分类：鲈形目，䱵科，尖吻䱵属

拉丁名：*Oxycirrhites typus*

俗名：尖嘴红格。鱼体白色配以纵横交错的红格，吻尖细而长。栖息于珊瑚礁及岩礁海域水深10~100m。性格温柔，以小虾及其他无脊椎动物为食。最大体长：13cm。光照：柔和。分布：印度洋—太平洋。

金䱵

分类：鲈形目，䱵科，金䱵属

拉丁名：*Cirrhitichthys aureus*

俗名：金鹰鲷。鱼体橘黄色，侧线上方有5个不明显的暗色斑块，尾鳍稍内凹。栖息于岩礁、珊瑚礁海域礁石上，领地意识极强。性格凶猛，以小型鱼类、小虾蟹为食。最大体长：13cm。光照：柔和。分布：印度洋—西太平洋。

斑金䱵

分类：鲈形目，䱵科，金䱵属

拉丁名：*Cirrhitichthys aprinus*

俗名：豹纹红格。鱼体灰白色，散布着红色及黑色带红边的斑块，背鳍与尾鳍有暗色斑点。栖息于岩礁海域水深10m左右的石质或沙质海底。性格凶猛，以小型鱼类、甲壳类为食。最大体长：7cm。光照：柔和。分布：印度洋—太平洋。

真丝金䱵

分类：鲈形目，䱵科，金䱵属

拉丁名：*Cirrhichthys falco*

俗名：短嘴红格。鱼体白色，体侧有由红褐色斑点组成的横带。单独活动于珊瑚头底下的平台处，栖息水深10~20m，领地意识极强，一夫多妻。性格凶猛，以甲壳类动物、小型鱼类为食。最大体长：5cm。光照：柔和。分布：印度洋—太平洋。

尖头䱵

分类：鲈形目，䱵科，金䱵属
拉丁名：*Cirrhitichthys oxycephalus*
俗名：斑金鹰鲷。鱼体灰白色，全身布满红色斑块，甚至连接成大块红斑。栖息于珊瑚礁水深10m的沙底或石底上。性格凶猛，以小型鱼类、甲壳类为食。最大体长：8cm。光照：柔和。分布：印度洋—太平洋。

长鳍鲤䱵

分类：鲈形目，䱵科，鲤䱵属
拉丁名：*Cyprinocirrhites polyactis*

俗名：红燕子。鱼体黄褐色，各鳍灰黄色，背鳍第16、17根鳍棘延长呈丝状。栖息于岩礁海域水深10m左右的礁石上。性格凶猛，以小型鱼类、甲壳类为食。最大体长：12cm。光照：柔和。分布：印度洋—西太平洋。

副䱵

分类：鲈形目，䱵科，副䱵属
拉丁名：*Paracirrhites arcatus*
俗名：马蹄鹰鲷。鱼体淡灰褐色，背部体色较深，眼后具一U形斑，身体后半部有一白色纵带。独居于珊瑚礁石上。有领地意识，栖息水深30m以内。性格凶猛，以小型鱼类、甲壳类为食。最大体长：14cm。光照：柔和。分布：印度洋—太平洋。

福氏副䱵

分类：鲈形目，䱵科，副䱵属
拉丁名：*Paracirrhites forsteri*

俗名：斑点鹰䲁。鱼体灰白色，体侧中央有一条红色至黑色宽纵带。栖息于珊瑚礁海域水深10m左右，常在礁盘上方活动。性格凶猛，以小型鱼类、甲壳类为食。最大体长：25cm。光照：明亮。分布：印度洋—太平洋。

双斑钝鲻

分类：鲈形目，鲻科，钝鲻属

拉丁名：*Amblycirrhites bimacula*

俗名：双斑鹰䲁。鱼体灰白色，体侧布满土红色斑块，鳃盖上及背鳍后端下方各有一个黑褐色圆斑。栖息于珊瑚礁海域群体珊瑚下。性格温柔，以小型无脊椎动物为食。最大体长：7cm。光照：柔和。分布：印度洋—太平洋。

真鲻

分类：鲈形目，鲻科，真鲻属

拉丁名：*Neocirrhitus armatus*

俗名：红鹰䲁。全身红色，背部黑色，尾鳍圆尾形。栖息于珊瑚礁外缘有海流水深5~10m处。性格温柔，以甲壳类等无脊椎动物为食。最大体长：7.5cm。光照：明亮。分布：中、西太平洋。

隆头鱼科

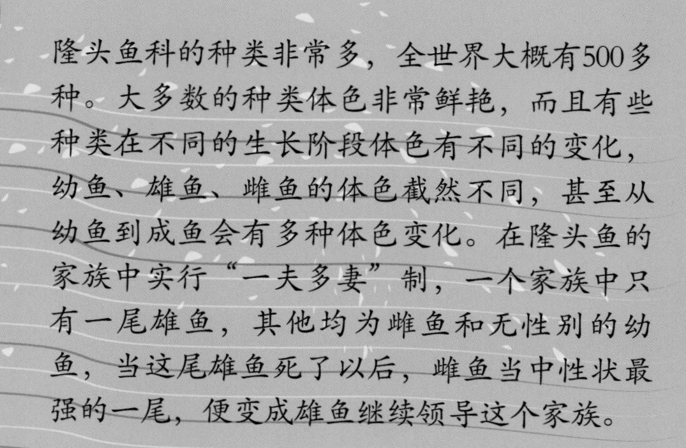

隆头鱼科的种类非常多，全世界大概有500多种。大多数的种类体色非常鲜艳，而且有些种类在不同的生长阶段体色有不同的变化，幼鱼、雄鱼、雌鱼的体色截然不同，甚至从幼鱼到成鱼会有多种体色变化。在隆头鱼的家族中实行“一夫多妻”制，一个家族中只有一尾雄鱼，其他均为雌鱼和无性别的幼鱼，当这尾雄鱼死了以后，雌鱼当中性状最强的一尾，便变成雄鱼继续领导这个家族。

黑鳍厚唇鱼

分类：鲈形目，隆头鱼科，厚唇鱼属
拉丁名：*Hemigymnus melapterus*
俗名：黑白龙。幼鱼从第2背棘以前为白色，后半身为黑色，尾鳍黄色；成鱼全身草绿色，嘴唇加厚，用肥厚的嘴唇挖掘沙中的底栖动物，沙从鳃中排出。栖息于珊瑚礁海域水深10m左右的沙质海底。性格暴躁，以底栖无脊椎动物为食。最大体长：1m。光照：明亮。分布：印度洋—太平洋。

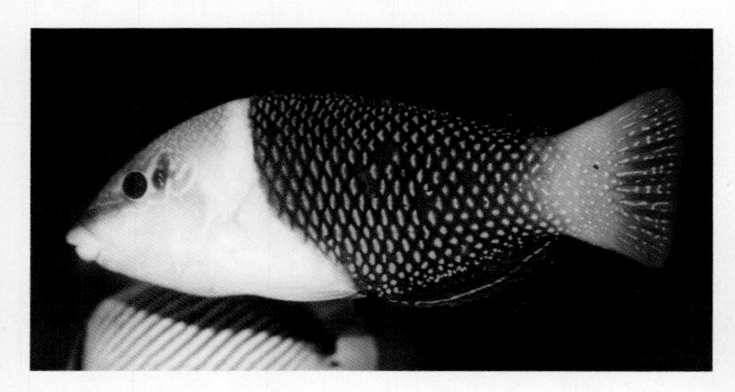

亚成鱼

成鱼

条纹厚唇鱼

分类：鲈形目，隆头鱼科，厚唇鱼属
拉丁名：*Hemigymnus fasciatus*

俗名：斑节龙。鱼体黑色，有5条白色横带。栖息于珊瑚礁及岩礁海域水深10m左右的沙质海底上。性格暴躁，掘取沙中底栖无脊椎动物为食。最大体长：40cm。光照：明亮。分布：印度洋—太平洋。

荧斑阿南鱼

分类：鲈形目，隆头鱼科，阿南鱼属
拉丁名：*Anampses caeruleopunctatus*
俗名：珍珠龙。雌鱼橄榄色，每一鳞片中央有一个带黑边的蓝点；雄鱼蓝绿色，每一鳞片有一垂直纹。栖息于珊瑚礁海域水深10m左右处。性格暴躁，以底栖小型无脊椎动物为食。最大体长：40cm。光照：明亮。分布：印度洋—太平洋。

幼鱼

雌鱼

尾斑阿南鱼

分类：鲈形目，隆头鱼科，阿南鱼属
拉丁名：*Anampses melanurus*
俗名：黑尾珍珠龙。鱼体黑褐色，每一鳞片中央具一白斑，尾鳍基部黄色，末端黑色；雄鱼体侧中央有一条黄色纵带。栖息于珊瑚礁海域水深10m左右的沙质海底上。性格暴躁，以底栖无脊椎动物为食。最大体长：12cm。光照：明亮。分布：太平洋。

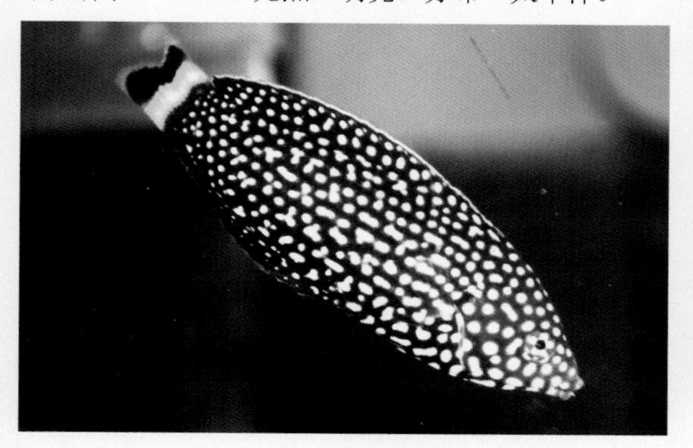

黄尾阿南鱼

分类：鲈形目，隆头鱼科，阿南鱼属
拉丁名：*Anampses meleagrides*
俗名：黄尾珍珠龙。鱼体黑色，每一鳞片中央有一白点，尾鳍全部为黄色。栖息于岩礁及珊瑚礁海域，水深10m左右的沙质海底。性格暴躁，以底栖无脊椎动物为食。最大体长：22cm。光照：明亮。分布：印度洋—太平洋。

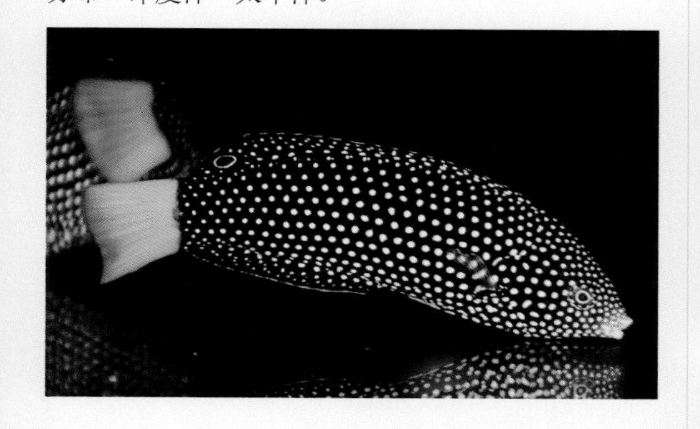

金头阿南鱼

分类：鲈形目，隆头鱼科，阿南鱼属
拉丁名：*Anampses chrysocephalus*
俗名：红尾珍珠龙。体侧黑褐色，有排列整齐的白色斑点，尾鳍红色。栖息于珊瑚礁水深10m左右的沙质海底上。性格暴躁，以底栖无脊椎动物为食。最大体长：16cm。光照：明亮。分布：印度尼西亚巴厘岛周边海域。

波纹唇鱼

分类：鲈形目，隆头鱼科，唇鱼属
拉丁名：*Cheilinus undulates*
俗名：苏眉。幼鱼浅黄色，每一鳞片具一黄绿色至灰绿色横纹，额部不隆起；中成鱼橄榄色；成鱼绿色，额部隆起。栖息于珊瑚礁礁盘及其边缘的浅水区。性格凶猛，以底栖无脊椎动物、鱼类为食。最大体长：2.3m。光照：明亮。分布：印度洋—太平洋。

幼鱼

成鱼

双斑唇鱼

分类：鲈形目，隆头鱼科，唇鱼属
拉丁名：*Cheilinus bimaculatus*
俗名：矛尾龙。鱼体体色变化较大，常随环境色而改变体色，有绿色、红色、褐色等，尾鳍矛尾形。栖息于珊瑚礁海藻场、潟湖等浅水处。性格温柔，以底栖动物为食。最大体长：15cm。光照：明亮。分布：印度洋—太平洋。

横带唇鱼

分类：鲈形目，隆头鱼科，唇鱼属
拉丁名：*Cheilinus fasciatus*
俗名：假番王。鱼体白色或粉红色，体侧有6条黑色横带，头部橙红色。栖息于珊瑚礁外缘有潮流处，栖息水深10m左右。性格温柔，以底栖无脊椎动物为食。最大体长：35cm。光照：明亮。分布：印度洋—太平洋。

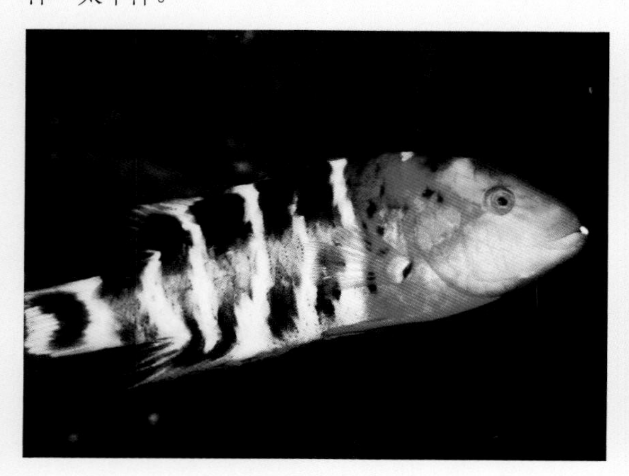

三叶唇鱼

分类：鲈形目，隆头鱼科，唇鱼属
拉丁名：*Cheilinus trilobatus*
俗名：绿彩龙。鱼体灰绿色，体侧有不规则的墨绿色横纹。幼鱼栖息于珊瑚礁潟湖内的浅水处，成鱼栖息于珊瑚礁外缘有潮流处，栖息水深15m左右。性格温柔，以底栖无脊椎动物为食。最大体长：40cm。光照：明亮。分布：印度洋—太平洋。

绿鳍唇鱼

分类：鲈形目，隆头鱼科，唇鱼属
拉丁名：*Cheilinus chlorourus*
鱼体灰色，体侧布满暗色斑纹，随个体不断增长暗色斑纹逐渐扩大，最后全身变成黑色，而且会随环境改变体色。栖息于珊瑚礁斜面有潮流的地方，栖息水深15m左右。性格温柔，以底栖无脊椎动物为食。最大体长：36cm。光照：明亮。分布：印度洋—太平洋。

尖头唇鱼

分类：鲈形目，隆头鱼科，唇鱼属
拉丁名：*Cheilinus oxycephalus*
俗名：红箭龙。
鱼体土红色，每一鳞片上有一红色横纹。单独活动于珊瑚礁内外缘悬崖峭壁处。性格暴躁，以底栖无脊椎动物为食。最大体长：17cm。光照：明亮。分布：印度洋—太平洋。

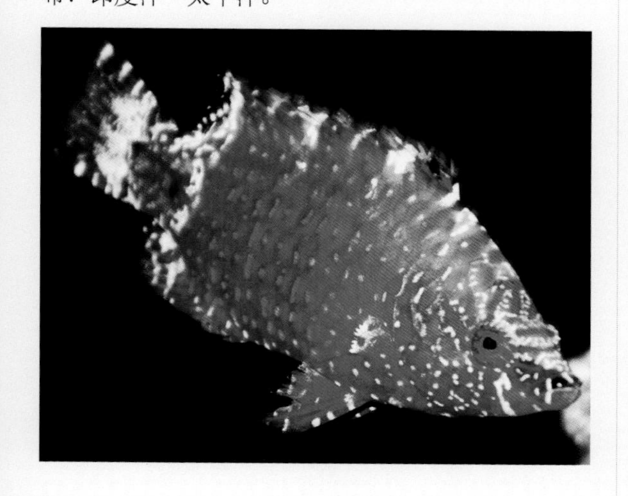

卡氏副唇鱼

分类：鲈形目，隆头鱼科，副唇鱼属
拉丁名：*Paracheilinus carpenter*
俗名：快闪龙。全身红色，有数条蓝色纵线，尾鳍圆形。栖息于岩礁海域水深35m左右。性格温柔，以小型无脊椎动物为食。最大体长：7cm。光照：明亮。分布：西太平洋。

长棘副唇鱼

分类：鲈形目，隆头鱼科，副唇鱼属
拉丁名：*Paracheilinus filamentosus*
俗名：火焰雀。与卡氏副唇鱼极其相似，不同之处为本种的尾鳍为叉尾形。栖息于岩礁海域水深35m左右。性格温柔，以小型无脊椎动物为食。最大体长：8cm。光照：明亮。分布：西太平洋菲律宾南部。

凹尾拟唇鱼

分类：鲈形目，隆头鱼科，拟唇鱼属
拉丁名：*Paracheilinus angulatus*
俗名：粉红雀。与长棘副唇鱼相似，唯尾鳍外缘为黄色。栖息于珊瑚礁外缘水流湍急处。性格温柔，以小型无脊椎动物为食。最大体长：8cm。光照：明亮。分布：菲律宾、印度尼西亚周边海域。

线纹副唇鱼

分类：鲈形目，隆头鱼科，副唇鱼属
拉丁名：*Paracheilinus lineopunctus*
俗名：宿雾火焰雀。鱼体红色，背部粉黑色，腹部银白色。体侧没有蓝色纵带；雄鱼背鳍具很长的鳍棘。栖息于岩礁海域水深35m左右。性格温柔，以小型无脊椎动物为食。最大体长：7cm。光照：明亮。分布：菲律宾附近海域。

雌鱼

雄鱼

七带猪齿鱼

分类：鲈形目，隆头鱼科，猪齿鱼属

拉丁名：*Choerodon fasciata*

俗名：番王。鱼体纺锤形，体侧有8条红白相间的横带。栖息于岩礁、珊瑚礁水深10m左右处。性格凶猛，以无脊椎动物、小型鱼类为食。最大体长：30cm。光照：明亮。分布：西太平洋。

幼鱼

成鱼

蓝侧丝隆头鱼

分类：鲈形目，隆头鱼科，丝隆头鱼属

拉丁名：*Cirrhilabrus cyanopleura*

俗名：白兰鹦哥。鱼体前上半部黑褐色，后部红褐色；雄鱼胸鳍处有一黄色斑，腹鳍特长，尾鳍为矛尾型；雌鱼为圆尾型。栖息水深10m左右的珊瑚礁斜面有潮流的地方。性格温柔，以无脊椎动物为食。最大体长：15cm。光照：明亮。分布：印度洋—西太平洋。

雄鱼

雌鱼

艳丽隆头鱼

分类：鲈形目，隆头鱼科，丝隆头鱼属
拉丁名：*Cirrhilabrus exquistitus*
俗名：五彩龙。雄鱼体色上半部红褐色或蓝绿色，下半部色淡；雌鱼全身均为淡红色。常10余尾小群游弋于岩礁或珊瑚礁斜面有潮流处。性格温柔，以小型无脊椎动物为食。最大体长：11cm。光照：明亮。分布：印度洋—太平洋。

乔氏丝隆头鱼

分类：鲈形目，隆头鱼科，丝隆头鱼属
拉丁名：*Cirrhilabrus jordani*
俗名：夏威夷火焰龙。雌鱼全身红色，雄鱼头部带有黄色，腹部白色至黄色。栖息于珊瑚礁有潮流的地方。性格温柔，与同种鱼有争斗现象，以无脊椎动物为食。最大体长：10cm。光照：明亮。分布：夏威夷群岛。

雄鱼

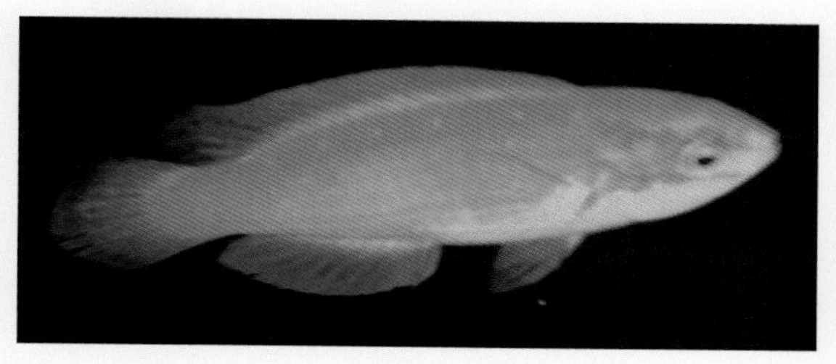

雌鱼

尖尾丝隆头鱼

分类：鲈形目，隆头鱼科，丝隆头鱼属
拉丁名：*Cirrhilabrus lanceolatus*
俗名：红鹦鹉。雄鱼鱼体粉红色，背部有一条紫色纵带，背鳍蓝色，臀鳍延长，尾鳍为裸尾型；雌鱼红色，腹部白色，尾鳍圆尾型。常集成小群活动于岩礁海域水深40~60m的沙质海底上。性格温柔，以无脊椎动物为食。最大体长：13cm。光照：柔和。分布：西太平洋。

路氏丝隆头鱼

分类：鲈形目，隆头鱼科，丝隆头鱼属
拉丁名：*Cirrhilabrus lubbocki*
俗名：什锦龙。体侧有2条黑色纵带，背鳍有1条黑色纵带，体色随环境变化会有所变化。栖息于岩石沿岸海域水深30m处。性格温柔，以无脊椎动物为食。最大体长：7cm。光照：柔和。分布：西太平洋。

暗丝隆头鱼

暗丝隆头鱼

分类：鲈形目，隆头鱼科，丝隆头鱼属

拉丁名：*Cirrhilabrus scottorum*

俗名：彩虹龙。鱼体前部蓝色，后部红色，胸鳍、腹鳍黄色，背鳍红色，臀鳍黑色，尾鳍矛尾型，红色或后部黑色。根据栖息环境不同，体色有所变化。栖息于珊瑚礁海域。性格温柔，以无脊椎动物为食。最大体长：12cm。光照：明亮。分布：南太平洋。

黑缘丝隆头鱼

分类：鲈形目，隆头鱼科，丝隆头鱼属

拉丁名：*Cirrhilabrus melanomarginatus*

俗名：绿鹦鹉。鱼体绿色，腹部灰白色，背鳍边缘及臀鳍后部边缘黑色，尾鳍为矛尾形。栖息于岩礁及珊瑚礁海域。性格温柔，以无脊椎动物为食。最大体长：13cm。光照：明亮。分布：西太平洋。

红缘丝隆头鱼

分类：鲈形目，隆头鱼科，丝隆头鱼属

拉丁名：*Cirrhilabrus rubimarginatus*

俗名：蒙娜丽莎龙。雄鱼腹鳍延长并超越臀鳍基部，雌鱼腹鳍不超过臀鳍基部。栖息于岩礁及珊瑚礁海域水深35~55m处。性格温柔，以无脊椎动物为食。最大体长：7.5cm。光照：明亮。分布：西太平洋。

雌鱼

雄鱼

俗名：红头龙。鱼体褐色，雄鱼腹鳍特别长可达体长的60%。栖息于岩礁海域水深15m处。性格温柔，以无脊椎动物为食。最大体长：10cm。光照：明亮。分布：西太平洋。

红鳞丝隆头鱼

分类：鲈形目，隆头鱼科，丝隆头鱼属
拉丁名：*Cirrhilabrus rubripinnis*
俗名：丝鳍鲷。全身红色，腹部白色，每一鳞片上有一黄色斑点，各鳍红色。栖息于珊瑚礁海域35m左右处。性格温柔，以无脊椎动物为食。最大体长：7cm。光照：明亮。分布：马尔代夫。

绿丝隆头鱼

分类：鲈形目，隆头鱼科，丝隆头鱼属
拉丁名：*Cirrhilabrus solorensis*

淡带丝隆头鱼

分类：鲈形目，隆头鱼科，丝隆头鱼属
拉丁名：*Cirrhilabrus temminckii*
俗名：蓝带鹦哥。鱼体褐色，体侧有一条蓝色纵带，胸鳍基部上方及尾柄上半部各有一黑斑。栖息于岩礁海域水深15m左右处。性格温柔，以无脊椎动物为食。最大体长：10cm。光照：明亮。分布：西太平洋。

芮氏丝隆头鱼

分类：鲈形目，隆头鱼科，丝隆头鱼属
拉丁名：*Cirriabrus rubriventralis*

红鳍丝隆头鱼

俗名：七彩鹦哥。体侧由红、紫、蓝、黑等颜色组成，腹部银白色；雄鱼体侧具淡红色纵线。栖息于珊瑚礁海域水深15m左右处。性格温柔，以无脊椎动物为食。最大体长：7cm。光照：明亮。分布：西太平洋。

派氏丝隆头鱼

分类：鲈形目，隆头鱼科，丝隆头鱼属
拉丁名：*Cirrhilabrus pylei*
俗名：黑尾龙。头部绿色，身体红色，体侧有2条绿色纵带，尾鳍前部红色中间绿色末端黑色，腹鳍特长。栖息于珊瑚礁水深35m左右。性格温柔，以无脊椎动物为食。最大体长：9cm。光照：明亮。分布：印度洋—西太平洋。

红鳍丝隆头鱼

分类：鲈形目，隆头鱼科，丝隆头鱼属
拉丁名：*Cirrhilabrus bothyphilus*
俗名：丝鳍鲷。鱼体背部红色，腹部粉红色至黄色，背鳍、臀鳍、尾鳍具蓝色边。栖息于珊瑚礁外缘有潮流的地方。性格温柔，以小型无脊椎动物为食。最大体长：12cm。光照：明亮。分布：汤加群岛。

红喉盔鱼

分类：鲈形目，隆头鱼科，盔鱼属
拉丁名：*Coris aygula*

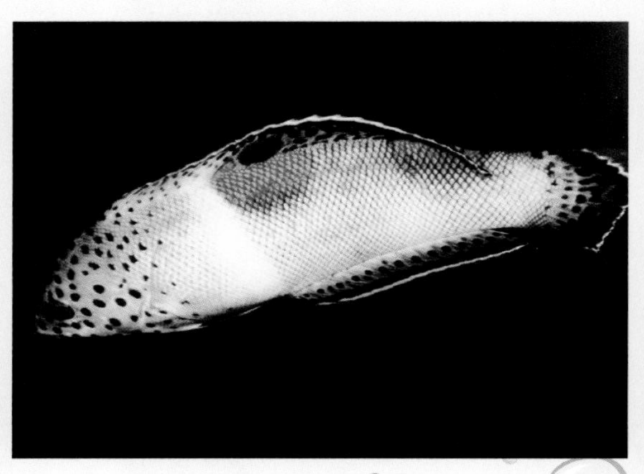

俗名：和尚龙。鱼体白色至肉粉色，头部具黑色斑点。幼鱼背鳍上有2个黑色斑，黑色斑下面相对有2个红色斑，鱼体越小红色斑越鲜艳；成鱼绿色具红纹，背鳍上的黑斑与红斑完全消失。栖息于珊瑚礁外缘有潮流的地方。性格温柔，以无脊椎动物、藻类为食。最大体长：1.2m。光照：明亮。分布：印度洋—西太平洋。

露珠盔鱼

分类：鲈形目，隆头鱼科，盔鱼属
拉丁名：*Coris gaimardi*
俗名：红龙（幼鱼），彩龙（成鱼）。幼鱼红色，从吻端到尾柄背部，有4~5个带黑边的白斑，随生长尾鳍逐渐变黄；成鱼时身体后半部为蓝色，并布满天蓝色小点。幼鱼栖息于珊瑚礁底部，成鱼活动于礁区10m深处。夜间潜入沙中睡眠。性格温柔，以海胆、双壳贝类、蟹为食。最大体长：35cm。光照：明亮。分布：印度洋—太平洋。

幼鱼

成鱼

台湾盔鱼

分类：鲈形目，隆头鱼科，盔鱼属
拉丁名：*Coris formosa*
俗名：台湾龙。鱼体红色，头部、尾柄、背鳍及臀鳍黑色，体侧有4个带黑边的白色斑点。栖息于珊瑚礁水深10m左右处。性格温柔，以无脊椎动物为食。最大体长：60cm。光照：明亮。分布：印度洋。

背斑盔鱼

分类：鲈形目，隆头鱼科，盔鱼属
拉丁名：*Coris dorsomacula*
俗名：白线龙。幼鱼黄色，鳃盖后及背鳍中央各有一个小黑斑；全长5cm后，鱼体逐渐变成粉红色，稍大变成红色，再稍大变成淡褐色，同时体侧有一条褐色纵带从吻端经眼直至尾鳍基部。成鱼背部暗绿色腹部银白色，纵带变成金色。一生中多次变换体色。雄鱼头部有绿色细纹。栖息于岩礁及珊瑚礁海域的沙质海底上。性格温柔，以底栖无脊椎动物为食。最大体长：20cm。光照：明亮。分布：印度洋—太平洋。

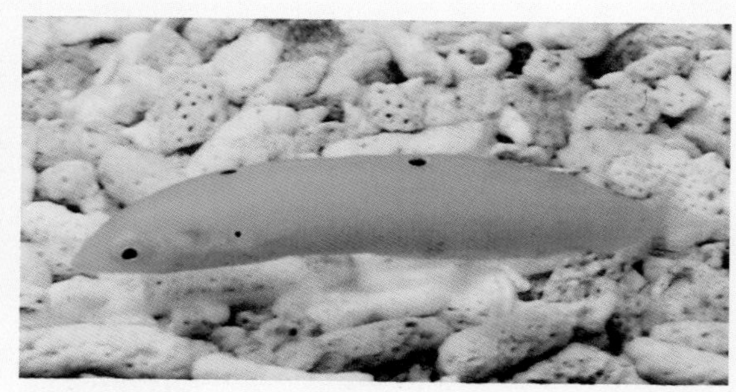

幼鱼

黑带盔鱼

分类：鲈形目，隆头鱼科，盔鱼属
拉丁名：*Coris musume*
俗名：黑带龙。鱼体银色，体侧中央有一条黑色宽纵带自吻端直至尾鳍末端。栖息于岩礁海域水深20m左右的沙底。性格温柔，以底栖动物为食。最大体长：18cm。光照：明亮。分布：西北太平洋。

伸口鱼

分类：鲈形目，隆头鱼科，伸口鱼属
拉丁名：*Epibulus insidiator*
鱼体黄褐色，鳞片具褐色纹，体色变化多端。栖息于水深10~15m深处的珊瑚礁外缘斜面。性格温柔，以小鱼虾、无脊椎动物为食。最大体长：35cm。光照：明亮。分布：印度洋—太平洋。

杂色尖嘴鱼

分类：鲈形目，隆头鱼科，尖嘴鱼属
拉丁名：*Gomphosus varius*
俗名：尖嘴龙。头尖，吻细长并随生长延长，雌雄体色截然不同。活动于枝状珊瑚中，游泳快速敏捷。性格温柔，以珊瑚虫及小型无脊椎动物为食。最大体长：30cm。光照：明亮。分布：太平洋。

雄鱼

雌鱼

双睛斑海猪鱼

分类：鲈形目，隆头鱼科，海猪鱼属
拉丁名：*Halichoeres biocellatus*
俗名：粉红线龙。鱼体暗红色，体侧具多条绿色纵纹，背鳍第1~3及9~11软条间各有一黑斑。栖息于水深10m左右的珊瑚礁斜面有海流的地方。性格温柔，以底栖动物为食。最大体长：10cm。光照：明亮。分布：太平洋。

绿鳍海猪鱼

分类：鲈形目，隆头鱼科，海猪鱼属
拉丁名：*Halichoeres chloropterus*
俗名：绿龙。鱼体淡绿色，体侧上半部有6~8条不明显的棕色横带。栖息于珊瑚礁潟湖内水深10m左右的沙质海底上。性格温柔，以底栖动物为食。最大体长：20cm。光照：明亮。分布：印度洋。

黄体海猪鱼

分类：鲈形目，隆头鱼科，海猪鱼属
拉丁名：*Halichoeres chrysus*
俗名：黄龙。全身金黄色，幼鱼在背鳍上有2~3个黑色圆斑，成鱼时，雌鱼背鳍中间有一黑斑，雄鱼眼睛后面有一黑褐色斑。单独在珊瑚礁沙质海底上活动。性格温柔，以底栖动物为食。最大体长：10cm。光照：明亮。分布：印度洋—太平洋。

幼鱼

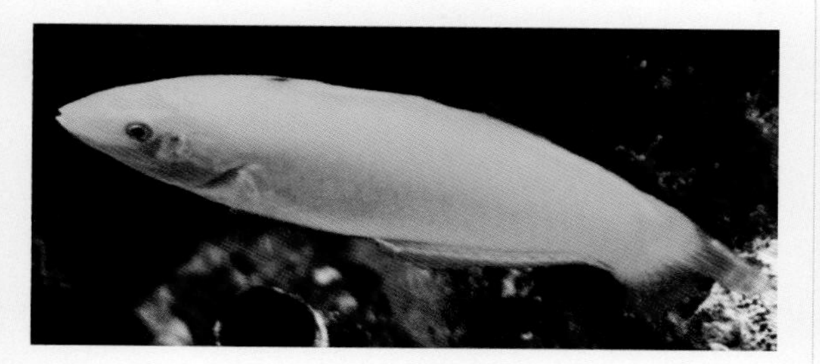

雄鱼

三点海猪鱼

分类：鲈形目，隆头鱼科，海猪鱼属
拉丁名：*Halichoeres trispilus*
俗名：非洲黄龙。背部黄色，腹部银白色，背鳍上有4个小黑点。单独活动于珊瑚礁海域沙质海底。性格温柔，以底栖动物、小虾、管虫为食。最大体长：10cm。光照：明亮。分布：印度洋。

圃海海猪鱼

分类：鲈形目，隆头鱼科，海猪鱼属
拉丁名：*Halichoeres hortulanus*
俗名：黄花龙。幼鱼灰色，背鳍基底有4个白斑和1个黑色眼斑；成鱼后，雌鱼背部黄绿色，腹部银白色；雄鱼蓝色，背鳍和尾鳍有橙色条纹。活动于水深10~15m的珊瑚礁外侧及沙质海底上，夜间钻入沙中睡眠。性格温柔，以底栖无脊椎动物为食。最大体长：22cm。光照：明亮。分布：印度洋—太平洋。

幼鱼

雌鱼

虹彩海猪鱼

分类：鲈形目，隆头鱼科，海猪鱼属

拉丁名：*Halichoeres iridis*

俗名：东非火焰龙。鱼体头部及背部黄色，体侧及腹部褐色，背鳍淡黄色边缘白色，眼后有一个黑斑。栖息于珊瑚礁较深水层。性格温柔，以无脊椎动物为食。最大体长：11cm。光照：明亮。分布：印度洋东非沿岸。

胸斑海猪鱼

分类：鲈形目，隆头鱼科，海猪鱼属

拉丁名：*Halichoeres melanochir*

俗名：黑斑龙。鱼体绿褐色至红褐色，背部每一鳞片有一小黑点。栖息于岩礁及珊瑚礁沙质海底上。性格温柔，以底栖无脊椎动物为食。最大体长：18cm。光照：明亮。分布：西太平洋。

黄斑海猪鱼

分类：鲈形目，隆头鱼科，海猪鱼属

拉丁名：*Halichoeres melanurus*

俗名：绿彩龙。幼鱼蓝绿色，有多条土红色纵纹，背鳍中央及尾柄上方各有一镶蓝边的黑斑；成鱼蓝绿色，有5条不明显的褐色横带，雄鱼尾鳍有一黑斑。栖息于珊瑚礁海域5m深处的枝状珊瑚周围。性格温柔，以藻类、小型底栖无脊椎动物为食。最大体长：12cm。光照：明亮。分布：印度洋—太平洋。

成鱼

雄鱼

橙线海猪鱼

分类：鲈形目，隆头鱼科，海猪鱼属
拉丁名：*Halichoeres hoeveni*
俗名：八线龙。与黄斑海猪鱼极其相似，只是条纹为橙色，体色不如黄斑海猪鱼鲜艳。栖息于珊瑚礁海域水深5m处，枝状珊瑚附近。性格温柔，以小型无脊椎动物为食。最大体长：12cm。光照：明亮。分布：印度洋—太平洋。

黑额海猪鱼

分类：鲈形目，隆头鱼科，海猪鱼属
拉丁名：*Halichoeres prosopein*
俗名：紫头龙。幼鱼前半部蓝灰色后半部灰褐色，有4条黑色细纵纹，背鳍前部具一黑斑；成鱼后半部逐渐变成黄色。栖息于珊瑚礁海域水深10m左右。性格温柔，以底栖无脊椎动物为食。最大体长：17cm。光照：明亮。分布：西太平洋。

斑点海猪鱼

分类：鲈形目，隆头鱼科，海猪鱼属
拉丁名：*Halichoeres margaritaceus*
俗名：花面龙。鱼体背部为橄榄绿色，鳞片带黑边，腹部粉红色。雄鱼的红褐色斑点互相连接形成横带。栖息于水深3m左右珊瑚礁潟湖内。性格温柔，以底栖动物为食。最大体长：18cm。光照：明亮。分布：印度洋—太平洋。

三斑海猪鱼

分类：鲈形目，隆头鱼科，海猪鱼属
拉丁名：*Halichoeres trimaculatus*
俗名：雪茄龙。雄鱼体绿色，鳞片后缘为粉红色，眼下有数条红色纵纹；雌鱼体白色，背部灰色，眼部红纹较雄鱼短，它们尾柄处都具一黑斑。栖息于珊瑚礁水深5m左右的沙底上。性格温柔，以底栖无脊椎动物为食。最大体长：18cm。光照：明亮。分布：印度洋—太平洋。

蓝首海猪鱼

分类：鲈形目，隆头鱼科，海猪鱼属
拉丁名：*Halichoeres cyanocephalus*
俗名：日出龙。鱼体至尾柄蓝色，背部尾鳍为黄色，其余各鳍透明无色。幼鱼腹部蓝灰色，体长8cm时腹部开始变白，成鱼体色变成紫色。栖息于沙砾底质的浅海。性格温柔，以无脊椎动物为食。最大体长：30cm。光照：明亮。分布：大西洋。

缘鳍海猪鱼

分类：鲈形目，隆头鱼科，海猪鱼属
拉丁名：*Halichoerus marginatus*
俗名：绿鳍龙。幼鱼黑色，尾鳍透明；成鱼暗绿色，各鳍绿色，尾鳍具一弧形横线。栖息于水深2m左右的珊瑚礁海域海藻丛生处。性格温柔，以无脊椎动物为食。最大体长：18cm。光照：明亮。分布：印度洋—太平洋。

珠光海猪鱼

分类：鲈形目，隆头鱼科，海猪鱼属
拉丁名：*Halichoeres argus*
俗名：珠光龙。幼鱼先褐色，后绿色，雄鱼背部绿色腹部蓝色，雌鱼红色。栖息于珊瑚礁潟湖内水流平稳处。性格温柔，以小型无脊椎动物为食。最大体长：12cm。光照：明亮。分布：印度洋—西太平洋。

缘鳍海猪鱼

普提鱼

分类：鲈形目，隆头鱼科，普提鱼属
拉丁名：*Bodianus bilunulatus*
俗名：双带狐。全身粉红色，背鳍末端的侧线处有一黑色椭圆形大斑。栖息于水深30m处的珊瑚礁或岩礁海域。性格温柔，以底栖无脊椎动物为食。最大体长：55cm。光照：明亮。分布：印度洋、中、西部太平洋、澳大利亚大堡礁。

鳍斑普提鱼

分类：鲈形目，隆头鱼科，普提鱼属
拉丁名：*Bodianus diana*

幼鱼

成鱼

俗名：黄点龙。幼鱼为咖啡色，有鱼医生行为；成鱼背部红色，体侧黄色。栖息于水深5~40m的珊瑚礁礁区。性格温柔，以底栖无脊椎动物为食。最大体长：25cm。光照：明亮。分布：印度洋—太平洋。

中胸普提鱼

分类：鲈形目，隆头鱼科，普提鱼属
拉丁名：*Bodianus mesothorax*
俗名：三色龙。幼鱼黑褐色，有多个黄斑，臀鳍处无黑斑这是与腋斑普提鱼幼鱼的区别之处；成鱼从胸鳍腋下向后上方至背鳍为界，前部为褐色，后部为粉色，交界处为黑色。栖息于水深5~20m处珊瑚礁外缘斜面。性格温柔，以甲壳类动物为食。最大体长：30cm。光照：明亮。分布：印度洋—西太平洋。

幼鱼

成鱼

腋斑普提鱼

分类：鲈形目，隆头鱼科，普提鱼属
拉丁名：*Bodianus axillaries*
俗名：白尾龙。由背鳍中央斜向腹鳍后面为一斜线，前为红至紫红色后为白色。幼鱼阶段有鱼医生行为，吻端及体侧有多个白斑，臀鳍处有一黑斑。栖息于珊瑚礁礁缘水深2~40m处。性格温柔，以底栖无脊椎动物为食。最大体长：20cm。光照：明亮。分布：印度洋—太平洋。

幼鱼

成鱼

美丽普提鱼

分类：鲈形目，隆头鱼科，普提鱼属
拉丁名：*Bodianus pulchellus*
俗名：红狐。幼鱼黄色，成鱼红色，眼睛下方有一白色纵带，背部末端及尾柄、尾鳍为鲜黄色，有争斗现象。栖息于珊瑚礁水深2~50m的悬崖峭壁处，夜间藏在沙中睡觉。性格温柔，以甲壳类为食。最大体长：23cm。光照：明亮。分布：加勒比海。

红普提鱼

分类：鲈形目，隆头鱼科，普提鱼属
拉丁名：*Bodianus rufus*
俗名：紫狐。鱼体黄色，吻端至背鳍末端有一紫斑，成年后紫斑散开。有打斗现象，有毒。栖息于珊瑚礁礁盘上方及悬崖峭壁处。性格温柔，以甲壳类动物为食。最大体长：50cm。光照：明亮。分布：美国佛罗里达—西印度群岛。

幼鱼

成鱼

燕尾普提鱼

分类：鲈形目，隆头鱼科，普提鱼属
拉丁名：*Bodianus anthioides*
俗名：燕尾龙。鱼体前半部暗红色，后半部粉红色至白色并布满黑色斑点，尾鳍上下叶各有一黑色延长带。栖息于岩礁及珊瑚礁斜面水深20m处。性格温柔，以甲壳类为食。最大体长：21cm。光照：明亮。分布：印度洋—太平洋。

黑带普提鱼

分类：鲈形目，隆头鱼科，普提鱼属
拉丁名：*Bodianus macrourus*
俗名：蓝点西班牙。鱼体红褐色，体侧后部的黑斑一直延伸到尾鳍下缘。栖息于珊瑚礁外围水深10~30m的岩礁海域。性格温柔，以底栖无脊椎动物为食。最大体长：40cm。光照：明亮。分布：印度洋—太平洋。

斜斑普提鱼

分类：鲈形目，隆头鱼科，普提鱼属
拉丁名：*Bodianus hirsutus*
俗名：斜斑龙。鱼体后部有一斜向黑斑，黑斑不延伸到尾鳍下缘。栖息于岩礁及珊瑚礁周边水深10~20m处。性格温柔，以底栖无脊椎动物为食。最大体长：30cm。光照：明亮。分布：印度洋—太平洋。

大黄斑菩提鱼

分类：鲈形目，隆头鱼科，菩提鱼属
拉丁名：*Bodianus perdition*
俗名：月光龙。幼鱼红色，背鳍和臀鳍黑色，体中央有一白色横带；稍大鱼体橘红色，白色横带后有一黑色大斑；成鱼时体色稍黑，黑色的大斑消失，继而在黑斑的前处出现一个黄斑。栖息于岩礁、珊瑚礁水深25m左右处。性格温柔，以无脊椎动物为食。最大体长：80cm。光照：明亮。分布：印度洋—西太平洋。

益田氏普提鱼

分类：鲈形目，隆头鱼科，普提鱼属

拉丁名：*Bodianus masudai*

俗名：糖果龙。体侧具3条红色、2条黄色纵带，腹部白色。单独活动于岩礁海域水深30~50m的礁底上。性格温柔，以底栖动物、甲壳类、软体动物为食。最大体长：12cm。光照：明亮。分布：西北太平洋。

双斑普提鱼

分类：鲈形目，隆头鱼科，普提鱼属

拉丁名：*Bodianus bimaculatus*

俗名：金背狐。鱼体黄色，体侧有4~5条红色纵带。栖息于岩礁海域水深30m左右处。性格温柔，以底栖无脊椎动物为食。最大体长：9cm。光照：明亮。分布：西北太平洋。

点带普提鱼

分类：鲈形目，隆头鱼科，菩提鱼属

拉丁名：*Bodianus leucostictus*

俗名：黄斑狐。背部粉红色，腹部白色，体侧有4条断断续续的红色纵纹。栖息于水深40m以上的岩礁海域。性格温柔，以底栖无脊椎动物为食。最大体长：25cm。光照：明亮。分布：西部印度洋。

点带普提鱼

尖头普提鱼

分类：鲈形目，隆头鱼科，普提鱼属
拉丁名：*Bodianus oxycephalus*
俗名：尖头狐。背部红色，腹部白色，体侧有红斑，与黄斑普提鱼相似，最大的区别是本种背鳍上有一黑斑。栖息于温带岩石海域水深30~50m处。性格温柔，以底栖无脊椎动物为食。最大体长：27cm。光照：明亮。分布：西太平洋。

裂唇鱼

分类：鲈形目，隆头鱼科，裂唇鱼属
拉丁名：*Labroides dimidiatus*

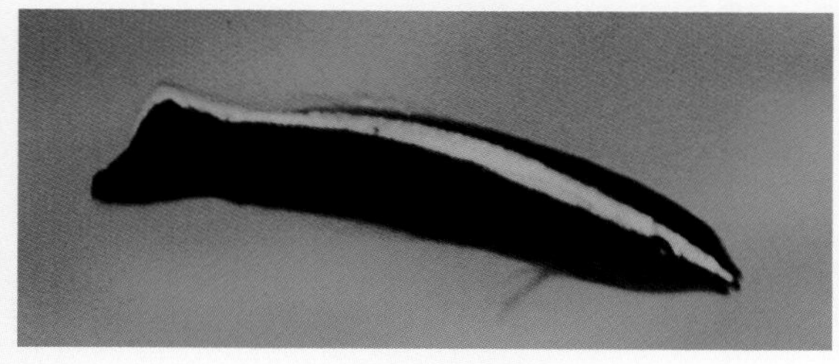

幼鱼

成鱼

俗名：飘飘。鱼体浅蓝色，自口经眼至尾鳍末端有一渐宽的黑色纵带。栖息于珊瑚礁海域洞穴中。性格温柔，以其他鱼类身上的寄生虫、伤口处的坏死组织、牙缝中的残渣为食。最大体长：12cm。光照：明亮。分布：印度洋—太平洋。

二色裂唇鱼

分类：鲈形目，隆头鱼科，裂唇鱼属
拉丁名：*Labroides bicolor*
俗名：蓝鳅。幼鱼时自口经眼至尾鳍有一黑色纵带，随生长纵带逐渐消失；鱼体前半部蓝色，后半部黄色。栖息于珊瑚礁海域洞穴中。性格温柔，以其他鱼类身上的寄生虫、甲壳类为食。最大体长：14cm。光照：明亮。分布：印度洋—太平洋。

食虫裂唇鱼

分类：鲈形目，隆头鱼科，裂唇鱼属
拉丁名：*Labroides phthirophagus*
俗名：夏威夷鱼医生。鱼体米黄色，自口经眼至尾鳍有一条渐宽的紫色纵带，背鳍和臀鳍紫红色。栖息于珊瑚礁海域洞穴中。性格温柔，以其他鱼类身上的寄生虫为食。最大体长：10cm。光照：明亮。分布：巴厘诸岛周边海域。

胸斑裂唇鱼

分类：鲈形目，隆头鱼科，裂唇鱼属
拉丁名：*Labroides pectoralis*
俗名：霓虹飘飘。鱼体黄色，腹部白色，有一条前窄后宽的黑色纵带贯穿全身。栖息于珊瑚礁洞穴之中。性格温柔，以其他鱼类身上的寄生虫为食。最大体长：12cm。光照：明亮。分布：东印度洋－太平洋。

红唇裂唇鱼

分类：鲈形目，隆头鱼科，裂唇鱼属
拉丁名：*Labroides rubrolabiatus*
俗名：红医生。鱼体褐色，尾柄及尾鳍黑色，尾鳍后缘有蓝边。栖息于珊瑚礁洞穴中。性格温柔，以其他鱼类身上的寄生虫、伤口处的坏死组织为食。最大体长：6cm。光照：明亮。分布：中部太平洋。

四带裂唇鱼

分类：鲈形目，隆头鱼科，裂唇鱼属
拉丁名：*Labroides quadrilineatus*
俗名：阿拉伯鱼医生。鱼体蓝色，体侧有2条浅蓝色纵带，尾鳍黑色，外缘透明。栖息于珊瑚礁洞穴中。性格温柔，幼鱼期以其他鱼类身上的寄生虫，坏死组织为食，成鱼以食珊瑚虫为主。最大体长：12cm。光照：明亮。分布：红海。

黄尾双臀刺隆头鱼

分类：鲈形目，隆头鱼科，双臀刺隆头鱼属
拉丁名：*Diproctacanthus xanthurus*
俗名：黄尾鱼医生。此鱼只有一属一种，体白色，背部和腹部各有一黑色纵带自口经眼至尾鳍基部，尾鳍黄色。栖息于珊瑚礁洞穴中。性格温柔，以其他鱼类身上的寄生虫为食。最大体长：10cm。光照：明亮。分布：印度洋—西太平洋。

环纹细鳞盔鱼

分类：鲈形目，隆头鱼科，细鳞盔鱼属
拉丁名：*Hologymnosus annulatus*
雄鱼蓝绿色，体侧有环状横纹；雌鱼蓝灰色，尾鳍具新月形白斑；幼鱼头部及腹部黑色，背部黄色，背鳍基底有一黑色纵带。栖息于珊瑚礁附近悬崖下

面水深10m左右的沙质海底。性格凶猛，以无脊椎动物、鱼类为食。最大体长：40cm。光照：明亮。分布：印度洋—太平洋。

幼鱼

狭带细鳞盔鱼

分类：鲈形目，隆头鱼科，细鳞盔鱼属
拉丁名：*Hologymnosus doliatus*
俗名：铅笔龙。幼鱼白色，具3条橙红色纵纹；雌鱼绿、蓝或粉红色，体侧具20~23条橙红色短纹，雄鱼自背鳍经胸鳍至下腹部，有一蓝色至紫色纹，逐渐变成浅红色，体侧后半部具14条蓝色短纹。栖息于珊瑚礁沙质海底有强劲海流处。性格温柔，以底栖无脊椎动物为食。最大体长：32cm。光照：明亮。分布：印度洋—太平洋。

幼鱼

胸斑大咽齿鱼

分类：鲈形目，隆头鱼科，大咽齿鱼属
拉丁名：*Macropharyngodon negrosensis*
俗名：珍珠豹龙。幼鱼与雌鱼身上布满白色小圆点，雄鱼每一鳞片上有一蓝白色横线，头部具不规则浅蓝色条纹。栖息于岩礁及珊瑚礁海域水深10m左右处的沙质海底上。性格温柔，以底栖无脊椎动物为食。最大体长：12cm。光照：明亮。分布：东印度洋－西太平洋 。

雌鱼

雄鱼

乔氏大咽齿鱼

分类：鲈形目，隆头鱼科，大咽齿鱼属
拉丁名：*Macropharyngodon choati*
俗名：红花豹龙。身体灰色，布满褐色或土红色斑点，根据栖息环境的不同体色变化较大。栖息于珊瑚礁外缘斜面水深10m处。性格温柔，以无脊椎动物为食。最大体长：10cm。光照：明亮。分布：澳大利亚东部海域。

珠斑大咽齿鱼

分类：鲈形目，隆头鱼科，大咽齿鱼属
拉丁名：*Macropharyngodon meleagris*
俗名：黑花豹龙。雄鱼每一鳞片上有一蓝黑色小点，幼鱼与雌鱼体侧具不规则的蓝黑色斑。栖息于10m左右深的岩礁及珊瑚礁海域。性格温柔，以底栖无脊椎动物为食。最大体长：15cm。光照：明亮。分布：印度洋—太平洋。

花尾美鳍鱼

分类：鲈形目，隆头鱼科，美鳍鱼属
拉丁名：*Novaculichthys taeniurus*
俗名：角龙。幼鱼褐色或灰色，体侧有4列横向的白斑和4条深褐色横带，背鳍第1、2鳍棘延长呈犄角状；成鱼褐绿色至淡茶色，眼周围有暗色细纹，尾鳍基部有一白色横带。常单独在水深15m以内的珊瑚礁海域活动。性格凶猛，以底栖无脊椎动物、鱼类为食。最大体长：27cm。光照：明亮。分布：印度洋—太平洋。

幼鱼

成鱼

姬拟唇鱼

分类：鲈形目，隆头鱼科，拟唇鱼属
拉丁名：*Pseudocheilinus evanidus*
俗名：丝绒狐。鱼体红色，体侧有许多白色细纵纹，自口向后有一蓝白色纵纹，前鳃盖缘紫色。栖息于水深10m左右的珊瑚礁潟湖内。性格温柔，以底栖无脊椎动物为食。最大体长：8cm。光照：明亮。分布：印度洋—太平洋。

条纹拟唇鱼

分类：鲈形目，隆头鱼科，拟唇鱼属
拉丁名：*Pseudochrilinus octotaenia*

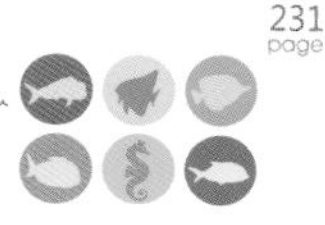

四带拟唇鱼

俗名：八线狐。鱼体黄褐色，体侧有8条红褐色至紫色纵纹。栖息于珊瑚礁斜面水深10m左右的枝状珊瑚周围。性格温柔，以底栖无脊椎动物为食。最大体长：12cm。光照：明亮。分布：印度洋—太平洋。

六带拟唇鱼

分类：鲈形目，隆头鱼科，拟唇鱼属
拉丁名：*Pseudocheilinus hexataenia*
俗名：六线狐。鱼体红褐色，体侧具6条蓝色纵纹。栖息于珊瑚礁斜面水深10m左右处。性格幼鱼温柔，成鱼凶猛，以底栖无脊椎动物为食。最大体长：10cm。光照：明亮。分布：印度洋—太平洋。

四带拟唇鱼

分类：鲈形目，隆头鱼科，拟唇鱼属
拉丁名：*Pseudocheilinus tetrataenia*
俗名：火红八线龙。体侧有4条紫色纵纹。栖息于珊瑚礁海域水深20m以下。性格温柔，以底栖无脊椎动物为食。最大体长：12cm。光照：明亮。分布：中部太平洋。

五带拟唇鱼

分类：鲈形目，隆头鱼科，拟唇鱼属
拉丁名：*Pseudocheilinus sp*

俗名：五线狐。头部黄色，躯干紫红色。栖息于水深2~35m的珊瑚礁枝状珊瑚附近。性格温柔，以小型无脊椎动物为食。最大体长：13cm。光照：明亮。分布：中部太平洋。

黑星紫胸鱼

分类：鲈形目，隆头鱼科，紫胸鱼属

拉丁名：*Stethojulis bandanensis*

俗名：红肩龙。幼鱼背部黑色有许多小白点，腹部白色且与背部体色界线明显；成鱼胸鳍基部上方有一红斑，体侧中央有一淡色纵带，雌雄体色明显不同。栖息于珊瑚礁斜面水深5~10m处。性格温柔，以底栖无脊椎动物为食。最大体长：15cm。光照：明亮。分布：印度洋—太平洋。

雌鱼

雄鱼

圈紫胸鱼

分类：鲈形目，隆头鱼科，紫胸鱼属

拉丁名：*Stethojulis balteata*

俗名：红肩龙。背部绿色，腹部蓝色，体侧有2条蓝色细纵线，在第2条纵线下面有一红色纵带。与黑星紫胸鱼的区别为本种胸鳍下无红斑。栖息于珊瑚礁海域水深5m左右处。性格温柔，以无脊椎动物为食。最大体长：14cm。光照：明亮。分布：太平洋。

三线紫胸鱼

分类：鲈形目，隆头鱼科，紫胸鱼属

拉丁名：*Stethojulis trilineata*

体侧有3条蓝色纵线，背鳍红色。栖息于珊瑚礁外缘水深5m左右处。性格温柔，以无脊椎动物为食。最大体长：15cm。光照：明亮。分布：印度洋—西太平洋。

雄鱼

虹纹紫胸鱼

分类：鲈形目，隆头鱼科，紫胸鱼属

拉丁名：*Stethojulis strigiventer*

体侧有长、短各2条蓝色纵线，侧线处有一黄色纵

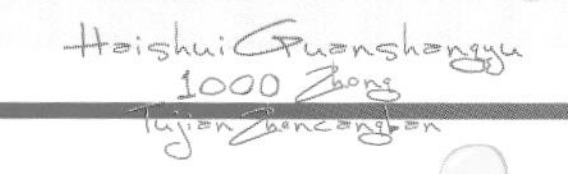

带，胸鳍基部有一红斑，雌鱼灰褐色。栖息于珊瑚礁海域水深5m左右。性格温柔，以无脊椎动物为食。最大体长：15cm。光照：明亮。分布：印度洋—太平洋。

雄鱼

雌鱼

新月锦鱼

分类：鲈形目，隆头鱼科，锦鱼属

拉丁名：*Thalassoma lunare*

俗名：绿花龙。雌鱼为黄色，雄鱼为黄绿至绿色。栖息于10~30m的珊瑚礁海域。性格温柔，以底栖无脊椎动物为食。最大体长：25cm。光照：明亮。分布：印度洋—太平洋。

幼鱼

雄鱼

胸斑锦鱼

分类：鲈形目，隆头鱼科，锦鱼属

拉丁名：*Thalassoma lutescens*

俗名：青花龙。雄鱼暗绿色且有淡蓝色大块色斑，雌鱼暗黄色无斑块。栖息于珊瑚礁水深10m处。性格温柔，以底栖无脊椎动物为食。最大体长：15cm。光照：明亮。分布：印度洋—太平洋。

雄鱼

雌鱼

鞍斑锦鱼

分类：鲈形目，隆头鱼科，锦鱼属

拉丁名：*Thalassoma hardwickii*

俗名：六带龙。幼鱼为淡草绿色，体侧有6条模糊的暗色横带，随成长体色逐渐变成绿色，至成鱼时转为天蓝色，6条横带呈墨绿或黑色且变长。幼鱼活动于枝状珊瑚上方，成鱼活动于珊瑚礁斜面及潟湖中水深10m左右处。性格凶猛，以底栖无脊椎动物、小鱼、甲壳类、海胆为食。最大体长：18cm。光照：明亮。分布：印度洋—太平洋。

钝头锦鱼

分类：鲈形目，隆头鱼科，锦鱼属

拉丁名：*Thalassoma amblycephalum*

雄鱼红色具绿色横纹，颈部黄色；雌鱼自吻部至尾鳍基部有一黑色纵带，纵带之上为绿色之下为白色至黄色。常大群活动于珊瑚礁外缘斜面。性格温柔，以甲壳类为食。最大体长：16cm。光照：明亮。分布：印度洋—太平洋。

雄鱼

纵纹锦鱼

分类：鲈形目，隆头鱼科，锦鱼属

拉丁名：*Thalassoma quinquevittatum*

钝头锦鱼　雌鱼

背部褐色，腹部青色。栖息于岩礁海域水深5m左右处。性格温柔，以无脊椎动物为食。最大体长：15cm。光照：明亮。分布：印度洋—太平洋。

蓝首锦鱼

分类：鲈形目，隆头鱼科，锦鱼属
拉丁名：*Thalassoma lucasanum*
俗名：五线龙。雄鱼头部蓝色，胸部黄色，后半部红色；雌鱼体色与钝头锦鱼的雌鱼相似。栖息于珊瑚礁海域水深10m左右处。性格温柔，以底栖无脊椎动物为食。最大体长：15cm。光照：明亮。分布：东太平洋。

大斑锦鱼

分类：鲈形目，隆头鱼科，锦鱼属
拉丁名：*Thalassoma jansenii*
俗名：大黑斑龙。头部上半部黑色下半部白色，体侧有数条宽的黑色横带，随成长黑斑下部会连接在一起。栖息于珊瑚礁外缘斜面及潟湖内的浅水处。性格凶猛，以无脊椎动物、藻类、鱼类为食。最大体长：20cm。光照：明亮。分布：印度洋—西太平洋。

细尾似虹锦鱼

分类：鲈形目，隆头鱼科，似虹锦鱼属
拉丁名：*Pseudojuloides cerasina*

大斑锦鱼

俗名：黑尾五彩龙。鱼体绿色，体侧中央有一条黄色纵带，尾鳍黑色，体色变化较丰富。栖息于珊瑚礁、岩礁海域，水深10~30m处的沙质海底。性格温柔，以小型甲壳类动物、珊瑚虫、褐藻为食。最大体长：12cm。光照：明亮。分布：印度洋—太平洋。

黄纹似虹锦鱼

分类：鲈形目，隆头鱼科，似虹锦鱼属
拉丁名：*Pseudojuloides sp*
腹部青白色，背部褐色，体侧有2条蓝色纵带，纵带间为黄色，头顶至背部有一大黑斑。栖息于水深50m左右珊瑚礁悬崖下面有水流的地方。性格温柔，以无脊椎动物为食。最大体长：10cm。光照：明亮。分布：西太平洋。

橘点拟凿牙鱼

分类：鲈形目，隆头鱼科，拟凿牙鱼属
拉丁名：*Pseudodax moluccanus*
俗名：四线龙。本种鱼只有一属一种，鱼体黑色，体侧有2条蓝色纵带，稍大后每一鳞片的外缘为蓝色。栖息于珊瑚礁外缘悬崖峭壁处。性格温柔，以贝类、甲壳类为食。最大体长：25cm。光照：明亮。分布：印度洋—西太平洋。

幼鱼

成鱼

黑鳍湿鹦鲷

分类：鲈形目，隆头鱼科，湿鹦鲷属
拉丁名：*Wetmorella nigropinnata*

黄纹似虹锦鱼

俗名：箭头龙。全身红色，头尖，背鳍、臀鳍、腹鳍上各有一黑圆斑，尾鳍上有数目不等的黑斑。栖息于珊瑚礁潟湖内的洞穴及罅缝中。性格温柔，以小型无脊椎动物为食。最大体长：7cm。光照：明亮。分布：印度洋—太平洋。

单线摺唇鱼

分类：鲈形目，隆头鱼科，摺唇鱼属

拉丁名：*Labrichthys unilineatus*

俗名：白线狐。鱼体黑色，体侧有一白色纵带，幼鱼有鱼医生行为。栖息于珊瑚礁海域水深10m左右，枝状珊瑚周边。性格温柔，以无脊椎动物为食。最大体长：18cm。光照：明亮。分布：印度洋—太平洋。

胸斑摺唇鱼

分类：鲈形目，隆头鱼科，摺唇鱼属

拉丁名：*Labropsis manabei*

俗名：大嘴龙。鱼体灰白色，体侧有3条黑色纵纹，成鱼后栖息于珊瑚礁枝状珊瑚附近。性格温柔，幼鱼时，以其他鱼类身上的寄生虫为食，成鱼后以小型无脊椎动物为食。最大体长：12cm。光照：明亮。分布：西太平洋。

羊头鱼

分类：鲈形目，隆头鱼科，羊头鱼属

拉丁名：*Semicossyphus reticulates*

幼鱼时鱼体红色，体侧有一白色纵带，背鳍、臀鳍具黑色眼斑，尾柄黑色；亚成鱼时鱼体棕色，仍具白色纵带；成鱼时白色纵带消失，鱼体蓝灰色，且雄鱼头部肥大，头顶隆起一大包，下颌向前凸出。栖息于岩礁海域底层。性格凶猛，以贝类、甲壳类为食。最大体长：1m。光照：明亮。分布：西太平洋温带海域。

幼鱼

异鳍拟盔鱼

分类：鲈形目，隆头鱼科，拟盔鱼属

拉丁名：*Pseudocoris heteroterus*

幼鱼灰白色，体侧具3条黑色纵带，背鳍、尾鳍黄

异鳍拟盔鱼

色；稍大后体侧纵带消失，鱼体蓝色；成鱼后雄鱼蓝黑色，雌鱼黑色。栖息于珊瑚礁海域水深30m左右处。性格温柔，以底栖无脊椎动物为食。最大体长：23cm。光照：柔和。分布：印度洋—太平洋。

棕红拟盔鱼

分类：鲈形目，隆头鱼科，拟盔鱼属

拉丁名：*Pseudocoris yamashiroi*

幼鱼棕红色；成鱼后雄鱼背部黑绿色腹部淡蓝色，雌鱼淡蓝色。栖息于珊瑚礁海域。性格温柔，以底栖无脊椎动物为食。最大体长：15cm。光照：明亮。分布：印度洋—西太平洋。

鹦嘴鱼

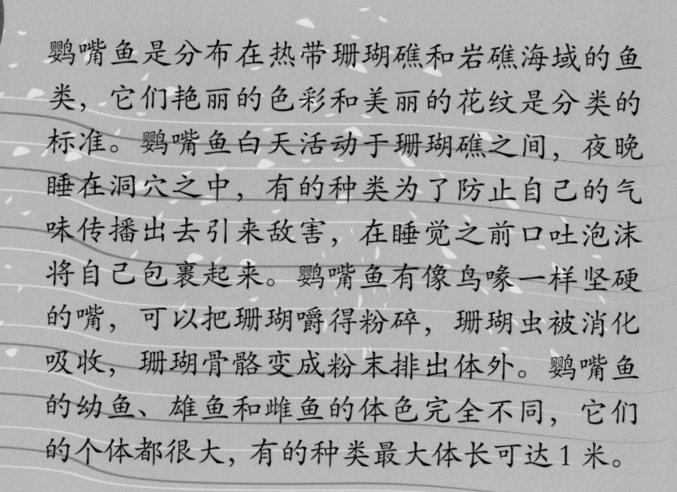

鹦嘴鱼是分布在热带珊瑚礁和岩礁海域的鱼类，它们艳丽的色彩和美丽的花纹是分类的标准。鹦嘴鱼白天活动于珊瑚礁之间，夜晚睡在洞穴之中，有的种类为了防止自己的气味传播出去引来敌害，在睡觉之前口吐泡沫将自己包裹起来。鹦嘴鱼有像鸟喙一样坚硬的嘴，可以把珊瑚嚼得粉碎，珊瑚虫被消化吸收，珊瑚骨骼变成粉末排出体外。鹦嘴鱼的幼鱼、雄鱼和雌鱼的体色完全不同，它们的个体都很大，有的种类最大体长可达1米。

二色大鹦嘴鱼

分类：鲈形目，鹦嘴鱼科，大鹦嘴鱼属

拉丁名：*Bolbometopon bicolor*

俗名：双色鹦哥。幼鱼白色，颈部有一红色横带；雌鱼灰色，每一鳞片外缘为黑色；雄鱼蓝色。幼鱼单独活动于珊瑚礁较隐蔽处，成鱼活动于30m以内的珊瑚礁海域。性格温柔，以珊瑚虫、藻类为食。最大体长：80cm 。光照：明亮。分布：印度洋—太平洋。

幼鱼

雌鱼

网条鹦嘴鱼

分类：鲈形目，鹦嘴鱼科，鹦嘴鱼属

拉丁名：*Scarus frenatus*

俗名：黄鹦哥。幼鱼灰色，体侧有3条黑色纵带，随生长体色不断发生变化；成鱼时雄鱼蓝绿色，雌鱼褐色各鳍红色。栖息于水深10m处的珊瑚礁斜面有潮流的水域。性格温柔，以藻类、珊瑚虫为食。最大体长：40cm 。光照：明亮。分布：印度洋—太平洋。

雄鱼　雌鱼

雌鱼

青点鹦嘴鱼

分类：鲈形目，鹦嘴鱼科，鹦嘴鱼属

拉丁名：*Scarus ghobban*

俗名：蓝点鹦哥。雄鱼绿色，鳞片外缘蓝色；雌鱼灰褐色，体侧具淡蓝色横纹；幼鱼黄色，体侧有蓝色斑点及横纹。栖息于珊瑚礁外缘斜面有潮流的地方。性格温柔，以珊瑚虫、藻类为食。最大体长：70cm 。光照：明亮。分布：印度洋—太平洋。

幼鱼　雌鱼

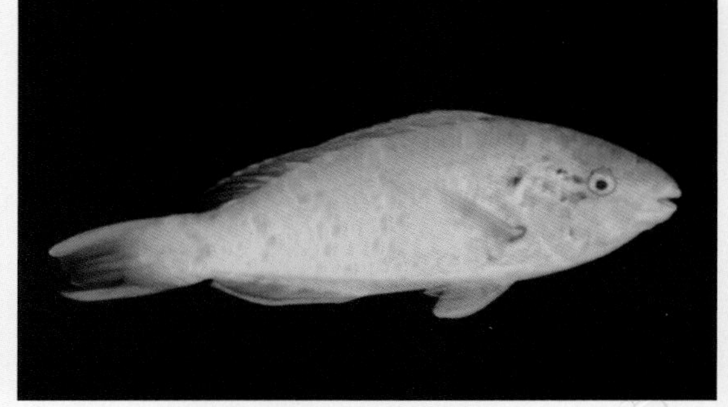

雄鱼

小吻鹦嘴鱼

分类：鲈形目，鹦嘴鱼科，鹦嘴鱼属
拉丁名：*Scarus gibbus*
俗名：五彩鹦哥。鱼体蓝绿色，鳞片边缘橙色，胸鳍下方和尾鳍淡蓝绿色。栖息于水深10m左右的珊瑚礁外缘悬崖峭壁处。性格温柔，以珊瑚虫、海藻为食。最大体长：70cm 。光照：明亮。分布：印度洋—太平洋。

棕吻鹦嘴鱼

分类：鲈形目，鹦嘴鱼科，鹦嘴鱼属
拉丁名：*Scarus psittacus*
俗名：绿鹦哥。全身绿色，头之下部为淡橙色。栖息于珊瑚礁斜面悬崖峭壁海流较大处。性格温柔，以藻类为主兼食珊瑚虫。最大体长：27cm 。光照：明亮。分布：印度洋—太平洋。

布氏鹦嘴鱼

分类：鲈形目，鹦嘴鱼科，鹦嘴鱼属
拉丁名：*Scarus bleekeri*
鱼体绿色，颊部有灰色斑，唇部灰白色。栖息于水深15m左右的珊瑚礁斜面有潮流处。性格温柔，以珊瑚虫、海藻为食。最大体长：25cm 。光照：明亮。分布：中西部太平洋。

杂纹鹦嘴鱼

分类：鲈形目，鹦嘴鱼科，鹦嘴鱼属
拉丁名：*Scarus rivulatus*
俗名：青衣。全身绿色，鳞片的外缘为橙色，头部有不规则的绿色与褐色相间的花纹。栖息于珊瑚礁外缘斜面水深10m处。性格温柔，以藻类为主兼食珊瑚虫。最大体长：30cm 。光照：明亮。分布：西太平洋。

史氏鹦嘴鱼

分类：鲈形目，鹦嘴鱼科，鹦嘴鱼属
拉丁名：*Scarus schlegeli*
体色随年龄而有变化，从淡橙色混杂绿色至褐色混杂蓝色等。栖息于珊瑚礁海域水深10m左右处。性格温柔，以藻类为食。最大体长：40cm 。光照：明亮。分布：东印度洋—太平洋。

灰鹦嘴鱼

分类：鲈形目，鹦嘴鱼科，鹦嘴鱼属

拉丁名：*Scarus sordidus*

俗名：红牙鹦哥。鱼体绿色，体侧具大小不等的橙黄色块。栖息于水深10m左右的珊瑚礁斜面及潟湖中。性格温柔，以藻类为主兼食珊瑚虫及其他无脊椎动物。最大体长：50cm 。光照：明亮。分布：印度洋—太平洋。

绿唇鹦嘴鱼

分类：鲈形目，鹦嘴鱼科，鹦嘴鱼属

拉丁名：*Scarus forsteri*

鳞片绿色外缘橙色，胸鳍下方的鳞片无橙色外缘，腹鳍黄色，硬棘蓝绿色；雌鱼体色有多种变异，但大多为紫褐色。栖息于水深10m左右的珊瑚礁斜面有海流的地方。性格温柔，以藻类为食。最大体长：50cm 。光照：明亮。分布：太平洋。

雄鱼　　雄鱼

雌鱼　　雌鱼体色变异

弧带鹦嘴鱼

分类：鲈形目，鹦嘴鱼科，鹦嘴鱼属

拉丁名：*Scarus dimidiatus*

俗名：蓝鹦哥。鱼体蓝色，在头顶至背鳍第7条硬棘的基部为一蓝黑色大斑块。栖息于珊瑚礁潟湖中及水流较小的悬崖峭壁处。性格温柔，以无脊椎动物、藻类为食。最大体长：35cm 。光照：明亮。分布：西太平洋。

Haishui Guanshangyu 1000 Zhong Tujian Zhencang ban

鳚、拟鲈、鲻和鰕虎鱼

都是生活在岩礁、珊瑚礁海域的底层鱼类，除个别种类（如日本笠鳚等）个体较大、性格凶猛以外，绝大多数都是性格温和的小型鱼类。它们可以和所有的温和鱼类和平共处，有些种类甚至可以和簪虾共栖。它们以小型无脊椎动物、动物尸体、青苔为食，是水族箱中的清道夫。

黑纹稀棘鳚

分类：鲈形目，鳚科，稀棘鳚属

拉丁名：*Meiacanthus nigrolineatus*

俗名：黑带古B。鱼体黄色，头部及腹部青灰色，体色变化较大。栖息于珊瑚礁斜面有潮流的地方。领地意识强烈。性格温柔，以小型无脊椎动物为食。最大体长：10cm。光照：柔和。分布：红海—阿拉伯湾。

金鳍稀棘鳚

分类：鲈形目，鳚科，稀棘鳚属

拉丁名：*Meiacanthus atrodorsalis*

俗名：日本古B。鱼体前部蓝色后部黄色，眼睛有一带白边的黑色斜纹。栖息于珊瑚礁斜面有潮流和波浪带处。性格温柔，以小型无脊椎动物为食。最大体长：8cm。光照：柔和。分布：西太平洋。

斯氏稀棘鳚

分类：鲈形目，鳚科，稀棘鳚属

拉丁名：*Meiacanthus smithii*

俗名：非洲古B。鱼体蓝灰色，背鳍基底黑色边缘灰色。栖息于珊瑚礁、岩礁海域沙质海底。性格温柔，以底栖无脊椎动物为食。最大体长：8.5cm。光照：柔和。分布：印度洋西北部，非洲东部沿海。

黑带稀棘鳚

分类：鲈形目，鳚科，稀棘鳚属

拉丁名：*Meiacanthus grammistes*

俗名：鱼雷。鱼体浅黄色，从头至尾有3条黑色纵带。栖息于珊瑚礁海域潟湖内。性格温柔，以小型无脊椎动物为食。最大体长：8cm。光照：柔和。分布：西太平洋。

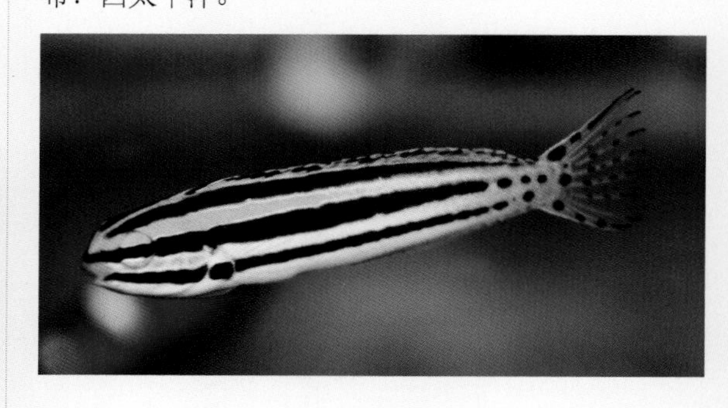

纵带盾齿鳚

分类：鲈形目，鳚科，盾齿鳚属

拉丁名：*Aspidontus taeniatus*

俗名：假鱼医生。与裂唇鱼极其相似，但口是下位，背部为白色。栖息于岩礁、珊瑚礁海域悬崖峭

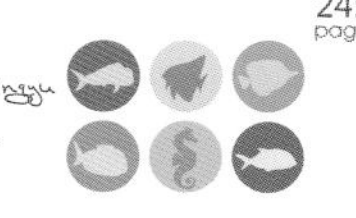

纵带盾齿鳚

壁处及潟湖中。性格阴险狡诈，以无脊椎动物、其他鱼类的鳞片、鳃丝为食。最大体长：13cm。光照：柔和。分布：西太平洋热带海域。

横口鳚

分类：鲈形目，鳚科，横口鳚属

拉丁名：*Plagiotremus rhinorhynchos*

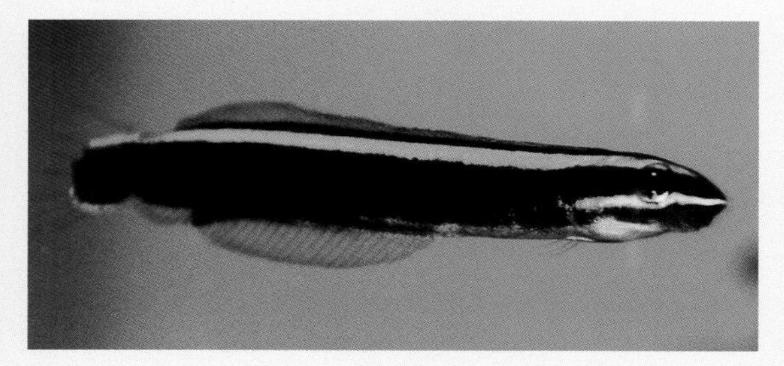

幼鱼

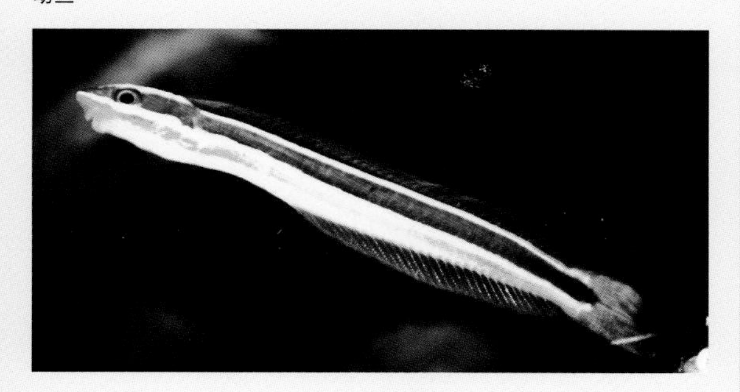

成鱼

幼鱼鱼体蓝白色相间；成鱼鱼体红褐色，体侧有2条白色纵带。栖息于岩礁及珊瑚礁海域。性格阴险狡诈，以其他鱼类的鳍条和鳞片为食。最大体长：12cm。光照：明亮。分布：印度洋—西太平洋。

细纹凤鳚

分类：鲈形目，鳚科，凤鳚属

拉丁名：*Salarias fasciatus*

俗名：西瓜袍。鱼体灰褐色，体侧有8条模糊的暗色横带。栖息于潮间带沙质海底及珊瑚礁浅水处，属于底层小型鱼类。性格温柔，以刮食附着藻类。是水族箱中的清道夫。最大体长：12cm。光照：柔和。分布：印度洋—太平洋。

澳洲凤鳚

澳洲凤鳚

分类：鲈形目，鳚科，风鳚属
拉丁名：*Salarias ramosus*
俗名：星星巴士。鱼体褐色，全身散布白色斑点。栖息于珊瑚礁沙质海底。性格温柔，以小型无脊椎动物、藻类为食。最大体长：10cm。光照：柔和。分布：印度洋—西太平洋。

红尾异齿鳚

分类：鲈形目，鳚科，异齿鳚属
拉丁名：*Ecsenius namiyei*
俗名：红尾古B。前鼻孔具2须，全身黑色。栖息于珊瑚礁海域水深1~9m处。性格温柔，以小型无脊椎动物、藻类为食。最大体长：9cm。光照：柔和。分布：西太平洋。

二色异齿鳚

分类：鲈形目，鳚科，异齿鳚属
拉丁名：*Ecsenius bicolor*
俗名：双色古B。幼鱼全身黑色，体侧中央有一行白色斑点；亚成鱼鱼体前半部黑色，后半部橙色，体侧中央仍然有一行白色斑点；成鱼后身体前半部为黑褐色，后半部为黄色，白点消失。栖息于珊瑚礁水深10m左右的岩礁洞穴周边。性格温柔，以无脊椎动物、藻类为食。最大体长：8cm。光照：柔和。分布：印度洋—太平洋。

亚成鱼

成鱼

斑达异齿鳚

分类：鲈形目，鳚科，异齿鳚属
拉丁名：*Ecsenius bandanus*
鱼体背部黑色，腹部白色。栖息于珊瑚礁水深10m左右的洞穴中。性格温柔，以无脊椎动物、藻类为食。最大体长：8cm。光照：柔和。分布：印度洋—太平洋。

线纹异齿鳚

分类：鲈形目，鳚科，异齿鳚属
拉丁名：*Ecscnius lineatus*
俗名：斑点古B。体侧从鳃盖后至尾鳍基部有约10个黑斑，有的组成一条黑色纵带。栖息于水深10m左右的珊瑚礁斜面有潮流的地方。性格温柔，以无脊椎动物、藻类为食。最大体长：8cm。光照：柔和。分布：印度洋—西太平洋。

眼点异齿鳚

分类：鲈形目，鳚科，异齿鳚属
拉丁名：*Ecesnius stigmatus*
俗名：小丑鰕虎。鱼体土红色，头部蓝色至灰黑色。栖息于珊瑚礁海域水深1~30m处。性格温柔，以小型浮游动物为食。最大体长：6cm。光照：柔和。分布：西太平洋。

额异齿鳚

分类：鲈形目，鳚科，异齿鳚属
拉丁名：*Ecsenius frontalis*
俗名：橙尾古B。鱼体前半部为黑色，后半部为褐色。栖息于珊瑚礁枝状珊瑚茂密的地方。性格温柔，以小型无脊椎动物、藻类为食。最大体长：8cm。光照：明亮。分布：印度洋—太平洋。

黑色异齿鳚

分类：鲈形目，鳚科，黑色异齿鳚
拉丁名：*Ecsenius melarchus*
俗名：蓝头古b。头部蓝色，鱼体褐色。栖息于珊瑚礁海域枝状珊瑚下面。性格温柔，以小型无脊椎动

黑色异齿鳚

物、藻类为食。最大体长：4cm。光照：明亮。分布：印度洋—西太平洋。

巴氏异齿鳚

分类：鲈形目，鳚科，异齿鳚属
拉丁名：*Ecsenius bathi*
俗名：红格古B。鱼体灰白色，体侧有2条土红色纵带和8~9条土红色短横带。栖息于珊瑚茂密处。性格温柔，以小型无脊椎动物，藻类为食。最大体长：4cm。光照：明亮。分布：印度洋—太平洋。

虎纹异齿鳚

分类：鲈形目，鳚科，异齿鳚属
拉丁名：*Ecsenius tigris*
俗名：虎纹古B。鱼体褐色至红色，体侧有黑白相间的斑点。栖息于茂盛的珊瑚下面或洞穴中。性格温柔，以小型无脊椎动物为食。最大体长：4cm。光照：明亮。分布：澳大利亚大堡礁。

金黄异齿鳚

分类：鲈形目，鳚科，异齿鳚属
拉丁名：*Ecsenius midas*

俗名：黄金䲁。全身金黄色，眼圈蓝色。栖息于珊瑚礁海域枝状珊瑚周边以及岩礁海域有潮流的地方，栖息水深5~10m左右。性格温柔，以小型无脊椎动物为食。最大体长：13cm。光照：柔和。分布：印度洋—太平洋。

双斑异齿䲁

分类：鲈形目，䲁科，异齿䲁属

拉丁名：*Ecsenius bimaculatus*

俗名：眼镜古B。头背部灰黑色，后半部及腹部白色，腹部有2个黑斑。栖息于珊瑚礁海域水深10m左右的礁石斜坡、有水流处。性格温柔，以小型无脊椎动物、藻类为食。最大体长：3cm。光照：柔和。分布：印度尼西亚周边海域。

日本笠䲁

分类：鲈形目，线䲁科，笠䲁属

拉丁名：*Chirolophis japonicus*

俗名：小姐鱼。鱼体褐色，唇厚，头顶、前鳃盖骨后缘、下颐处及背鳍前端有肉赘。栖息于岩礁海域水深10m左右的礁石下面。性格凶猛，以章鱼的触手和鱼类为食。最大体长：50cm。光照：暗。分布：西北太平洋。

厚唇单线䲁

分类：鲈形目，线䲁科，单线䲁属

拉丁名：*Stichaeus grigorjewi*

鱼体灰褐色，布满暗色细点或斑块。栖息于岩礁海域沙质海底，栖息水深10m左右。性格凶猛，以无脊椎动物、鱼类为食。最大体长：60cm。光照：柔和。分布：西北太平洋。

锦䲁

分类：鲈形目，锦䲁科，拟锦䲁属

拉丁名：*Pholis gunnellus*

头部及腹部黄褐色，体侧灰色具不规则白色斑点。栖息于岩礁海域洞穴中。性格温柔，以小型无脊椎动物为食。最大体长：20cm。光照：柔和。分布：加拿大东部海域。

模颈穗肩鳚

分类：鲈形目，鳚科，穗肩鳚属

拉丁名：*Cirripectes imitator*

俗名：黄尾古B。体色多变，从黑、褐相间到黑褐色网纹状及斑点状均有，雌鱼一般为网纹图案。栖息于岩礁及珊瑚礁海域波浪大的浅水处。性格温柔，以小型无脊椎动物，藻类为食。最大体长：5cm。光照：柔和。分布：西太平洋。

斑穗肩鳚

分类：鲈形目，鳚科，穗肩鳚属

拉丁名：*Cirripectes quagga*

俗名：蓝点鰕虎。鱼体浅褐色，头部两侧具金属光泽的蓝色断纹或斑点。栖息于珊瑚礁浅水处。性格温柔，以小型无脊椎动物、藻类为食。最大体长：5cm。光照：明亮。分布：印度洋—太平洋。

黄尾连鳍鳚

分类：鲈形目，鳚科，连鳍鳚属

拉丁名：*Enchelyurus flavipes*

俗名：黄尾黑鰕虎。鱼体黑色，尾柄后黄色。栖息于珊瑚礁及海藻场底层。性格温柔，以小型无脊椎动物为食。最大体长：8cm。光照：柔和。分布：西太平洋。

围眼蛙鳚

分类：鲈形目，鳚科，蛙鳚属

拉丁名：*Istiblennius periophthalmus*

俗名：红点鰕虎。鱼体淡灰色，体侧有7~8条横带，每一横带上下方各有一黑环纹；雄鱼各鳍橙黄色。栖息于珊瑚礁及岩礁附近的潮间带。性格温柔，以小型无脊椎动物、海藻为食。最大体长：16cm。光照：柔和。分布：中部太平洋、西太平洋、澳大利亚东北部及印度洋。

断纹蛙鳚

分类：鲈形目，鳚科，蛙鳚属

拉丁名：*Istiblennius interruptus*

俗名：西瓜袍。鱼体灰色，雄鱼体侧有9条不明显的淡横斑；雌鱼体侧有6~8条不连续的纵纹。栖息于岩

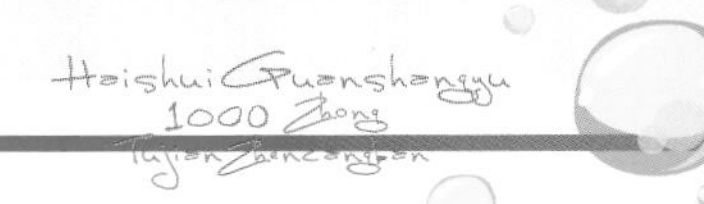

礁、珊瑚礁潮间带浅水处底层。性格温柔，以底栖无脊椎动物为食。最大体长：6cm。光照：明亮。分布：西太平洋。

红点真蛙鳚

分类：鲈形目，鳚科，蛙鳚属

拉丁名：*Istiblennius chrysospilos*

俗名：血滴船长。鱼体灰色，体侧有黑色斑块和血红色斑点组成的纵线，头部散布血红色斑点。栖息于岩礁、珊瑚礁浅水处。性格温柔，刮食礁石上的青苔。最大体长：10cm。光照：明亮。分布：印度洋。

纵带跳岩鳚

分类：鲈形目，鳚科，跳岩鳚属

拉丁名：*Petroscirtes breviceps*

体侧上方与背鳍基部各有一条黑带，下颌至臀鳍有一不明显的淡褐色纹。栖息于岩礁海域洞穴中。性格温柔，以浮游生物为食。最大体长：11cm。光照：柔和。分布：印度洋—西太平洋。

短多须鳚

分类：鲈形目，鳚科，多须鳚属

拉丁名：*Exallias brevis*

俗名：双层巴士。鱼体灰白色，全身布满黑色至褐色斑点；幼鱼时斑点较大数量较少，成鱼后斑点变小数量增多；雄鱼体色为红色，雌鱼黑色。栖息于珊瑚礁斜面。性格温柔，以珊瑚虫、藻类为食。最大体长：15cm。光照：柔和。分布：印度洋—西太平洋。

全黑乌鳚

分类：鲈形目，胎鳚科，乌鳚属

拉丁名：*Atrosalarias fuscus holomelas*

俗名：黄金鳚。幼鱼全身黑色，成鱼金黄色。栖息于珊瑚礁潟湖内，枝状珊瑚丛生处，喜欢钻入洞穴中。性格温柔，以小型无脊椎动物、藻类为食。最大体长：15cm。光照：柔和。分布：印度洋—太平洋。

鳗鳚

分类：鲈形目，鳗鳚科，鳗鳚属
拉丁名：*Congrodadus subducens*

俗名：霓虹古B。幼鱼期体色、习性以及游泳方式与海蛇极其相似，背部黑色腹部白色，体侧有一条白色细纵带；成鱼后体侧黑色纵带断开，形成黑色的斑块。栖息于珊瑚礁潟湖浅水处底层，成百上千条成群活动。性格温柔，以小型无脊椎动物为食。最大体长：20cm。光照：明亮。分布：菲律宾以南海域。

黄褐小鼬鳚

分类：鼬鳚目，胎鼬鳚科，小鼬鳚属
拉丁名：*Brotulina fusca*
俗名：黄飞龙。鱼体黄色，背鳍、臀鳍与尾鳍不相连接。栖息于珊瑚礁海域。性格温柔，以底栖无脊椎动物为食。最大体长：12cm。光照：柔和。分布：西太平洋亚热带海域。

东方狼鳚

分类：鲀形目，狼鳚科，狼鱼属
拉丁名：*Anarhichas orientalis*

俗名：狼鱼。鱼体黑褐色，背鳍、臀鳍极长但不与尾鳍相连，无腹鳍，口裂大，上下颌各有4颗强壮的

犬牙。栖息于北温带岩礁海域水深10~100m的礁石洞穴中。性格温柔，以虾、蟹、贝类、海胆等无脊椎动物为食。最大体长：1m。光照：暗。分布：北太平洋鄂霍次克海。

弯嘴柱蛇鳚

分类：鼬鱼目，胎鼬鳚科，柱蛇鳚属
拉丁名：*Stygnobrotula latebricola*
俗名：黑寡妇。全身茶色至黑色，波浪式游泳。栖息于岩礁海域。性格温柔，以小型无脊椎动物为食。最大体长：8cm。光照：柔和。分布：大西洋。

斑尾拟鲈

分类：鲈形目，拟鲈科，拟鲈属
拉丁名：*Parapercis hexophthalma*
俗名：虎鳝。身体灰色，有许多黑色小斑点，尾鳍中间有一大块黑斑。栖息于珊瑚礁、岩礁等海域沙质海底的浅水层。性格凶猛，以甲壳类、小鱼为食。最大体长：25㎝。光照：柔和。分布：印度洋—西太平洋。

凹尾拟鲈

分类：鲈形目，拟鲈科，拟鲈属
拉丁名：*Parapercis schauinslandi*
俗名：红鹦鹉。鱼体粉红色，体侧有两排红色斑块。栖息于珊瑚礁有潮流处，水深15m左右的沙质海底上。性格凶猛，以甲壳类、小型鱼类为食。最大体长：20㎝。光照：明亮。分布：印度洋—太平洋。

多带拟鲈

分类：鲈形目，拟鲈科，拟鲈属
拉丁名：*Parapercis multifasci*
俗名：虎纹古B。鱼体红褐色，体侧具5对黑色横纹，尾鳍基底有黑斑。栖息于岩礁海域水深50m左右的沙质海底。性格温柔，以底栖无脊椎动物为食。最大体长：15cm。光照：明亮。分布：太平洋。

光泽鰤

分类：鲈形目，鰤科，连鳍鰤属
拉丁名：*Synchiropus splendidus*

俗名：青蛙。鱼体褐色，有曲折的带黑边的绿色花纹；雄鱼第一背鳍鳍棘延长，雌鱼第一背鳍无色透明。大多数时间独自呆在珊瑚礁高起的礁岩上，受到惊吓时会隐藏在沙中，栖息水深1~20m。同种雄鱼间会有打斗现象。性格温柔，以小型底栖无脊椎动物为食。最大体长：6cm。光照：明亮。分布：西太平洋。

雄鱼

眼斑连鳍䲗

分类：鲈形目，䲗科，连鳍䲗属

拉丁名：*Synchiropus ocellatus*

俗名：麒麟。体色可随环境不断变化，眼圈有蓝色斑点。单独栖息于珊瑚礁潟湖内水深1~30m的沙底或岩石上。性格温柔，以小型底栖无脊椎动物为食。最大体长：8cm。光照：柔和。分布：印度洋—西太平洋。

变色连鳍䲗

分类：鲈形目，䲗科，连鳍䲗属

拉丁名：*Synchiropus picturatus*

俗名：斑点青蛙。鱼体绿色，体侧有带蓝边的黄褐色大圆斑，圆斑中间有一黑点。栖息于珊瑚礁海域沙质或沙砾底上。性格温柔，以小型无脊椎动物为食。最大体长：7cm。光照：明亮。分布：菲律宾以南海域。

红斑连鳍䲗

分类：鲈形目，䲗科，连鳍䲗属

拉丁名：*Synchiropus stellatus*

俗名：火麒麟。鱼体白色，散布许多红色斑块。栖息于珊瑚礁水深10~20m海藻茂盛处的岩石上。性格温柔，以底栖无脊椎动物为食。最大体长：6cm。光照：明亮。分布：印度洋—西太平洋。

指脚䲗

分类：鲈形目，䲗科，指脚䲗属

拉丁名：*Dactylopus dactylopus*

俗名：花青蛙。鱼体灰色，全身布满黑色斑点；雄

鱼第1~3背鳍鳍棘延长。栖息于珊瑚礁潟湖等水流较平静处，水深10余米的泥沙底质上。性格温柔，以底栖无脊椎动物为食。最大体长：18cm。光照：柔和。分布：印度洋—西太平洋。

点纹钝塘鳢

分类：鲈形目，塘鳢科，钝塘鳢属
拉丁名：*Amblyeleotris guttata*
俗名：珍珠卫兵。鱼体黄灰色，体侧散布橘红色斑点，胸腹部有2~3个黑斑。栖息于珊瑚礁沙质海底的洞穴中，与鼓虾共生。性格温柔，以小型无脊椎动物为食。最大体长：7cm。光照：柔和。分布：西太平洋。

亚诺钝塘鳢

分类：鲈形目，塘鳢科，钝塘鳢属
拉丁名：*Amblyeleotris yanoi*
俗名：红斑节鰕虎。鱼体灰白色，体侧有4条红色横带。栖息于珊瑚礁沙质海底，与鼓虾共生。性格温柔，以小型无脊椎动物为食。最大体长：10cm。光照：柔和。分布：西太平洋。

条纹钝塘鳢

分类：鲈形目，塘鳢科，钝塘鳢属
拉丁名：*Amblyeleotris fasciata*
俗名：粉条。鱼体灰色，体侧有5条红色横带。栖息于珊瑚礁海域沙质海底的洞穴中，与鼓虾共生。性格温柔，以小型无脊椎动物为食。最大体长：7cm。光照：柔和。分布：西太平洋。

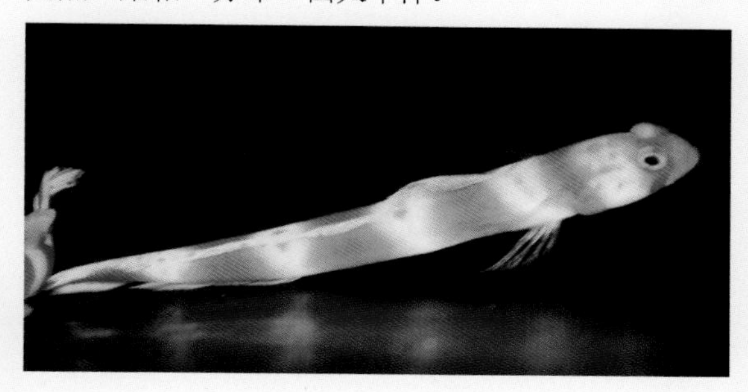

红纹钝塘鳢

分类：鲈形目，塘鳢科，钝塘鳢属
拉丁名：*Amblyeleotris wheeleri*

俗名：车夫卫兵。体侧有7条横纹。栖息于珊瑚礁沙质海底，与瞽虾共生。性格温柔，以小型无脊椎动物为食。最大体长：9cm。光照：明亮。分布：印度洋—太平洋。

日本钝塘鳢

分类：鲈形目，塘鳢科，钝塘鳢属

拉丁名：*Amblyeleotris japonica*

俗名：斑节鰕虎。鱼体灰白色，体侧具4条褐色横带。栖息于水深15~20m的沙质海底，与瞽虾共生。性格温柔，以小型无脊椎动物为食。最大体长：10cm。光照：柔和。分布：印度洋—西太平洋。

小笠原钝塘鳢

分类：鲈形目，塘鳢科，钝塘鳢属

拉丁名：*Amblyeleotris ogasawarensis*

俗名：蜜蜂鰕虎。鱼体灰白色，体侧有6条黑褐色横带，散布红色及蓝色小斑点。栖息于珊瑚礁沙质海底，与瞽虾共生。性格温柔，以小型无脊椎动物为食。最大体长：10cm。光照：柔和。分布：西太平洋。

褐条钝塘鳢

分类：鲈形目，塘鳢科，钝塘鳢属

拉丁名：*Amblyeleotris gymnocephala*

鱼体灰色，体侧有4条灰褐色横纹。栖息于珊瑚礁浅水处沙质海底，与瞽虾共生。性格温柔，以小型无脊椎动物为食。最大体长：14cm。光照：柔和。分布：西太平洋。

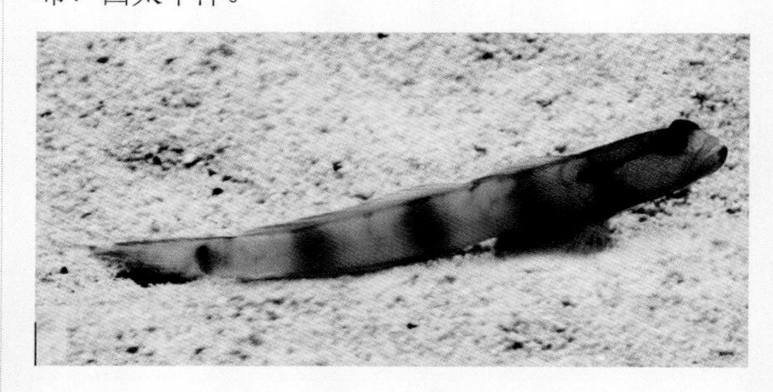

伦氏钝塘鳢

分类：鲈形目，塘鳢科，钝塘鳢属

拉丁名：*Amblyeleotris randalli*

俗名：大帆鰕虎。鱼体灰色，体侧有6条橙色横带，背鳍上有一大块带白边的黑斑以及若干小白点。栖息于珊瑚礁洞穴中。性格温柔，以小型无脊椎动物为食。最大体长：8cm。光照：柔和。分布：西太平洋。

黑斑钝塘鳢

分类：鲈形目，塘鳢科，钝塘鳢属

拉丁名：*Amblyeotris periophthalma*

俗名：血色古B。鱼体灰色，体侧均匀分布6条红色横带，且布满红色与黑色斑点。栖息于珊瑚礁海域水深15~30m的沙质海底，与瞽虾共生。性格温柔，以小型无脊椎动物为食。最大体长：10cm。光照：明亮。分布：印度洋—西太平洋。

长鳍凡塘鳢

分类：鲈形目，塘鳢科，凡塘鳢属

拉丁名：*Valeniennea longipinnis*

俗名：五点古B。鱼体灰色，体侧有5个与眼睛同大的黑色斑点和4条土红色至黑色纵线。栖息于岩礁与珊瑚礁海域浅水处，落潮时躲藏在礁石下面的水坑中。性格温柔，以小型无脊椎动物为食。最大体长：17cm。光照：明亮。分布：印度洋—太平洋热带与温带海域。

丝条凡塘鳢

分类：鲈形目，塘鳢科，凡塘鳢属

拉丁名：*Valenciennea strigatus*

俗名：金头鰕虎。鱼体灰白色，头部黄色，自口裂后方经眼下至鳃盖处有一天蓝色细纵纹。常成对栖息于水深3~5m的沙底上。性格温柔，以底栖无脊椎动物、其他鱼类的鱼卵为食。最大体长：18cm。光照：柔和。分布：印度洋—太平洋。

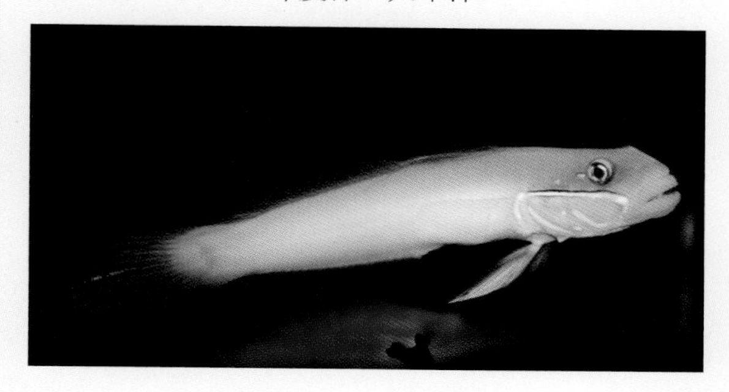

双带凡塘鳢

分类：鲈形目，塘鳢科，凡塘鳢属

拉丁名：*Valenciennea heldsdingenii*

俗名：黑带鰕虎。产于西太平洋的，鱼体淡褐色，体侧有2条黑色纵带；产于印度洋的，鱼体为青色，

长鳍凡塘鳢

体侧有2条红色纵线。栖息于岩礁附近沙质海底上。性格温柔，以底栖无脊椎动物为食。最大体长：10cm。光照：柔和。分布：印度洋—西太平洋。

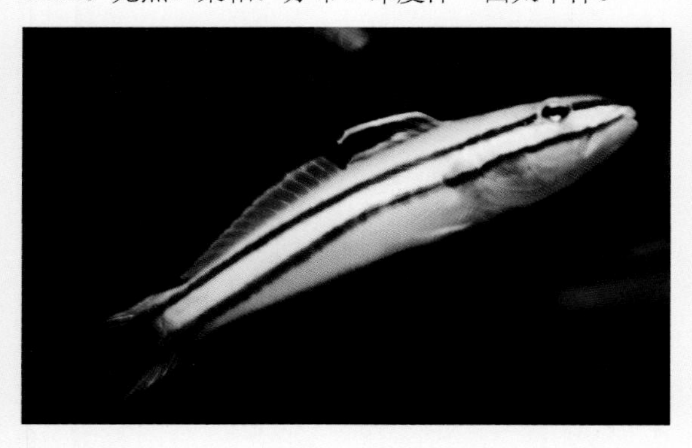

鞍斑凡塘鳢

分类：鲈形目，塘鳢科，凡塘鳢属
拉丁名：*Valenciennea wardii*
俗名：霸王鰕虎。鱼体灰色，体侧有4~5条褐色横带，背鳍有黑斑。单独活动于水深20m左右的沙质海底。性格温柔，以底栖无脊椎动物为食。最大体长：7cm。光照：柔和。分布：印度洋—西太平洋热带海域。

大鳞凡塘鳢

分类：鲈形目，塘鳢科，凡塘鳢属
拉丁名：*Valenciennea puellaris*
俗名：钻石卫兵。鱼体灰褐色，腹部上方有一条橘红色纵带，纵带上方散布橘红色斑点。栖息于岩礁海域沙质海底上，活动水层20m左右，与瞽虾共生。性格温柔，以底栖无脊椎动物为食。最大体长：12cm。光照：明亮。分布：印度洋—太平洋。

石壁凡塘鳢

分类：鲈形目，塘鳢科，凡塘鳢属
拉丁名：*Valenciennea muralis*
体侧具7~8条粉红色纵纹。栖息于浅海沙质海底。性格温柔，以小型无脊椎动物为食。最大体长：10cm。光照：明亮。分布：东印度洋—西太平洋热带海域。

线塘鳢

分类：鲈形目，鰕虎鱼科，丝鳍线塘鳢属
拉丁名：*Nemateleotris magnifica*

俗名：雷达。鱼体前半部白色，后半部红色，第一背鳍的第一鳍棘延长为丝状。栖息于珊瑚礁60m以内的水层。性格温柔，以浮游动物为食。最大体长：9cm。光照：明亮。分布：印度洋—太平洋。

华丽线塘鳢

分类：鲈形目，鰕虎鱼科，丝鳍线塘鳢属
拉丁名：*Nemateleotris decora*
俗名：大溪地火鸟。鱼体前半部灰色至粉色，后半部灰色并逐渐变成灰白色，头顶背部为紫红色。栖息于珊瑚礁水深60m以内的礁洞中。性格温柔，以浮游动物为食。最大体长：7.5cm。光照：明亮。分布：西太平洋、澳大利亚大堡礁，法属波利尼西亚周边海域。

贺氏线塘鳢

分类：鲈形目，鰕虎鱼科，丝鳍线塘鳢属
拉丁名：*Nemateleotris helfrichi*

俗名：紫雷达。头部黄色，头顶背部紫红色，身体前半部浅黄色，向后逐渐变暗。栖息于珊瑚礁沙质海底上，挖沙为巢。性格温柔，以浮游动物为食。最大体长：5cm。光照：柔和。分布：中、西部太平洋。

凹尾塘鳢

分类：鲈形目，鳚鳢科，鳍塘鳢属
拉丁名：*Ptereleotris microlepis*
俗名：蓝眼灯。鱼体浅灰绿色，眼眶蓝色，下颌向前突出，尾鳍稍凹。单独或数尾活动于珊瑚礁礁壁下面的沙质海底。性格温柔，以浮游动物为食。最大体长：11cm。光照：柔和。分布：印度洋—西太平洋。

黑尾鳍塘鳢

分类：鲈形目，鳚鳢科，鳍塘鳢属
拉丁名：*Ptereleotris evides*
俗名：喷射机。鱼体前半身为淡灰色至蓝灰色，自第二背鳍与臀鳍起始处的后半身为蓝黑色。活动于水深15m以内的珊瑚礁沙底上，以礁洞为居所。性格温柔，以浮游动物为食。最大体长：12cm。光照：柔和。分布：印度洋—太平洋。

丝尾鳍塘鳢

分类：鲈形目，鳚鳢科，鳍塘鳢属
拉丁名：*Ptereotris hanae*
俗名：燕尾鰕虎。鱼体青色，尾鳍延长呈丝状。栖息于岩礁海域水深10~20m的沙质海底上。性格温柔，以底栖动物、浮游动物为食。最大体长：8cm。光照：柔和。分布：太平洋。

尾斑鳍塘鳢

分类：鲈形目，鳚鳢科，鳍塘鳢属
拉丁名：*Ptereleotris heteroptera*
俗名：青鰕虎。鱼体蓝色，尾鳍中间有一黑斑。栖息于珊瑚礁，岩礁海域的沙质海底上，栖息水深为7~45m。性格温柔，以小型无脊椎动物为食。最大体长：9cm。光照：柔和。分布：印度洋—太平洋。

单鳍塘鳢

分类：鲈形目，鳚鳢科，鳍塘鳢属
拉丁名：*Ptereleotris monoptera*
鱼体灰色至蓝灰色，尾鳍尖端圆钝中间稍凹。大群活动于珊瑚礁海域沙底或沙砾底。性格温柔，以小型无脊椎动物为食。最大体长：10cm。光照：柔和。分布：印度洋—西太平洋。

斑马鳍塘鳢

分类：鲈形目，鳚鳢科，鳍塘鳢属
拉丁名：*Ptereleotris zebra*
俗名：红斑节喷射机。体侧有多条横纹。栖息于珊瑚礁外缘有潮流的地方，栖息水深2~3m。性格温柔，以浮游生物为食。最大体长：10cm。光照：柔和。分布：印度洋—太平洋。

青斑丝鰕虎鱼

分类：鲈形目，鰕虎鱼科，丝鰕虎鱼属
拉丁名：*Cryptocentrus caeruleomaculatus*
俗名：蓝点鰕虎。体侧有多条不明显的暗色横带。栖息于珊瑚礁海域水深5m左右的沙质海底。性格温柔，以小型无脊椎动物为食。最大体长：8cm。光照：柔和。分布：印度洋—西太平洋。

黑唇丝鰕虎鱼

分类：鲈形目，鰕虎鱼科，丝鰕虎鱼属
拉丁名：*Cryptocentrs cinctus*
俗名：黄金鰕虎。鱼体金黄色，头部有天蓝色圆斑。栖息于珊瑚礁水深5m左右的沙质海底，与瞽虾共生。性格温柔，以底栖生物为食。最大体长：8cm。光照：柔和。分布：西太平洋。

黑唇丝鰕虎鱼（体色变异）

分类：鲈形目，鰕虎鱼科，丝鰕虎鱼属
拉丁名：*Cryptocentrus cinctus var*
俗名：荧光蓝星。鱼体灰褐色，散布许多蓝色斑点。栖息于珊瑚礁沙质海底，与瞽虾共生。性格温柔，以底栖生物为食。最大体长：8cm。光照：柔和。分布：菲律宾。

孔雀丝鰕虎鱼

分类：鲈形目，鰕虎鱼科，丝鰕虎鱼属
拉丁名：*Cryptocentrus pavoninoides*
俗名：蓝星卫兵。有两种体色，草绿色和橘红色，体侧有10条左右的蓝色横纹，头部有天蓝色斑点。栖息于珊瑚礁沙质海底，与瞽虾共生。性格温柔，以底栖生物为食。最大体长：8cm。光照：柔和。分布：中、西太平洋。

丝鳍狭鰕虎鱼

分类：鲈形目，鰕虎鱼科，狭鰕虎鱼属
拉丁名：*Stenogobius nematodes*
俗名：黑天线。全身灰白色，体侧有3条斜向黑色横带，第一背鳍鳍棘呈丝状。栖息于水深10m的沙质海底上。性格温柔，以底栖无脊椎动物为食。最大体长：5cm。光照：柔和。分布：西太平洋。

奥氏鰕虎

分类：鲈形目，鰕虎鱼科，栉眼鰕虎鱼属
拉丁名：*Stonogobiops sp*
俗名：白天线。鱼体白色，体侧有数条红色纵带，背鳍第一硬棘延长。单独活动于珊瑚礁水深10~35m深的沙质海底上。性格温柔，以小型无脊椎动物为食。最大体长：4cm。光照：柔和。分布：西太平洋。

横带栉眼鰕虎鱼

分类：鲈形目，鰕虎鱼科，栉眼鰕虎鱼属
拉丁名：*Stonogobiops dracula*
俗名：吸血鬼鰕虎。鱼体灰白色，头部黄色，体侧有7条红褐色横纹。栖息于珊瑚礁沙质海底。性格温柔，以小型无脊椎动物为食。最大体长：10cm。光照：明亮。分布：马尔代夫。

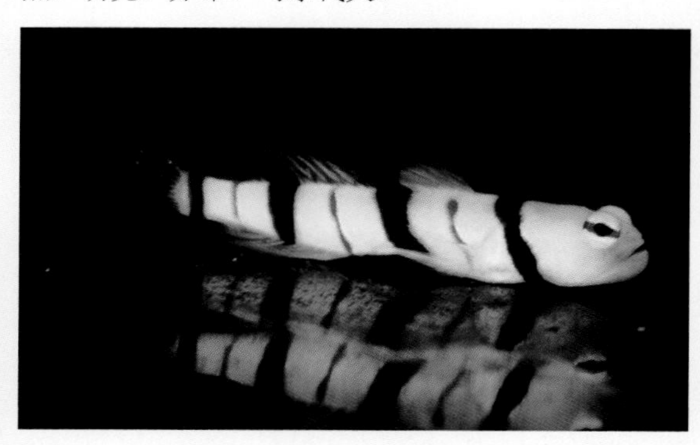

长棘栉眼鰕虎鱼

分类：鲈形目，鰕虎鱼科，栉鰕虎鱼属
拉丁名：*Ctenogobiops tangaroai*
俗名：珍珠鰕虎。第一背鳍的1~2鳍条特别延长。栖息于岩礁及珊瑚礁底层。性格温柔，以小型无脊椎动物为食。最大体长：4cm。光照：柔和。分布：太平洋。

双斑显色鰕虎鱼

分类：鲈形目，鰕虎鱼科，显色鰕虎鱼属
拉丁名：*Signnigobius biocellatus*
俗名：四驱车。两个背鳍上各有一个黑色圆斑。栖息于岩礁及珊瑚礁底层。性格温柔，以小型无脊椎动物为食。最大体长：5cm。光照：柔和。分布：中西部太平洋。

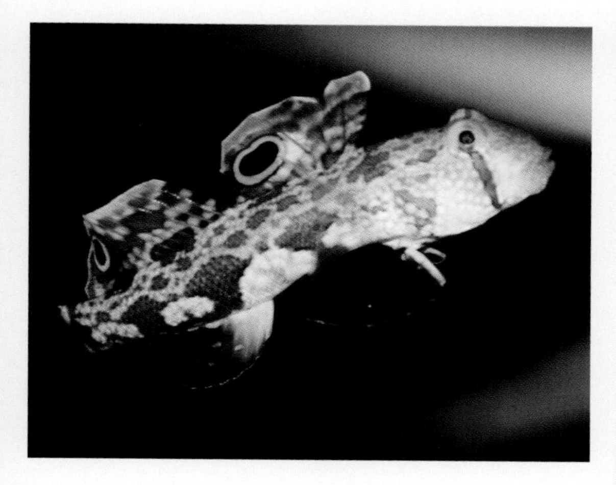

黄体叶鰕虎鱼

分类：鲈形目，鰕虎鱼科，叶鰕虎鱼属
拉丁名：*Gobiodon okinawae*
俗名：黄蟋蟀。全身黄色。栖息于珊瑚礁海域枝状珊瑚附近，水流相对平静的潟湖内，栖息水深2~10m。性格温柔，以小型无脊椎动物为食。最大体长：3.5cm。光照：明亮。分布：西太平洋。

红斑叶鰕虎鱼

分类：鲈形目，鰕虎鱼科，叶鰕虎鱼属
拉丁名：*Gobiodon atrangulatus*
俗名：柠檬蟋蟀。鱼体黄褐色，眼下有4条白色和红色横带。栖息于珊瑚礁枝状珊瑚丛中。性格温柔，以小型无脊椎动物为食。最大体长：3.5cm。光照：明亮。分布：西太平洋。

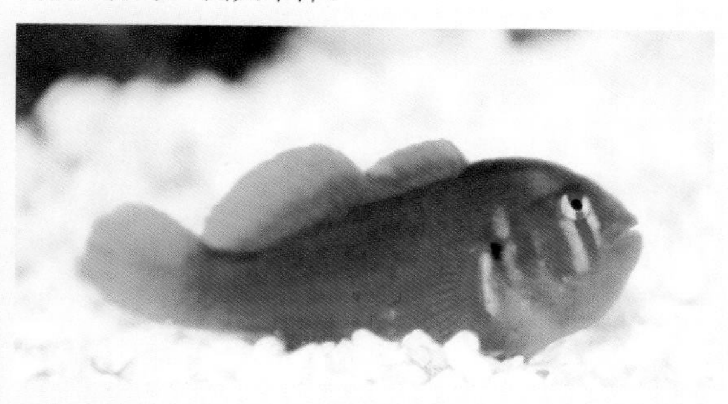

小鳍叶鰕虎鱼

分类：鲈形目，鰕虎鱼科，叶鰕虎鱼属
拉丁名：*Gobiodon micropus*
俗名：蓝蟋蟀。全身蓝黑色，除胸鳍外各鳍黑褐色。栖息于珊瑚礁鹿角珊瑚的枝丫之间。性格温柔，以小型无脊椎动物为食。最大体长：3cm。光照：柔和。分布：印度洋—太平洋。

五线叶鰕虎鱼

分类：鲈形目，鰕虎鱼科，叶鰕虎鱼属
拉丁名：*Gobiodon quinquestrigatus*

宽纹叶鰕虎鱼

俗名：红蟋蟀。鱼体黑褐色，头部红褐色有5条细的蓝色横纹。栖息于珊瑚礁鹿角珊瑚丛中。性格温柔，以小型无脊椎动物为食。最大体长：4cm。光照：柔和。分布：太平洋。

沟叶鰕虎鱼

分类：鲈形目，鰕虎鱼科，叶鰕虎鱼属
拉丁名：*Gobiodon rivulatus*
俗名：绿蟋蟀。鱼体绿色，体侧有红褐色纵纹。栖息于珊瑚礁鹿角珊瑚丛中。性格温柔，以无脊椎动物为食。最大体长：5cm。光照：柔和。分布：印度洋—西太平洋。

宽纹叶鰕虎鱼

分类：鲈形目，鰕虎鱼科，叶鰕虎鱼属
拉丁名：*Gobiodon histrio*

与沟叶鰕虎鱼的不同之处为体侧的红褐色纵线变成了圆斑。栖息于珊瑚礁底层。性格温柔，以小型浮游动物为食。最大体长：7cm。光照：柔和。分布：菲律宾附近海域。

棘头副叶鰕虎鱼

分类：鲈形目，鰕虎鱼科，副叶鰕虎鱼属
拉丁名：*Paragobiodon echinocephalus*
俗名：粉头蟋蟀。头部粉红色，散布白色斑点，后半身黑色。栖息于珊瑚礁枝状珊瑚丛中。性格温柔，以小型无脊椎动物为食。最大体长：3cm。光照：明亮。分布：印度洋—太平洋。

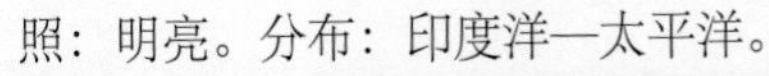

疣副叶鰕虎鱼

分类：鲈形目，鰕虎鱼科，副叶鰕虎鱼属
拉丁名：*Paragobiodon modestus*

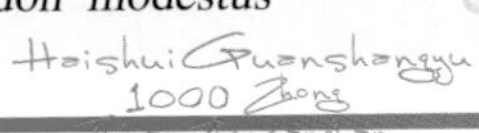

俗名：红头蟋蟀。头部红褐色，身体黑色。栖息于珊瑚礁枝状珊瑚丛中。性格温柔，以小型无脊椎动物为食。最大体长：3cm。光照：明亮。分布：印度洋—太平洋。

黑鳍副叶鰕虎鱼

分类：鲈形目，鰕虎鱼科，副叶鰕虎鱼属
拉丁名：*Paragobiodon lacunicolus*
俗名：熊猫蟋蟀。鱼体白色至粉色，头部粉红色，各鳍黑色。栖息于珊瑚礁枝状珊瑚丛中。性格温柔，以小型无脊椎动物为食。最大体长：3cm。光照：明亮。分布：印度洋—太平洋。

凯氏鲻鰕虎鱼

分类：鲈形目，鰕虎鱼科，鲻鰕虎鱼属
拉丁名：*Istigobius campbelli*
鱼体褐色，体侧有多条由深褐色斑点组成的纵线，并夹带褐色斑点。栖息于岩礁海域水深3~20m处。性格温柔，以小型无脊椎动物为食。最大体长：12cm。光照：明亮。分布：西北太平洋。

华丽钝鰕虎鱼

分类：鲈形目，鰕虎鱼科，钝鰕虎鱼属
拉丁名：*Amblygobius decussates*
俗名：红格鰕虎。鱼体灰白色，体侧有两条不明显的红色纵带及数条浅红色横带。栖息于沿海内湾泥沙底或沙底。性格温柔，以小型无脊椎动物为食。最大体长：7.5cm。光照：柔和。分布：西太平洋。

贺氏钝鰕虎鱼

分类：鲈形目，鰕虎鱼科，钝鰕虎鱼属
拉丁名：*Amblygobius hectori*

俗名：金线鰕虎。鱼体黑色，体侧有3条黄色纵带。栖息于岩礁峭壁及珊瑚礁斜面水深10m左右处。性格温柔，以底栖无脊椎动物为食。最大体长：5cm。光照：柔和。分布：印度洋—西太平洋。

尾斑钝鰕虎鱼

分类：鲈形目，鰕虎鱼科，钝鰕虎鱼属
拉丁名：*Amblygobius phalaena*
俗名：林哥。鱼体银灰色，体侧有5条黑色横带。栖息于珊瑚礁水深10m以内的沙质海底上。性格温柔，以底栖无脊椎动物为食。最大体长：10cm。光照：温柔。分布：太平洋。

雷氏钝鰕虎鱼

分类：鲈形目，鰕虎鱼科，钝鰕虎鱼属
拉丁名：*Amblygobius rainfordi*
俗名：红线鰕虎。鱼体蓝灰色，头部草绿色至黄色，体侧有5条红色纵线，背部上方靠近背鳍基底处有6~8个白斑。栖息于珊瑚礁及岩礁海域，水深10m左右的沙质海底处。性格温柔，以底栖无脊椎动物为食。最大体长：6cm。光照：柔和。分布：西太平洋。

蓝带血鰕虎鱼

分类：鲈形目，鰕虎鱼科，血鰕虎鱼属
拉丁名：*Lythrypnus dalli*
俗名：红天堂。鱼体橙红色，体侧有5条蓝色横纹。单独活动于岩礁海域6m以下的洞穴中。性格温柔，以小型无脊椎动物为食。最大体长：3cm。光照：柔和。分布：加利福尼亚湾。

细点矶塘鳢

分类：鲈形目，鰕虎鱼科，矶塘鳢属
拉丁名：*Eviota albolineata*
俗名：橙点鰕虎。鱼体灰白色，体侧布满橙色斑点。栖息于珊瑚礁斜面有潮流的地方，栖息水深2~3m。性格温柔，以小型无脊椎动物为食。最大体长：3cm。光照：明亮。分布：印度洋—太平洋。

透体矶塘鳢

分类：鲈形目，鰕虎鱼科，矶塘鳢属
拉丁名：*Eviota pellucid*

俗名：红灯古B。鱼体红色，体侧有2条黄色细纵纹，胸鳍后方有一个蓝黑色斑块。栖息于珊瑚礁洞穴中。性格温柔，以小型无脊椎动物为食。最大体长：3cm。光照：柔和。分布：东印度洋—西太平洋。

黑腹矶塘鳢

分类：鲈形目，鰕虎鱼科，矶塘鳢属
拉丁名：*Eviota nigriventris*
俗名：彩虹古B。鱼体灰白色，体侧有一条非常美丽的红色纵带。栖息于茂密的珊瑚丛中。性格温柔，以小型无脊椎动物为食。最大体长：3cm。光照：明亮。分布：西太平洋。

宽鳃珊瑚鰕虎鱼

分类：鲈形目，鰕虎鱼科，珊瑚鰕虎鱼属
拉丁名：*Bryaninops loki*
俗名：红玻璃鰕虎。鱼体几乎透明，腹部颜色与所栖珊瑚颜色基本一致。栖息于珊瑚礁海域枝状珊瑚茂密处，与柳珊瑚共栖。性格温柔，以小型浮游动物为食。最大体长：4cm。光照：柔和。分布：印度洋—太平洋热带海域。

漂浮珊瑚鰕虎鱼

分类：鲈形目，鰕虎鱼科，珊瑚鰕虎鱼属
拉丁名：*Bryaninops natans*

黑腹矶塘鳢

漂浮珊瑚鰕虎鱼

俗名：青眼鰕虎。鱼体青色，眼睛大而黑。小群活动于珊瑚礁枝状珊瑚丛中，栖息水深2~3m。性格温柔，以小型无脊椎动物为食。最大体长：3cm。光照：明亮。分布：西太平洋。

俗名：玻璃鰕虎。背部透明，腹部灰褐色，有3条淡色横纹。栖息于珊瑚礁海域枝状珊瑚茂密处，与柳珊瑚共栖。性格温柔，以浮游动物为食。最大体长：3.5cm。光照：柔和。分布：印度洋—太平洋。

劾突珊瑚鰕虎鱼

分类：鲈形目，鰕虎鱼科，珊瑚鰕虎鱼属
拉丁名：*Bryaninops yongei*

大弹涂鱼

分类：鲈形目，鰕虎鱼科，大弹涂鱼属
拉丁名：*Boleophthalmus pectinirostris*
俗名：跳鱼。眼睛长在头顶上面，并突出于头部。栖息于底潮区泥质海底，穴居。性格温柔，以底栖藻类、细小无脊椎动物为食。最大体长：14cm。光照：明亮。分布：西北太平洋。

格代异翼鰕虎鱼

分类：鲈形目，鰕虎鱼科，异翼鰕虎鱼属
拉丁名：*Discordipinna griessingeri*
俗名：火炬鰕虎。鱼体灰白色，头部有与瞳孔等大的黑斑，各鳍红色，第一背鳍高大如燃烧的火炬般。栖息于珊瑚礁沙质海底。性格温柔，以小型无脊椎动物为食。最大体长：3cm。光照：明亮。分布：印度洋—太平洋。

墨西哥霓虹鰕虎鱼

分类：鲈形目，鰕虎鱼科，霓虹鰕虎鱼属
拉丁名：*Elacatinus puncticulatus*
俗名：红面鰕虎。鱼体灰白色，体侧有5~7个比瞳孔稍大的黑色斑点，头部红色，各鳍颜色与体色相同。栖息于珊瑚礁沙质海底。性格温柔，但同种间会有打斗现象，以小型无脊椎动物为食。最大体长：5cm。光照：明亮。分布：加勒比海。

伊夫林鮈鰕虎鱼

分类：鲈形目，鰕虎鱼科，鮈鰕虎鱼属
拉丁名：*Gobiosoma evelynae*
俗名：荧光鰕虎。全身黑色，体侧有一条白色纵带，从眼睛上方一直通到尾柄。成千上万尾形成大群，生活在珊瑚礁海域水深40m以内的区域。性格温柔，以小型浮游动物为食。最大体长：6cm。光照：柔和。分布：巴哈马。

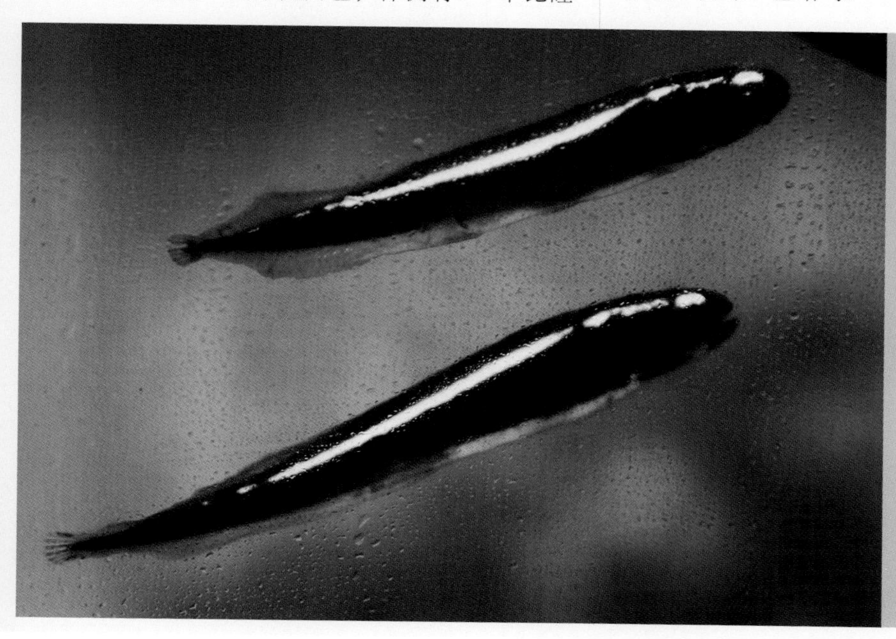

伊夫林鮈鰕虎鱼

裊后颌螣

虹鲄鰕虎鱼

分类：鲈形目，鰕虎鱼科，鲄鰕虎鱼属
拉丁名：*Gobiosoma oceanops*
俗名：蓝荧光鰕虎。全身蓝黑色，腹部灰色，体侧从眼睛上方到尾柄有一条蓝色纵带。栖息于珊瑚礁海域水深40m以内。性格温柔，但领地意识强烈，同属间有激烈的打斗行为，以小型无脊椎动物、其他鱼类身上的寄生虫为食。最大体长：5cm。光照：明亮。分布：加勒比海。

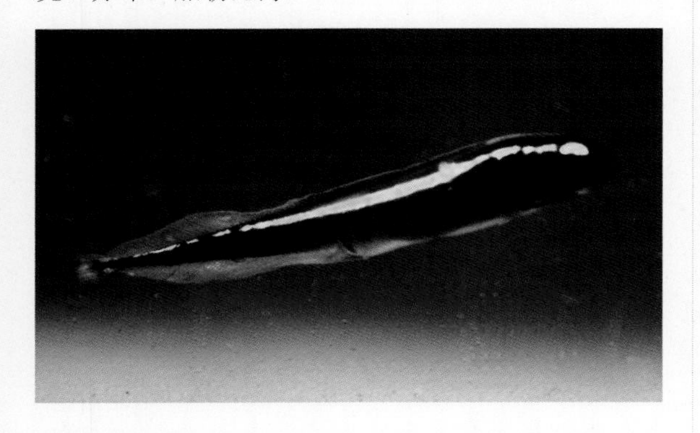

裊后颌螣

分类：鲈形目，后颌鱼科，后颌螣属
拉丁名：*Opistognathus scops*
俗名：大头鳄。鱼体灰色，体侧有褐色云状斑，背鳍前部有一个黑色眼斑。栖息于珊瑚礁海域底层沙质海底。性格凶猛，以鱼类为食。最大体长：15cm。光照：柔和。分布：印度尼西亚周边海域。

刺尾鱼

刺尾鱼俗称“倒吊”、“粗皮鲷”。在尾柄两侧各有一对或几对非常锋利的骨质盾板，平时收在凹槽中，受到惊吓时立刻会像弹簧刀一样跳出来，用尾巴使劲地鞭挞对手，常常使敌害遍体鳞伤，血肉模糊。倒吊体色鲜艳，容易饲养，生长快，是非常受欢迎的海水观赏鱼。

小高鳍刺尾鱼

分类：鲈形目，刺尾鱼科，高鳍刺尾鱼属
拉丁名：*Zebrasoma scopes*
俗名：三角倒吊。体侧前半部为棕黄色，后半部棕黑色。栖息于珊瑚礁潟湖中，常单独或三两成群活动。性格温柔，以海藻为食。最大体长：20cm。光照：明亮。分布：印度洋—西太平洋。

黄高鳍刺尾鱼

分类：鲈形目，刺尾鱼科，高鳍刺尾鱼属
拉丁名：*Zebrasoma flavescens*
俗名：黄三角倒吊。全身金黄色。栖息于珊瑚礁潟湖中。性格温柔，以海藻为食。最大体长：15cm。光照：明亮。分布：印度洋—太平洋。

高鳍刺尾鱼（印度洋型）

分类：鲈形目，刺尾鱼科，高鳍刺尾鱼属
拉丁名：*Zebrasoma veliferus*
俗名：大帆倒吊。灰褐色的身体上，有多条深色横带。栖息于珊瑚礁斜面及潟湖中。性格温柔，以海藻为食。最大体长：40cm。光照：明亮。分布：印度洋—太平洋。

高鳍刺尾鱼（印度洋型）

高鳍刺尾鱼（太平洋型）

分类：鲈形目，刺尾鱼科，高鳍刺尾鱼属
拉丁名：*Zebrasoma veliferus var*
俗名：大帆倒吊。身体蓝黑色，体侧有多条白色横带。栖息于珊瑚礁斜面及潟湖中。性格温柔，以海藻为食。最大体长：40cm。光照：明亮。分布：太平洋。

德氏高鳍刺尾鱼

分类：鲈形目，刺尾鱼科，高鳍刺尾鱼属
拉丁名：*Zebrasoma desjarbinii*
俗名：珍珠大帆倒吊。体侧有10条横纹，每条横纹中有2行橘色的斑点。栖息于珊瑚礁礁湖中。性格温柔，以藻类、无脊椎动物为食。最大体长：40cm。光照：明亮。分布：印度洋的非洲东海岸、红海。

紫高鳍刺尾鱼

分类：鲈形目，刺尾鱼科，高鳍刺尾鱼属
拉丁名：*Zebrasoma xanthurus*
俗名：紫吊。全身深蓝色，有很多黑色的细纵纹，尾鳍黄色。栖息于珊瑚礁斜面及潟湖中。性格温柔，以海藻为食。最大体长：22cm。光照：明亮。分布：印度洋。

黑高鳍刺尾鱼

分类：鲈形目，刺尾鱼科，高鳍刺尾鱼属
拉丁名：*Zebrasoma rostratus*
俗名：丝绒吊。幼鱼全身黑色，成鱼体侧前部变成绿色非常漂亮。栖息于珊瑚礁水深10m左右。性格温柔，以海藻为食。最大体长：20cm。光照：明亮。分布：中部太平洋。

宝石高鳍刺尾鱼

分类：鲈形目，刺尾鱼科，高鳍刺尾鱼属
拉丁名：*Zebrasoma gemmatus*

俗名：珍珠吊。鱼体黑色，全身散布许多白色小点。栖息于珊瑚礁水深10m左右处。性格温柔，以海藻、小型无脊椎动物为食。最大体长：22cm。光照：明亮。分布：西太平洋。

黑尾刺尾鱼

分类：鲈形目，刺尾鱼科，刺尾鱼属
拉丁名：*Acanthurus nigricaudus*
俗名：白额倒吊。全身黄褐色，沿背鳍和臀鳍基底各有一黄色纵带。栖息于珊瑚礁斜面水深10m左右处和潟湖中。性格温柔，以海藻、小虾为食。最大体长：20cm。光照：明亮。分布：印度洋—太平洋。

头斑刺尾鱼

分类：鲈形目，刺尾鱼科，刺尾鱼属
拉丁名：*Acanthurus maculiceps*
俗名：雀斑吊。头部具许多白色至橙色小点。栖息于珊瑚礁斜面水深10m左右及潟湖中。性格温柔，以海藻、小虾为食。最大体长：19cm。光照：明亮。分布：东印度洋—西太平洋。

日本刺尾鱼

分类：鲈形目，刺尾鱼科，刺尾鱼属
拉丁名：*Acanthurus japonicus*
俗名：花吊。与黑尾刺尾鱼极其相似，其区别为本

头斑刺尾鱼

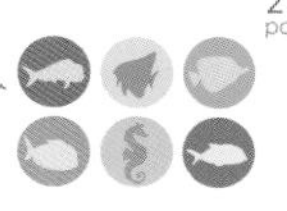

种胸鳍及尾柄盾板周围有黄斑。栖息于珊瑚礁斜面有海流的地方，栖息水深10m左右。性格温柔，以海藻、小虾为食。最大体长：20cm。光照：明亮。分布：印度洋—太平洋。

白面刺尾鱼

分类：鲈形目，刺尾鱼科，刺尾鱼属
拉丁名：*Acanthurus nigricans*
俗名：五彩吊。与日本刺尾鱼很相似，但身体上的黄色条纹有所不同，眼下的白斑较小，另外尾鳍花纹亦有少许不同。栖息于珊瑚礁及海藻场。性格温柔，以藻类、无脊椎动物为食。最大体长：17cm。光照：明亮。分布：印度洋—太平洋。

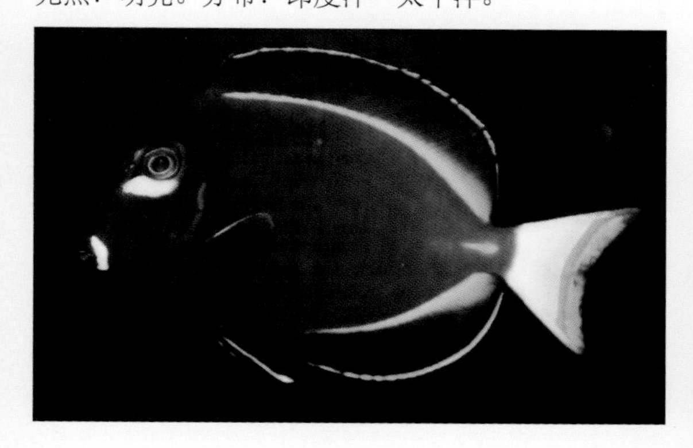

黑鳃刺尾鱼

分类：鲈形目，刺尾鱼科，刺尾鱼属
拉丁名：*Acanthurus pyroferus*
幼鱼全身金黄色，体型圆形；成鱼棕黄色，鳃后有一黑褐色斑，体型为椭圆形。常单独活动在珊瑚礁外缘水深10~50m海藻茂盛处。性格温柔，以海藻为食。最大体长：19cm。光照：明亮。分布：印度洋—西太平洋。

印度洋产　　太平洋产

幼鱼

黄翼刺尾鱼

分类：鲈形目，刺尾鱼科，刺尾鱼属
拉丁名：*Acanthurus xanthopterus*
俗名：金翅吊。全身蓝灰色，胸鳍黄色。栖息于珊瑚礁斜面约10m深处。性格温柔，以海藻为食。最大体长：30cm。光照：柔和。分布：印度洋—太平洋。

额带刺尾鱼

分类：鲈形目，刺尾鱼科，刺尾鱼属

拉丁名：*Acanthurus dussumieri*
俗名：波纹吊。幼鱼时体前部有波浪状纵纹，随成长会逐渐模糊或消失。栖息于珊瑚礁斜面，潟湖及岩礁海域。性格温柔，以藻类为食。最大体长：35cm。光照：明亮。分布：印度洋—太平洋。

黄尾刺尾鱼

分类：鲈形目，刺尾鱼科，刺尾鱼属
拉丁名：*Acanthurus thompsoni*
俗名：汤臣吊。鱼体褐色，尾鳍白色至黄色。栖息于珊瑚礁斜面水深5~10m处。性格温柔，以藻类、无脊椎动物为食。最大体长：27cm。光照：明亮。分布：印度洋—太平洋。

彩色刺尾鱼

分类：鲈形目，刺尾鱼科，刺尾鱼属
拉丁名：*Acanthurus lineatus*
俗名：纹吊。体侧为黄、蓝相间并带有黑边的纵带。栖息于珊瑚礁斜面2~3m深处。性格温柔，以海藻为食。最大体长：40cm。光照：明亮。分布：印度洋—太平洋。

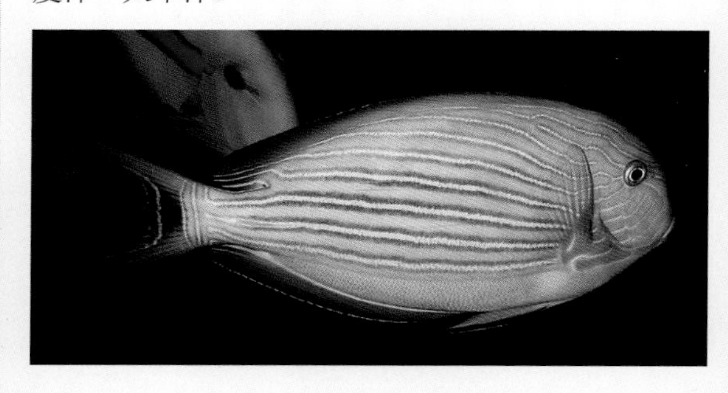

橙斑刺尾鱼

分类：鲈形目，刺尾鱼科，刺尾鱼属
拉丁名：*Acanthurus olivaceus*
俗名：一字吊。体侧有一带黑边的橙色大斑。常单独或成群游弋在珊瑚礁水深10m左右的礁盘上方。性格温柔，以海藻、有机碎屑为食。最大体长：25cm。光照：明亮。分布：印度洋—太平洋。

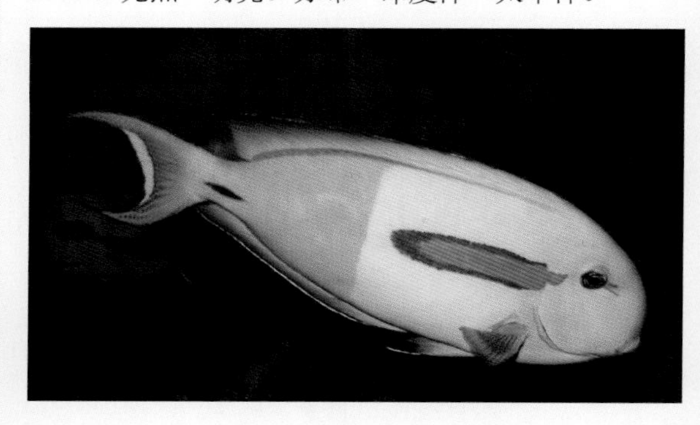

暗色刺尾鱼

分类：鲈形目，刺尾鱼科，刺尾鱼属
拉丁名：*Acanthurus mata*

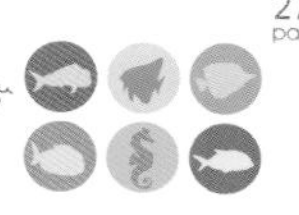

黑带刺尾鱼

俗名：西瓜吊。体侧有多条暗色纵纹。栖息于珊瑚礁内外缘斜面海流较大的地方，栖息水深10m左右。性格温柔，以藻类为食。最大体长：30cm。光照：明亮。分布：印度洋—太平洋。

黑带刺尾鱼

分类：鲈形目，刺尾鱼科，刺尾鱼属
拉丁名：*Acanthurus nigricauda*
俗名：黑花吊。鱼体黑褐色，体侧有两条黑色细纵带。栖息于珊瑚礁10m左右的沙底及礁盘上。性格温柔，以藻类为食。最大体长：40cm。光照：明亮。分布：印度洋—太平洋。

梭哈刺尾鱼

分类：鲈形目，刺尾鱼科，刺尾鱼属
拉丁名：*Acanthurus sohal*

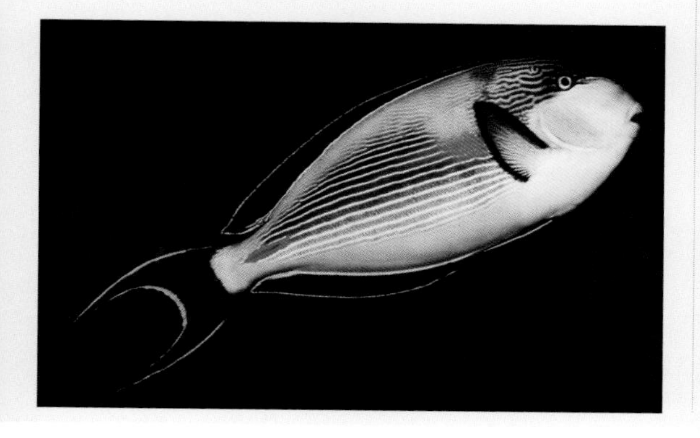

俗名：红海骑士吊。鱼体卵圆形，侧扁，灰色的身体上有多条蓝色纵带，体侧前后各有一块橙红色斑块如同骑士的肩章。栖息于珊瑚礁海域浅水处。性格温柔，以海藻为食。最大体长：40cm。光照：明亮。分布：红海。

亚氏刺尾鱼

分类：鲈形目，刺尾鱼科，刺尾鱼属
拉丁名：*Acanthurus achilles*
俗名：鸡心吊。尾柄前部有一橙红色心形斑。栖息于珊瑚礁斜面有潮流的地方。性格温柔，以海藻为食。最大体长：28cm。光照：明亮。分布：印度尼西亚巴厘岛周边海域。

白颊刺尾鱼

分类：鲈形目，刺尾鱼科，刺尾鱼属
拉丁名：*Acanthurus leucosternon*

俗名：粉蓝吊。鱼体粉蓝色。栖息于珊瑚礁斜面和潟湖中。性格温柔，以海藻为食。最大体长：25cm。光照：明亮。分布：印度洋。

双斑刺尾鱼

分类：鲈形目，刺尾鱼科，刺尾鱼属
拉丁名：*Acanthurus nigrofuscus*
俗名：黑斑吊。背鳍与臀鳍基底各有一黑色小斑点。栖息于珊瑚礁外缘及潟湖中，栖息水深10m左右。性格温柔，以海藻为食。最大体长：21cm。光照：明亮。分布：印度洋—太平洋。

斑点刺尾鱼

分类：鲈形目，刺尾鱼科，刺尾鱼属
拉丁名：*Acanthurus guttatus*
俗名：芥辣吊。鱼体褐色，具4条宽的白色横带，体后半部具许多白色圆斑。栖息于岩礁海域水深1m的波浪带。性格温柔，以海藻为食。最大体长：23cm。光照：明亮。分布：印度洋—西太平洋。

蓝刺尾鱼

分类：鲈形目，刺尾鱼科，刺尾鱼属
拉丁名：*Acanthurus coeruleus*
俗名：大西洋紫蓝吊。幼鱼全身蓝灰色，体侧有4~5条暗色横带。栖息于珊瑚礁海域水深10m左右的沙底及礁盘上。性格温柔，以藻类为食。最大体长：23cm。光照：明亮。分布：加勒比海。

横带刺尾鱼

分类：鲈形目，刺尾鱼科，刺尾鱼属
拉丁名：*Acanthurus triostegus*
俗名：斑马吊。体侧有5~6条黑色细横带。常数百尾成群活动于珊瑚礁礁区及潟湖内水深1~2m的浅

水处。性格温柔，以其他鱼类的卵子、小型浮游动物、海藻为食。最大体长：15cm。光照：明亮。分布：印度洋—太平洋。

坦氏刺尾鱼

分类：鲈形目，刺尾鱼科，刺尾鱼属
拉丁名：*Acanthurus tennenti*
俗名：耳斑吊。鳃盖后上方有1~2个黑色长形斑。栖息于珊瑚礁、岩礁海藻丰盛的地方。性格温柔，以藻类、无脊椎动物为食。最大体长：31cm。光照：明亮。分布：印度洋。

颊纹鼻鱼

分类：鲈形目，刺尾鱼科，鼻鱼属
拉丁名：*Naso lituratus*
俗名：天狗吊（太平洋型），金毛吊（印度洋型）。鱼体呈蓝灰色，唇部橙黄色，头部自眼至吻部有一带黄边的黑斑。栖息于珊瑚礁斜面有潮流的地方及潟湖内，栖息于10m左右的浅水区。性格温柔，以海藻为食。最大体长：45cm。光照：明亮。分布：印度洋—太平洋。

太平洋型

印度洋型

短棘鼻鱼

分类：鲈形目，刺尾鱼科，鼻鱼属
拉丁名：*Naso brachycentron*
俗名：独角吊。雄鱼随生长于前额处长出一角状突起并超过吻端，雌鱼则没有角状突起。栖息于珊瑚礁外缘斜面水深10m处及潟湖中。性格温柔，以海藻为食。最大体长：60cm。光照：明亮。分布：印度洋—太平洋。

突角鼻鱼

分类：鲈形目，刺尾鱼科，鼻鱼属
拉丁名：*Naso annulatus*
前额角状突起之长度超过吻端，尾柄细长，每侧有两枚盾板。栖息于珊瑚礁外缘斜面有潮流的区域，常贴近水面游泳。性格温柔，以无脊椎动物及浮游动物为食。最大体长：60cm。光照：明亮。分布：印度洋—太平洋。

短吻鼻鱼

分类：鲈形目，刺尾鱼科，鼻鱼属
拉丁名：*Naso brevirostris*
背部前方有一块灰色斑。栖息于珊瑚礁斜面及潟湖的水面上层。性格温柔，以藻类为食。最大体长：60cm。光照：明亮。分布：印度洋—太平洋。

长吻鼻鱼

分类：鲈形目，刺尾鱼科，鼻鱼属
拉丁名：*Naso unicornis*
头上角状突起短于或等于吻端长度。栖息于珊瑚礁斜面水深80m以内，有海流的地方。性格温柔，以浮游动物为食。最大体长：70cm。光照：明亮。分布：印度洋—太平洋。

瘤鼻鱼

分类：鲈形目，刺尾鱼科，鼻鱼属
拉丁名：*Naso tuberosus*
头部角状突起呈瘤状且不超过吻端。栖息于珊瑚礁斜面海流畅通的地方，水深10~20m处。性格温柔，以海藻、无脊椎动物为食。最大体长：60cm。光照：明亮。分布：印度洋—西太平洋。

颊吻鼻鱼

分类：鲈形目，刺尾鱼科，鼻鱼属
拉丁名：*Naso lituratus*
俗名：蓝点吊。鱼体灰褐色，散布许多蓝色斑点。栖息于海藻场，水深10m左右。性格温柔，以海

藻、无脊椎动物为食。最大体长：45cm。光照：明亮。分布：印度洋—太平洋。

幼鱼

成鱼

细尾鼻鱼

分类：鲈形目，刺尾鱼科，鼻鱼属
拉丁名：*Naso vlamingii*
俗名：瘤鼻天狗吊。鱼体褐色，体侧布满蓝褐色斑点。栖息于珊瑚礁外缘斜面有潮流的地方及潟湖中，栖息水深10m左右。性格温柔，以海藻、无脊椎动物为食。最大体长：60cm。光照：明亮。分布：印度洋—太平洋。

幼鱼

成鱼

副刺尾鱼

分类：鲈形目，刺尾鱼科，副刺尾鱼属
拉丁名：*Paracanthurus hepatus*
俗名：蓝吊（太平洋型），黄肚蓝吊（印度洋型）。鱼体天蓝色，体上半部从胸鳍中央至尾柄为黑色，在黑色斑中间有一椭圆形蓝色斑。栖息于珊瑚礁外缘沙质海底上。性格温柔，以海藻、底栖动物为食。最大体长：26cm。光照：明亮。分布：印度—西太平洋。

太平洋型

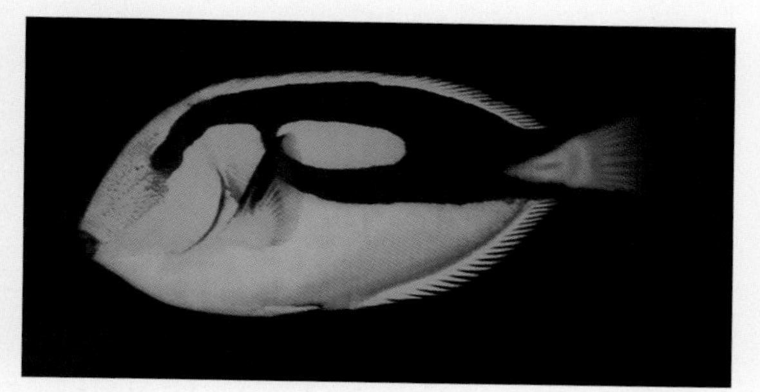

印度洋型

栉齿刺尾鱼

栉齿刺尾鱼

分类：鲈形目，刺尾鱼科，栉齿刺尾鱼属
拉丁名：*Ctenochaetus striatus*
俗名：金目吊。鱼体褐色，头部具褐色小圆斑点。栖息水深10m左右的珊瑚礁斜面有潮流的地方。性格温柔，以海藻、小型无脊椎动物为食。最大体长：18cm。光照：明亮。分布：印度洋—太平洋。

扁体栉齿刺尾鱼

分类：鲈形目，刺尾鱼科，栉齿刺尾鱼属
拉丁名：*Ctenochaetus strigosus*

俗名：金眼圈吊。鱼体红褐色，眼圈金黄色。栖息水深10m的珊瑚礁斜面有潮流的地方。性格温柔，以海藻为食。最大体长：18cm。光照：明亮。分布：印度洋、中西部太平洋。

双斑栉齿刺尾鱼

分类：鲈形目，刺尾鱼科，栉齿刺尾鱼属
拉丁名：*Ctenochaetus binotatus*
俗名：蓝眼吊。鱼体褐色，眼圈蓝色。幼鱼时栖息于枝状珊瑚丛生处，成鱼时栖息于珊瑚礁外缘海流湍急处。性格温柔，以无脊椎动物、藻类为食。最大体长：20cm。光照：明亮。分布：印度洋—西太平洋。

夏威夷栉齿刺尾鱼

分类：鲈形目，刺尾鱼科，栉齿刺尾鱼属
拉丁名：*Ctenochaetus hawaiiensis*
俗名：火焰吊。鱼体浅褐色有暗色祥云状斑纹。栖息于珊瑚礁海域水深10m左右。性格温柔，以藻类、小型无脊椎动物为食。最大体长：21cm。光照：明亮。分布：中部太平洋巴厘岛周边海域。

印尼栉齿刺尾鱼

分类：鲈形目，刺尾鱼科，栉齿刺尾鱼属
拉丁名：*Ctenochaetus tominiensis*
俗名：先锋吊（成鱼），紫纹吊（幼鱼）。全身褐色，背鳍及腹鳍后部外缘为金黄色，基底靠近尾柄处各有一个黑点。栖息于珊瑚礁及海藻场。性格温柔，以海藻、无脊椎动物为食。最大体长：15cm。光照：明亮。分布：印度尼西亚周边海域。

幼鱼

成鱼

三棘多板盾尾鱼

分类：鲈形目，刺尾鱼科，多板盾尾鱼属
拉丁名：*Prionurus scalprus*
俗名：黑将军。鱼体灰色，尾柄细长有4~5个黑色盾板。栖息于岩礁海域沿岸水深5~10m处。性格温柔，以海藻、无脊椎动物为食。最大体长：40cm。光照：明亮。分布：西太平洋温带海域。

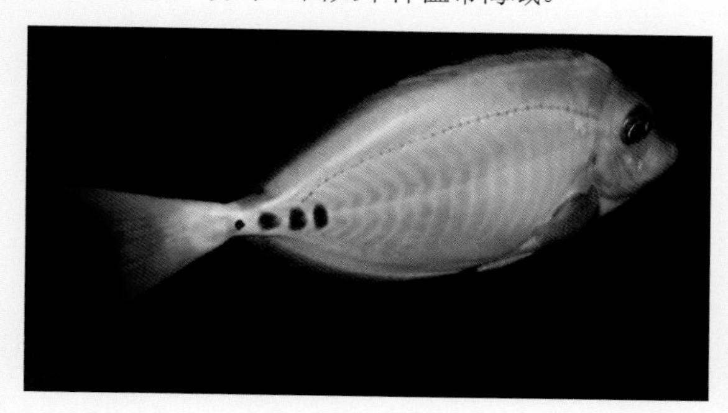

黄尾多板刺尾鱼

分类：鲈形目，刺尾鱼科，多板盾尾鱼属
拉丁名：*Prionurus punctatus*

俗名：美国黄尾吊。鱼体灰色，全身布满小于眼径的黑色斑点，头部有2条暗色横纹。栖息于海藻场、珊瑚礁及岩礁海域。性格温柔，以藻类为食。最大体长：60cm。光照：明亮。分布：东部太平洋。

镰鱼

分类：鲈形目，镰鱼科，镰鱼属
拉丁名：*Zanclus cornutus*
俗名：海神象。鱼体白色至黄色，第二背鳍延长呈丝状。本科只有一属一种。幼鱼时随海流到处游荡，长到6cm以后定居于岩礁及珊瑚礁海域水深10m左右的浅水处。性格温柔，以浮游动物、海藻为食。最大体长：22cm。光照：明亮。分布：印度洋—太平洋。

篮子鱼

篮子鱼科的鱼类俗称“狐狸”，体形侧扁，吻部细长，口小，体色鲜艳，活泼好动，常大群活动于珊瑚礁斜面悬崖峭壁处。狐狸鱼的背鳍和臀鳍鳍棘有毒，在侍弄时一定要加倍小心。狐狸鱼性格温和，可以与所有温和鱼类混养。

狐篮子鱼

分类：鲈形目，篮子鱼科，篮子鱼属
拉丁名：*Siganus vulpinus*
俗名：狐狸。头部白色，体黄色，自背鳍鳍棘前部经眼至吻端有一条黑褐色带，在胸部至胸鳍前缘有一三角形黑斑。活动于珊瑚礁外缘斜面，水深10m左右的地方。性格温柔，以海藻为食。最大体长：19cm。光照：明亮。分布：东印度洋—太平洋。

单斑篮子鱼

分类：鲈形目，篮子鱼科，篮子鱼属
拉丁名：*Siganus unimaculatus*
俗名：一点狐狸。体侧有一大块黑斑。栖息于珊瑚礁外缘斜面，潟湖内以及有海流通过的地方，栖息水深10m左右。性格温柔，以海藻为食。最大体长：20cm。光照：明亮。分布：西太平洋。

大瓮篮子鱼

分类：鲈形目，篮子鱼科，篮子鱼属
拉丁名：*Siganus doliatus*
俗名：双带狐狸。眼睛及鳃盖后各有一条黑色横带，体侧背部有蓝黄相间的横纹。栖息于珊瑚礁潟湖内。性格温柔，以海藻为食。最大体长：30cm。光照：明亮。分布：印度洋—太平洋。

单斑篮子鱼

眼带篮子鱼

蓝带篮子鱼

分类：鲈形目，篮子鱼科，篮子鱼属

拉丁名：*Siganus vigatus*

俗名：蓝带狐狸。与大瓮篮子鱼极其相似，最大的区别为本种鱼体侧背部为黄色而无蓝黄相间的横纹。成群游弋于珊瑚礁内湾、潟湖内。性格温柔，以海藻为食。最大体长：30cm。光照：明亮。分布：印度洋—太平洋。

眼带篮子鱼

分类：鲈形目，篮子鱼科，篮子鱼属

拉丁名：*Siganus puellus*

俗名：花狐狸。鱼体黄色，体侧有浅色虫纹状纵纹。栖息于珊瑚礁外缘斜面水深10m左右处。性格温柔，以海藻为食。最大体长：30cm。光照：明亮。分布：印度洋—太平洋。

安达曼篮子鱼

分类：鲈形目，篮子鱼科，篮子鱼属

拉丁名：*Siganus magnifica*

俗名：印度狐狸。鱼体灰色，背部有一大块黑斑，背鳍软条红色。栖息于珊瑚礁外缘斜面有潮流的海域以及潟湖内。性格温柔，以海藻为食。最大体长：18cm。光照：明亮。分布：东部印度洋。

幼鱼

成鱼

尤氏篮子鱼

分类：鲈形目，篮子鱼科，篮子鱼属

拉丁名：*Siganus uspi*

俗名：双色狐狸。前半身褐色，后半身黄色。栖息于珊瑚礁潟湖内。性格温柔，以海藻为食。最大体长：18cm。光照：明亮。分布：中部太平洋。

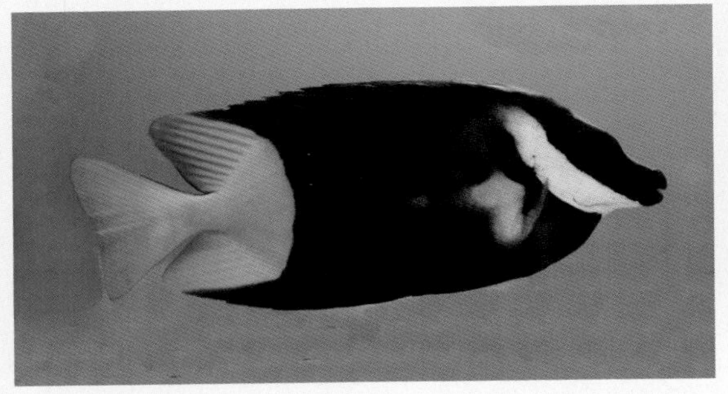

金点篮子鱼

分类：鲈形目，篮子鱼科，篮子鱼属

拉丁名：*Siganus chrysospilos*

俗名：金点狐狸。鱼体蓝灰色，全身布满大小不一的斑点。幼鱼栖息在珊瑚礁水深较浅的潟湖内，成鱼栖息在珊瑚礁外缘崖壁有潮流的地方。性格温柔，以海藻为食。最大体长：40cm。光照：明亮。分布：印度洋—太平洋。

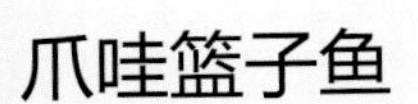

爪哇篮子鱼

分类：鲈形目，篮子鱼科，篮子鱼属

拉丁名：*Siganus javus*

俗名：爪哇狐狸。背部有许多小点，侧线以下小点逐渐延长呈波纹状纵线。栖息于珊瑚礁海域水深10m处，性格温柔，以海藻为食。最大体长：45cm。光照：明亮。分布：印度洋—太平洋。

星篮子鱼

分类：鲈形目，篮子鱼科，篮子鱼属

拉丁名：*Siganus guttatus*

俗名：星狐狸。鱼体褐色，除头部，腹部与胸部外全身布满深褐色斑，尾柄上部具一金色或褐色斑。栖息于珊瑚礁水深2~10m的海藻丛生处，也活动于河口地区海藻茂盛处。性格温柔，幼鱼以浮游动物为食，成鱼以海藻为食。最大体长：60cm。光照：明亮。分布：印度洋—西太平洋。

斑点篮子鱼

分类：鲈形目，篮子鱼科，篮子鱼属
拉丁名：*Siganus punctatus*
俗名：大眼狐狸。鱼体灰褐色，全身布满橙色圆斑。栖息于珊瑚礁海域海藻茂盛处。性格温柔，以海藻为食。最大体长：25cm。光照：明亮。分布：印度洋—太平洋。

凹吻篮子鱼

分类：鲈形目，篮子鱼科，篮子鱼属
拉丁名：*Siganus corallinus*
俗名：金狐狸。鱼体黄色并布满蓝色小点。栖息于珊瑚礁斜面水深10m处，以及潟湖内。性格温柔，以海藻为食。最大体长：25cm。光照：明亮。分布：印度洋—太平洋。

似眼篮子鱼

分类：鲈形目，篮子鱼科，篮子鱼属
拉丁名：*Siganus puelloides*
俗名：黄金狐狸。全身金黄色，眼后鳃盖上有少许蓝色斑点。栖息于岩礁及珊瑚礁海域海藻茂盛处。

似眼篮子鱼

性格温柔，以藻类、无脊椎动物为食。最大体长：30cm。光照：明亮。分布：印度洋。

长鳍篮子鱼

分类：鲈形目，篮子鱼科，篮子鱼属
拉丁名：*Siganus canaliculatus*
俗名：荧光狐狸。背部银灰色，腹部银白色。栖息于岩礁、珊瑚礁水深10~20m处。性格温柔，以无脊椎动物、藻类为食。最大体长：30cm。光照：明亮。分布：印度洋—太平洋。

Haishui Guanshangyu 1000 Zhong Tujian Zhencang Ban

比目鱼

比目鱼包括鲆、鲽、鳎、鳒四科鱼类，刚出生时它们和其他鱼类一样，身体的左右两侧各有一个眼睛，自孵出之日起40天以后，两个眼睛便逐渐移到头部的一侧，身体也平躺了下来。背鳍朝上两只眼睛在头部左侧的为鲆，眼睛在头部右侧的为鲽，俗称“左鲆右鲽”；鳎的眼睛也在右边，区别是鳎的体形细长如舌头状，鳒的眼睛有的在左边有的在右边。比目鱼都生活在泥沙底质的沿海底层，它们都具有高超的变色本领，会随环境及时改变体色。

土佐鳒鲆

分类：鲽形目，鲆科，鳒鲆属
拉丁名：*Psettina tosana*
两眼在左侧，体侧上下缘各有一串暗褐色环状斑及不规则斑点。栖息于沿海水深30m以内的泥沙质海底。性格凶猛，以虾蟹、贝类、多毛类、小型鱼类为食。最大体长：30cm。光照：暗。分布：西太平洋 。

眼点副棘鲆

分类：鲽形目，鲆科，副棘鲆属
拉丁名：*Citharichthys stigmaeus*
两眼位于左侧，体背部具暗色斑。栖息于泥沙底质海域。性格凶猛，以底栖无脊椎动物为食。最大体长：17cm。光照：暗。分布：东北太平洋、加拿大西部海域。

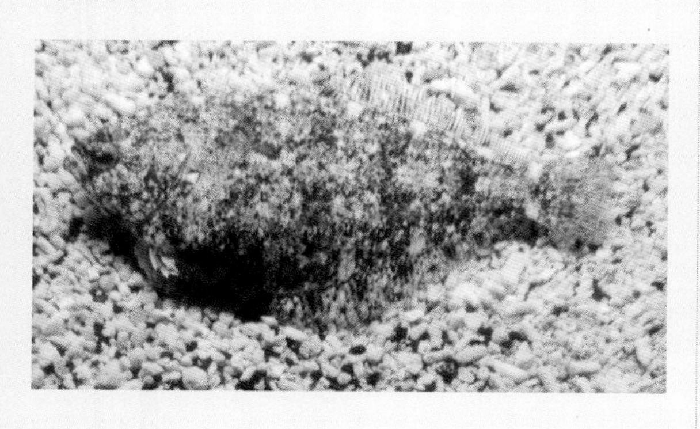

条斑星鲽

分类：鲽形目，鲽科，星鲽属
拉丁名：*Limanda schrencri*
鱼体黑色，胸鳍及臀鳍上有黑色条纹，背部体表粗糙有骨质突起。栖息于沿岸浅水处泥沙底上。性格凶猛，以多毛类、甲壳类为食。最大体长：50cm。光照：暗。分布：北太平洋西侧沿岸。

污木叶鲽

分类：鲽形目，鲽科，木叶鲽属
拉丁名：*Pleuronichthys coenosus*
两眼位于右侧，背鳍与腹鳍具黑色条纹。栖息于泥沙底质海域。性格凶猛，以鱼类、底栖无脊椎动物为食。最大体长：91cm。光照：暗。分布：北太平洋。

副眉鲽

分类：鲽形目，鲽科，副眉鲽属
拉丁名：*Parophrys vetulus*
两眼在右侧，头尖，沿侧线有数个暗色大斑。栖息于泥沙底质沿海。性格凶猛，以无脊椎动物、鱼类为食。最大体长：20cm。光照：暗。分布：东北太平洋。

勾嘴鳎

分类：鲽形目，鳎科，勾嘴鳎属
拉丁名：*Heteromycteris japonicus*
俗名：砂鳎。眼睛在右侧，鱼体布满褐色斑点。栖息于近海泥沙底质上。性格凶猛，以底栖甲壳类、小型鱼类为食。最大体长：12cm。光照：暗。分布：西太平洋。

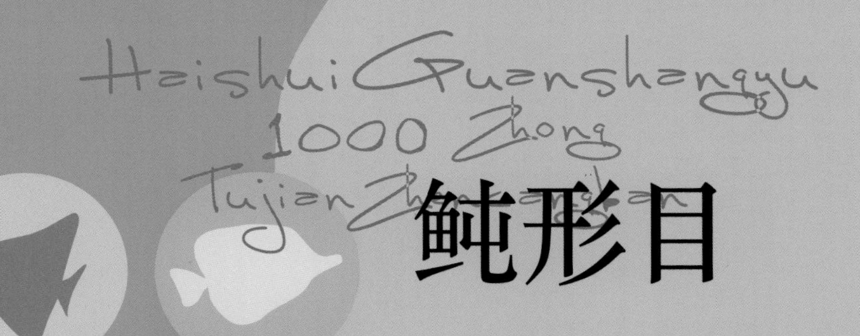

鲀形目

鲀形目中鳞鲀科、革鲀科以及单角鲀科的鱼类俗名统称“炮弹”。除尖嘴炮弹外，大都体形较大，性格凶猛，对其他鱼类有明显的攻击行为，尤其爱攻击眼睛。炮弹鱼力气很大，可以用嘴搬动水族箱中的礁石。

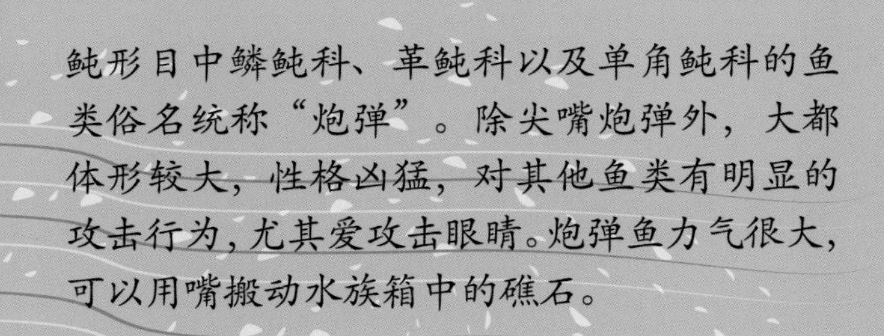

圆斑拟鳞鲀

分类：鲀形目，鳞鲀科，拟鳞鲀属
拉丁名：*Balistoides conspicillum*
俗名：小丑炮弹。鱼体深黑褐色，背部有一块大黄色斑，腹部有成列的白色圆斑。栖息于水深10~60m的珊瑚礁外缘斜面有潮流的地方。性格凶猛，以底栖动物、海藻、鱼类为食。最大体长：50cm。光照：柔和。分布：印度洋—西太平洋。

幼鱼

成鱼

绿拟鳞鲀

分类：鲀形目，鳞鲀科，拟鳞鲀属
拉丁名：*Balistoides viridescens*
俗名：泰坦炮弹。成鱼鱼体褐绿色，每一鳞片中央有一蓝色小点。栖息于珊瑚礁内外缘斜面水深5~10m处，有海流的地方。性格凶猛，以无脊椎动物、鱼类为食。最大体长：70cm。光照：柔和。分布：印度洋—太平洋。

幼鱼

成鱼

宽尾鳞鲀

分类：鲀形目，鳞鲀科，宽尾鳞鲀属
拉丁名：*Abalistes stellatus*

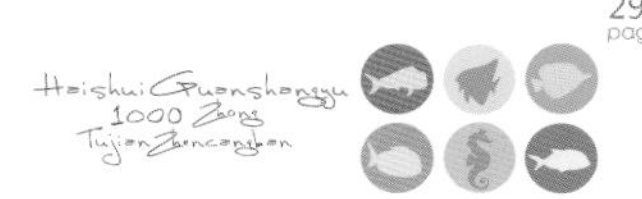

俗名：星星炮弹。幼鱼背部有3个白斑，成鱼棕色。栖息于珊瑚礁水深40~100m的沙质海底。性格凶猛，以鱼类、贝类、虾蟹为食。最大体长：60cm。光照：柔和。分布：印度洋—太平洋。

印度角鳞鲀

分类：鲀形目，鳞鲀科，角鳞鲀属
拉丁名：*Melichthys indicus*
俗名：印度炮弹。鱼体蓝黑色。栖息于珊瑚礁内外缘斜面有海流的地方。性格凶猛，以甲壳类、头足类、鱼类为食。最大体长：25cm。光照：柔和。分布：印度洋。

黑边角鳞鲀

分类：鲀形目，鳞鲀科，角鳞鲀属
拉丁名：*Melichthys vidua*
俗名：玻璃炮弹。鱼体棕绿色，背鳍与臀鳍白色具黑边。栖息于珊瑚礁外缘斜面有潮流的地方以及潟湖中，栖息水深10m左右，河口处也有发现。性格凶猛，以鱼类、褐藻、红藻为食。最大体长：40cm。光照：柔和。分布：印度洋—太平洋。

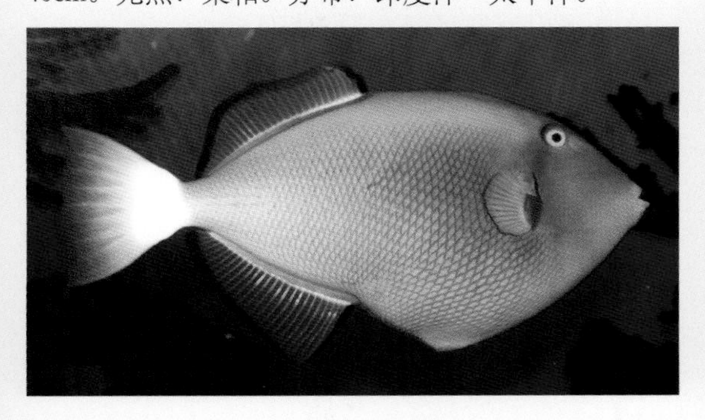

角鳞鲀

分类：鲀形目，鳞鲀科，角鳞鲀属
拉丁名：*Melichthys niger*
俗名：夏威夷黑炮弹。鱼体灰褐色每一鳞片中央有一深棕色小点。栖息于珊瑚礁外缘斜面水深10m左右处，也栖息于潟湖中。性格凶猛，以甲壳类、头足类、鱼类为食。最大体长：35cm。光照：柔和。分布：印度洋—西太平洋。

叉斑锉鳞鲀

分类：鲀形目，鳞鲀科，锉鳞鲀属
拉丁名：*Rhinecanthus aculeatus*
俗名：鸳鸯炮弹。背部棕色，腹部白色，体侧有漂亮的灰色花纹。栖息于珊瑚礁海域水深1~2m的潟湖内。性格凶猛，以甲壳类、头足类、鱼类为食。最大体长：30cm。光照：柔和。分布：印度洋—太平洋。

阿氏锉鳞鲀

分类：鲀形目，鳞鲀科，锉鳞鲀属

拉丁名：*Rhinecanthus assasi*

俗名：毕加索。鱼体背部绿色，腹部白色，头部下方有一条黑色纵纹向前至口唇上方与另一侧的黑纹相连接。栖息于珊瑚礁内外缘斜面及潟湖中，单独活动不集结成群。性格凶猛，以甲壳类、头足类、鱼类为食。最大体长：30cm。光照：柔和。分布：红海。

直角锉鳞鲀

分类：鲀形目，鳞鲀科，锉鳞鲀属

拉丁名：*Rhinecanthus rectangulus*

俗名："V"字炮弹。鱼体背部灰色，体侧有一个用细蓝边勾画出的躺倒的"V"字形图案。单独活动于珊瑚礁潟湖内。性格凶猛，以甲壳类、头足类、鱼类为食。最大体长：30cm。光照：柔和。分布：印度洋—太平洋。

毒锉鳞鲀

分类：鲀形目，鳞鲀科，锉鳞鲀属

拉丁名：*Rhinecanthus verrucosus*

俗名：黑肚炮弹。鱼体背部棕色，腹部白色，从眼睛到胸鳍基部有一带蓝边的黑色横带，嘴角浅蓝色，一条细细的红线从上唇向后至胸鳍基底后向上弯曲，腹部有一大块黑斑。幼鱼成群活动于海藻茂密之处，成鱼后单独栖息于珊瑚礁内湾及潟湖中的浅水处。性格凶猛，以甲壳类、头足类、鱼类为食。最大体长：30cm。光照：柔和。分布：印度洋—西太平洋。

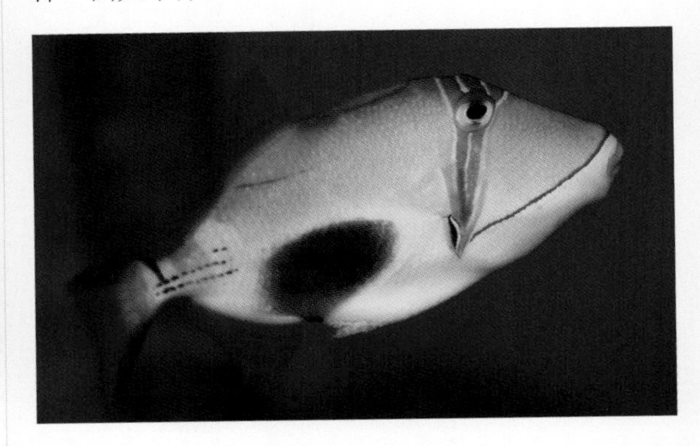

金边凹吻鳞鲀

分类：鲀形目，鳞鲀科，凹吻鳞鲀属

拉丁名：*Xanthichthys auromargintus*

俗名：蓝面炮弹。鱼体棕灰色，每一鳞片中央有一深棕色圆点，面部下方有一块蓝斑。栖息于珊瑚礁海域悬崖峭壁处有海流的地方。性格凶猛，以甲壳类、头足类、鱼类为食。最大体长：20cm。光照：柔和。分布：印度洋—太平洋。

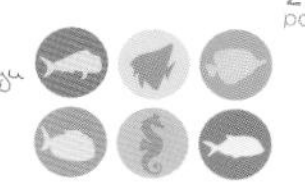

蓝纹凹吻鳞鲀

蓝纹凹吻鳞鲀

分类：鲀形目，鳞鲀科，凹吻鳞鲀属
拉丁名：*Xanthichthys caeruleolineatus*
俗名：花炮弹。鱼体黄色，每一鳞片外缘有一蓝边从而形成网状纹。成群游弋于岩礁或珊瑚礁悬崖峭壁处。性格凶猛，以甲壳类、头足类、鱼类为食。最大体长：30cm。光照：柔和。分布：太平洋。

黑纹凹吻鳞鲀

分类：鲀形目，鳞鲀科，凹吻鳞鲀属
拉丁名：*Xanthichthys caeruleolineatus*

俗名：黑炮弹。鱼体背部灰褐色，腹部淡蓝色，每一鳞片外缘红色。栖息于珊瑚礁海域水深50m左右处。性格凶猛，以甲壳类、头足类、鱼类为食。最大体长：30cm。光照：柔和。分布：印度洋—西太平洋。

纹斑凹吻鳞鲀

分类：鲀形目，鳞鲀科，凹吻鳞鲀属
拉丁名：*Xanthichthys lineopunctatus*
俗名：蓝炮弹。鱼体背部灰棕色，腹部较浅。栖息水深50m左右的珊瑚礁斜面。性格凶猛，以甲壳类、头足类、鱼类为食。最大体长：20cm。光照：柔和。分布：印度洋—西太平洋。

红牙鳞鲀

分类：鲀形目，鳞鲀科，红牙鳞鲀属

拉丁名：*Odonus niger*

俗名：魔鬼炮弹。鱼体黑色，牙齿红色。常成群出现在水深10~20m的珊瑚礁斜面有海流处。性格凶猛，以浮游动物、无脊椎动物、海绵、鱼类为食。最大体长：50cm。光照：柔和。分布：印度洋—太平洋。

褐副鳞鲀

分类：鲀形目，鳞鲀科，副鳞鲀属

拉丁名：*Pseudobalistes fuscus*

俗名：蓝纹炮弹。幼鱼黄色，体侧有蓝色条纹，成鱼完全变成黑色。栖息于水深10~20m的珊瑚礁斜面有海流的地方。性格凶猛，以鱼类、藻类为食。最大体长：40cm。光照：柔和。分布：印度洋—太平洋。

黄边副鳞鲀

分类：鲀形目，鳞鲀科，副鳞鲀属

拉丁名：*Pseudobalistes flavimarginatus*

俗名：粉口炮弹。头部粉色，鱼体灰色，各鳍有黄边。单独或成对活动于珊瑚礁斜面有海流的地方。性格凶猛，以珊瑚、贝类、鱼类为食。最大体长：50cm。光照：柔和。分布：印度洋—西太平洋。

波纹钩鳞鲀

分类：鲀形目，鳞鲀科，钩鳞鲀属

拉丁名：*Balistapus undulates*

俗名：黄纹炮弹。鱼体暗绿色至深棕色，体侧有多条细的橘红色平行条纹，雄鱼吻部无橘红色平行条纹。栖息于珊瑚礁水深10m处。性格凶猛，以甲壳类、鱼类为食。最大体长：30cm。光照：柔和。分布：印度洋—太平洋。

姬鳞鲀

分类：鲀形目，鳞鲀科，鳞鲀属
拉丁名：*Balistes vetula*
俗名：女王炮弹。背部米黄色，腹部白色，背鳍、臀鳍及尾鳍均带蓝边。栖息于珊瑚礁海域有海流的地方。性格凶猛，以甲壳类、头足类、鱼类为食。最大体长：60cm。光照：柔和。分布：印度洋—太平洋。

颈带多棘鳞鲀

分类：鲀形目，鳞鲀科，多棘鳞鲀属
拉丁名：*Sufflamen bursa*
俗名：白线炮弹。头部蓝灰色，由口至肛门有一条白线，白线以上为浅棕色，白线以下体色明显较浅。栖息于珊瑚礁内外缘斜面及潟湖中水深10m左右处。性格凶猛，以甲壳类、头足类、鱼类为食。最大体长：25cm。光照：柔和。分布：印度洋—太平洋。

圆斑疣鳞鲀

分类：鲀形目，鳞鲀科，疣鳞鲀属
拉丁名：*Canthidermis maculates*
俗名：圆斑炮弹。全身布满圆形白斑，幼鱼时体色较淡，体长20cm后体色逐渐变成黑色。幼鱼时栖息于河口地区，成鱼后游向深海。性格凶猛，以鱼类、甲壳类、藻类为食。最大体长：50cm。光照：柔和。分布：印度洋—太平洋。

黄鳍多棘鳞鲀

分类：鲀形目，鳞鲀科，多棘鳞鲀属
拉丁名：*Sufflamen chrysopterus*
俗名：白肚炮弹。眼下方有一条白色横带，幼鱼背部褐色，腹部白色。栖息于珊瑚礁及其周边沙底海域，栖息水深10~30m。性格凶猛，以底栖无脊椎动物、鱼类为食。最大体长：30cm。光照：柔和。分布：印度洋—西太平洋。

幼鱼

成鱼

缰纹多棘鳞鲀

分类：鲀形目，鳞鲀科，多棘鳞鲀属

拉丁名：*Sufflamen fraenatus*

俗名：白尾炮弹。与黄鳍多棘鳞鲀极其相似，但背鳍、臀鳍的颜色稍有不同。栖息于珊瑚礁外缘斜面有海流的地方，栖息水深10m左右。性格凶猛，以甲壳类、鱼类为食。最大体长：40cm。光照：柔和。分布：印度洋—太平洋。

绒纹线鳞鲀

分类：鲀形目，鳞鲀科，线鳞鲀属

拉丁名：*Arotrolepis sulcatus*

俗名：大炮弹。鱼体灰色，具许多纵细纹。栖息于岩礁海域的沙质海底附近，栖息水深100m左右。性格温柔，以无脊椎动物、鱼类为食。最大体长：15cm。光照：柔和。分布：印度洋—太平洋。

拟态革鲀

分类：鲀形目，单角鲀科，革鲀属

拉丁名：*Aluterus scriptus*

俗名：帚把鱼。鱼体侧扁而长如扫把状。幼鱼时常拟态海藻，隐藏于漂浮的海藻之中，成鱼时栖息于珊瑚礁外缘斜面有海流的地方，栖息水深10m左右。性格温柔，以甲壳类、海藻为食。最大体长：1m。光照：柔和。分布：全世界热带、亚热带海域。

单角革鲀

分类：鲀形目，单角鲀科，革鲀属

拉丁名：*Aluterus monoceros*

俗名：单角炮弹。鱼体灰色，有一些灰黄色小斑点。栖息于岩石沿岸海域水深20m左右的沙质海底

上。性格温柔，以甲壳类、海藻为食。最大体长：75cm。光照：柔和。分布：印度洋—太平洋。

中华单角鲀

分类：鲀形目，单角鲀科，单角鲀属
拉丁名：*Monacanthus chinensis*
俗名：独角炮弹。体色淡茶色，具棕色斑点。栖息于珊瑚礁沙质海底或平台上，常隐藏在海藻中。性格温柔，以甲壳类、底栖动物、海藻为食。最大体长：25cm。光照：柔和。分布：西太平洋。

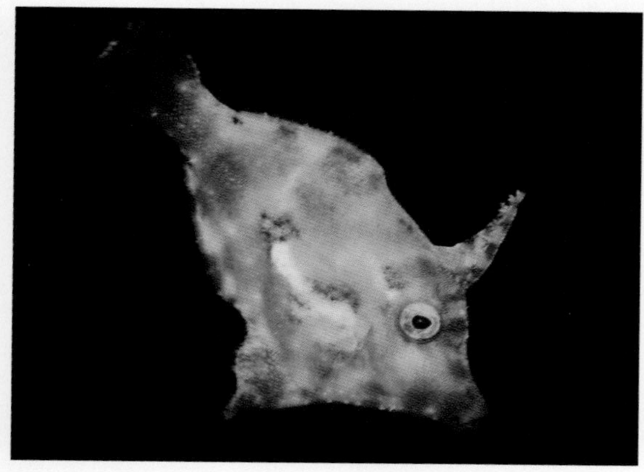

幼鱼

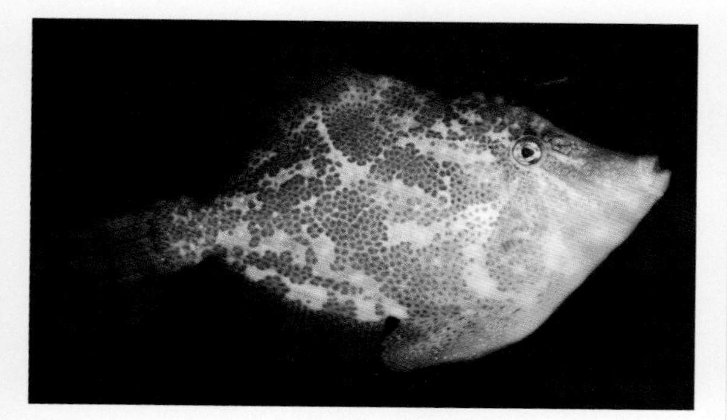

成鱼

尖吻鲀

分类：鲀形目，单角鲀科，尖吻鲀属
拉丁名：*Oxymonacanthus longirostris*
俗名：尖嘴炮弹。吻细长呈管状，体绿色至蓝色，布满呈纵向排列的黄色至橙色圆斑。栖息于珊瑚礁外缘斜面水深5~10m处，也栖息于潟湖中，常成对或数尾活动于枝状珊瑚周围。性格温柔，以珊瑚虫为食。最大体长：10cm。光照：柔和。分布：印度洋—太平洋。

棘尾前孔鲀

分类：鲀形目，单角鲀科，前孔鲀属
拉丁名：*Cantherhines dumerili*
俗名：白点炮弹。鱼体灰色至棕色，成鱼体侧有许多白色圆斑。栖息于珊瑚礁外缘斜面水深10m左右处。性格凶猛，以贝类、甲壳类、鱼类为食。最大体长：50cm。光照：柔和。分布：印度洋—太平洋。

幼鱼

成鱼

前角鲀

分类：鲀形目，单角鲀科，前角鲀属

拉丁名：*Pervagor janthinosoma*

俗名：红尾炮弹。鱼体前半部体色较深，后半部较浅，尾鳍红色。栖息于珊瑚礁斜面及潟湖中。性格温柔，以小型无脊椎动物为食。最大体长：10cm。光照：柔和。分布：西太平洋。

黑前角鲀

分类：鲀形目，单角鲀科，前角鲀属

拉丁名：*Pervagor melanocephalus*

体前部约1/3为蓝黑色后部红色。栖息于珊瑚礁潟湖内浅水处。性格温柔，但同种间有攻击行为，以无脊椎动物、海藻为食。最大体长：16cm。光照：柔和。分布：印度洋—太平洋。

棘皮鲀

分类：鲀形目，单角鲀科，棘皮鲀属

拉丁名：*Chaetodermis penicilligerus*

俗名：毛炮弹。鱼体灰褐色，布满黑色细纵纹，体表有发达的皮质突起。栖息于岩礁海域海藻茂盛的地方。性格温柔，但同种间会有攻击行为，以浮游动物、小型无脊椎动物、海藻为食。最大体长：20cm。光照：柔和。分布：太平洋热带海域。

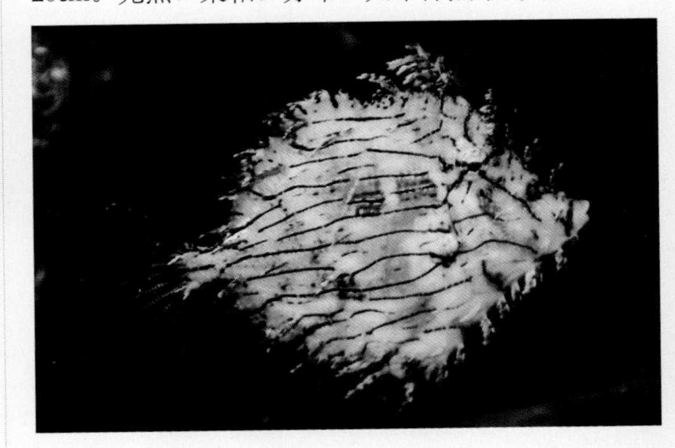

Haishui Guanshangyu 1000 Zhong Tujian Zhencang ban

箱鲀科

鲀形目，箱鲀科的鱼类俗称“木瓜”，体形像一只长方形的箱子。它的体表有一层由鳞片愈合而成的骨板，将身体包裹的严严实实，仅在口、肛门、眼、鳃裂、各鳍及尾柄处留有小的开口，骨板的形状多为六角形。唇较厚，牙齿呈圆锥状或门牙状，无腹鳍、侧线不明显，游泳速度很慢。受到惊吓或生病后会释放毒液，毒性极强，可以将同一水族箱的所有鱼类及其他无脊椎动物毒死，甚至也会将自己毒死。

角箱鲀幼鱼

角箱鲀

分类：鲀形目，箱鲀科，角箱鲀属
拉丁名：*Lactoria cornuta*
俗名：牛角。鱼体黄褐色，腹部颜色较浅，头部眼眶前有一对长棘向前伸出。栖息于珊瑚礁及沿岸泥沙底底质海域。性格温柔，以小型无脊椎动物为食。最大体长：50cm。光照：柔和。分布：印度洋—西太平洋。

成鱼

线纹角箱鲀

分类：鲀形目，箱鲀科，角箱鲀属
拉丁名：*Lactoria fornasini*
俗名：六角木瓜。鱼体黄色至灰色，头部及体侧有白色或蓝色斑点及条纹。栖息于珊瑚礁及岩礁海域水深10m的沙质海底上。性格温柔，以无脊椎动物为食。最大体长：40cm。光照：柔和。分布：印度洋—西太平洋。

幼鱼

成鱼

米点箱鲀 雄鱼

米点箱鲀

分类：鲀形目，箱鲀科，箱鲀属
拉丁名：*Ostracion meleagris meleagris*
俗名：花木瓜（雄鱼），黑木瓜（雌鱼）。雄鱼为蓝色，雌鱼和幼鱼为黑色，背部及腹部有白色至黄色圆斑。幼鱼活动于水深5m左右的礁罅间，成鱼喜欢在水深40m以内的礁缘、内湾的沙底上方和洞穴中独居。性格温柔，以海藻、底栖无脊椎动物和小鱼为食。最大体长：14cm。光照：柔和。分布：印度洋—太平洋。

雌鱼

蓝箱鲀

分类：鲀形目，箱鲀科，箱鲀属
拉丁名：*Ostracion meleagris camurum*
俗名：蓝木瓜。背部有黄色圆斑，腹部斑点为黑色。栖息于珊瑚礁水深5~10m处的洞穴之中。性格温柔，以藻类、无脊椎动物为食。最大体长：14cm。光照：柔和。分布：印度尼西亚巴厘岛周边海域。

无斑箱鲀

分类：鲀形目，箱鲀科，箱鲀属
拉丁名：*Ostracion immaculatus*

体色变化较大，有蓝色的亦有浅褐色的，身上斑点为蓝色。栖息于岩礁洞穴中。性格温柔，以甲壳类为食。最大体长：45cm。光照：柔和。分布：西太平洋温带海域。

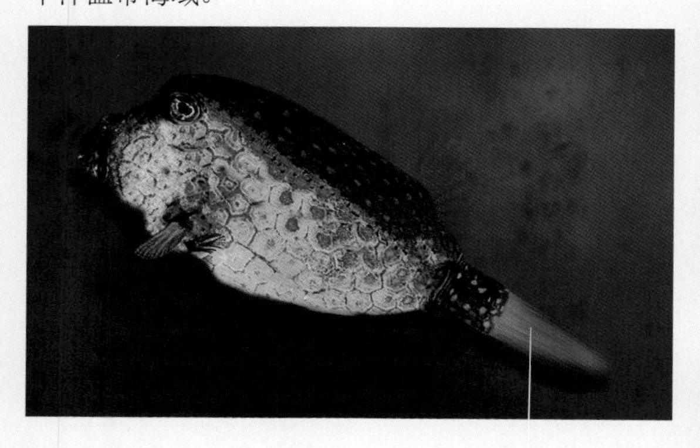

蓝带箱鲀

分类：鲀形目，箱鲀科，箱鲀属

拉丁名：*Ostracion solorensis*

俗名：蓝纹木瓜。背部黑色有白色小圆点，体侧白色有黑色蠕虫状纹及黑色小圆点。栖息于岩礁海域洞穴中。性格温柔，以甲壳类为食。最大体长：15cm。光照：柔和。分布：西太平洋温带海域。

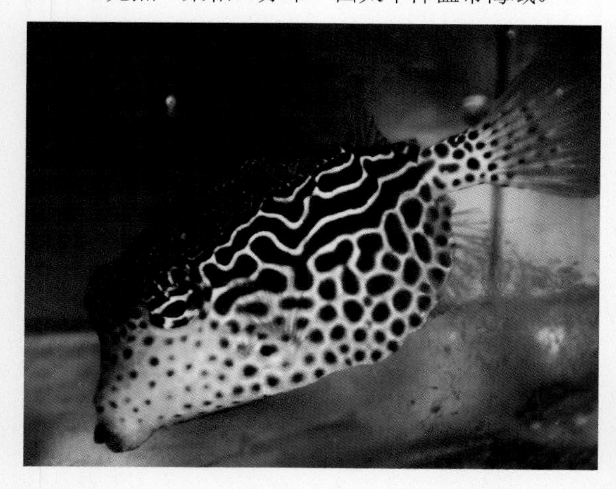

突吻箱鲀

分类：鲀形目，箱鲀科，箱鲀属

拉丁名：*Ostracion rhinorhynchus*

俗名：木瓜。鱼体灰白色，体侧有暗色六角形或圆形斑及黑色小圆点。为珊瑚礁海域常见种，栖息水深40~80m。性格温柔，以底栖无脊椎动物为食。最大体长：30cm。光照：柔和。分布：印度太平洋。

幼鱼

成鱼

斑点箱鲀

分类：鲀形目，箱鲀科，箱鲀属

拉丁名：*Ostracion cubicus*

俗名：金木瓜。雄鱼为蓝色背部有黑色斑点，雌鱼为黄色全身布满带黑边的白色至蓝色斑点，幼鱼斑点为黑色。栖息于珊瑚礁外缘斜面有潮流的地方，栖息水深10m左右。性格温柔，以甲壳类为食。最大体长：45cm。光照：柔和。分布：印度洋—太平洋。

幼鱼

雌鱼

点箱鲀

分类：鲀形目，箱鲀科，箱鲀属
拉丁名：*Ostracion cyanurus*

俗名：黄木瓜。身体黄灰色，头部具黑色圆斑，躯干部分为白色带黑圈的斑点。栖息于珊瑚礁及海藻场各层水域。性格温柔，以小型鱼虾为食。最大体长：15cm。光照：柔和。分布：印度洋—西太平洋。

惠氏箱鲀

分类：鲀形目，箱鲀科，箱鲀属
拉丁名：*Ostracion whitleyi*
雌鱼上半部灰褐色，雄鱼鱼体蓝色。栖息于岩礁及珊瑚礁沙质海底。性格温柔，以底栖无脊椎动物为食。最大体长：13cm。光照：柔和。分布：中部太平洋。

驼背三棱箱鲀

分类：鲀形目，箱鲀科，三棱箱鲀属
拉丁名：*Tetrosomus gibbosus*

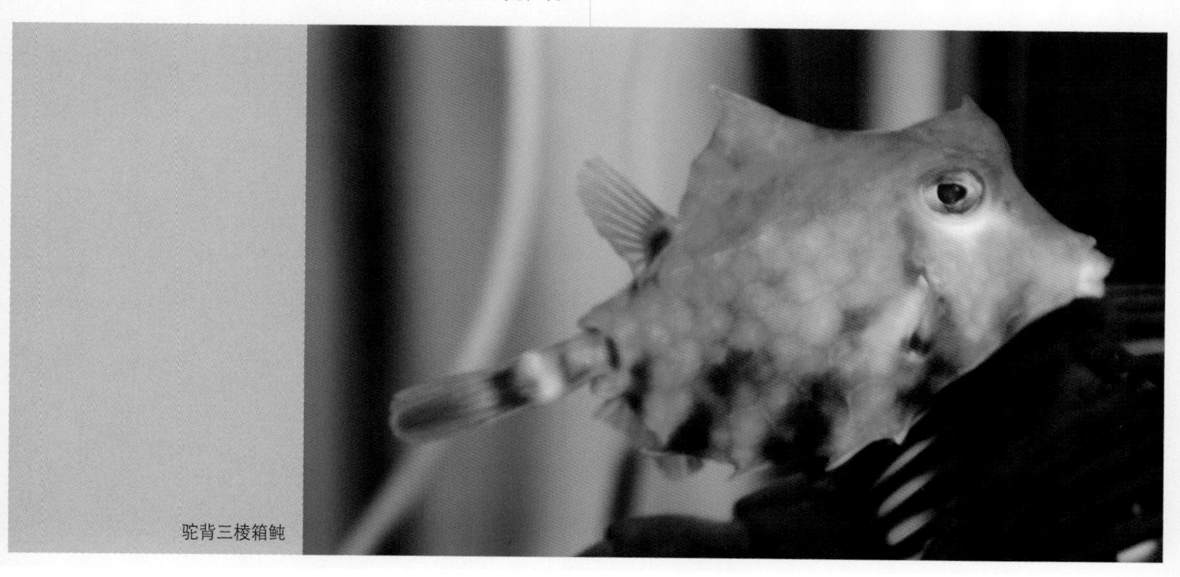
驼背三棱箱鲀

俗名：三棱木瓜。体甲黄色，甲板多为六角形，少数五角形。栖息于珊瑚礁沙质海底。性格温柔，以底栖无脊椎动物为食。最大体长：10cm。光照：柔和。分布：印度洋—西太平洋。

双峰三棱箱鲀

分类：鲀形目，箱鲀科，三棱箱鲀属

拉丁名：*Tetrosomus concatenates*

俗名：六角箱鲀。体甲淡黄褐色，眼上方具1~2个棘突，背部中棱具2个棘突。栖息于岩礁海域泥沙底上。性格温柔，以底栖无脊椎动物为食。最大体长：20cm。光照：柔和。分布：印度洋—西太平洋。

刺鲀

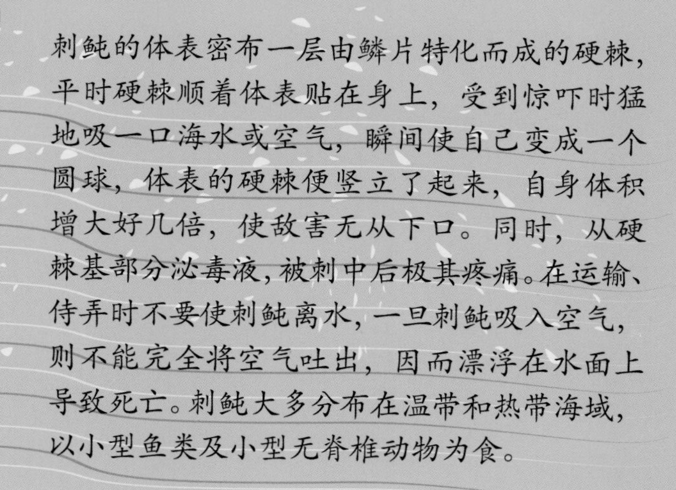

刺鲀的体表密布一层由鳞片特化而成的硬棘，平时硬棘顺着体表贴在身上，受到惊吓时猛地吸一口海水或空气，瞬间使自己变成一个圆球，体表的硬棘便竖立了起来，自身体积增大好几倍，使敌害无从下口。同时，从硬棘基部分泌毒液，被刺中后极其疼痛。在运输、侍弄时不要使刺鲀离水，一旦刺鲀吸入空气，则不能完全将空气吐出，因而漂浮在水面上导致死亡。刺鲀大多分布在温带和热带海域，以小型鱼类及小型无脊椎动物为食。

大斑刺鲀

分类：鲀形目，刺鲀科，刺鲀属
拉丁名：*Diodon liturosus*
鱼体上的黑斑外缘有白边，鳃盖前方有一块大黑斑。栖息于珊瑚礁斜面有海流的地方，栖息水深20m以上。性格凶猛，以无脊椎动物、鱼类为食。最大体长：50cm。光照：柔和。分布：印度洋—太平洋。

密斑刺鲀

分类：鲀形目，刺鲀科，刺鲀属
拉丁名：*Dioson hystrix*
鱼体灰棕色，全身布满黑色斑点。栖息于水深10m的岩礁或珊瑚礁中。性格凶猛，以无脊椎动物、鱼类为食。最大体长：55cm。光照：柔和。分布：全世界温带和热带海域。

六斑刺鲀

分类：鲀形目，刺鲀科，刺鲀属
拉丁名：*Dioson holocanthus*
鱼体侧面背部灰褐色具六块黑色斑块与黑色小斑点，斑块外缘无白边，腹部白色，各鳍灰色。栖息于岩礁或珊瑚礁海域。性格凶猛，以甲壳类、海胆、鱼类为食。最大体长：50cm。光照：柔和。分布：全世界温带和热带海域。

刺斑圆短刺鲀

分类：鲀形目，刺鲀科，圆短刺鲀属
拉丁名：*Cyclichthys orbicularis*
鱼体灰色，全身散布不规则的褐色斑块，棘刺短粗。栖息于岩礁海域水深30m以内。性格凶猛，以无脊椎动物、鱼类为食。最大体长：17cm。光照：柔和。分布：印度洋—西太平洋。

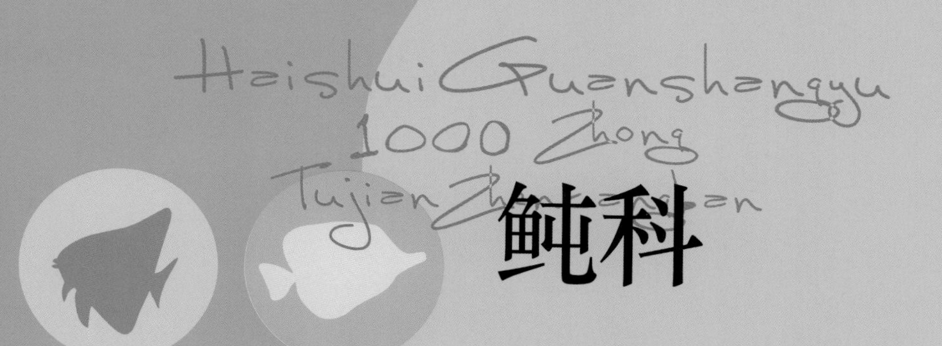

鲀科

“狗头”隶属于鲀科，因上下颌各具两颗板状牙齿，故又称四齿鲀。体表具条状或网状花纹，体色不甚鲜艳。体内有发达的气囊，遇到敌害时可以吸入大量海水或空气，变成一个大皮球使敌害无从下口。板状的牙齿非常坚硬，可以轻而易举地咬碎珊瑚、蟹壳和贝壳。栖息于沿海海藻丛生处。性格凶猛，以小鱼虾、底栖生物及螃蟹、贝类为食。

黑斑叉鼻鲀

黑斑叉鼻鲀

分类：鲀形目，鲀科，叉鼻鲀属
拉丁名：*Arothron nigropunctatus*
俗名：灰狗头。鱼体背部棕色，腹部白色至灰色，身上布满小黑斑。栖息于珊瑚礁海域枝状珊瑚茂盛的地方，栖息水深10~20m。性格凶猛，以鹿角珊瑚、甲壳类、鱼类为食。最大体长：40cm。光照：柔和。分布：印度洋—太平洋。

黑斑叉鼻鲀（体色变异）

分类：鲀形目，鲀科，叉鼻鲀属
拉丁名：*Arothron nigropuctatus var*
俗名：蒙面狗头。鱼体灰黑色，吻部和眼睛周围各具一块大黑斑。栖息于珊瑚礁斜面及潟湖中，栖息水深10m左右。性格凶猛，以无脊椎动物、鱼类为食。最大体长：40cm。光照：柔和。分布：印度洋—太平洋。

线纹叉鼻鲀

分类：鲀形目，鲀科，叉鼻鲀属
拉丁名：*Arothron immaculatus*
俗名：狗头。鱼体灰棕色，腹部白色。栖息于珊瑚礁外缘斜面有海流的地方，栖息水深10~20m。性格凶猛，以无脊椎动物、鱼类为食。最大体长：

30cm。光照：柔和。分布：印度洋—西太平洋热带海域。

纹腹叉鼻鲀

分类：鲀形目，鲀科，叉鼻鲀属
拉丁名：*Arothron hispidus*
俗名：珍珠狗头。体色变化很大，背部有黑色、灰色、灰棕色等，腹部白色。栖息于珊瑚礁斜面水深10~20m的沙质海底上。性格凶猛，以无脊椎动物、鱼类为食。最大体长：50cm。光照：柔和。分布：印度洋—太平洋。

幼鱼

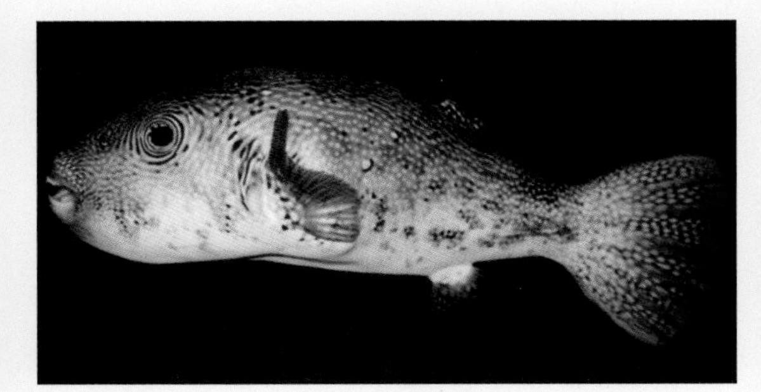

成鱼

条纹叉鼻鲀

分类：鲀形目，鲀科，叉鼻鲀属
拉丁名：*Arothron mappa*
俗名：花狗头。鱼体背部棕色，腹部色淡，眼睛周围的斑纹为放射状。栖息于珊瑚礁斜面潮流较大处，栖息水深10m左右。性格凶猛，以无脊椎动物、鱼类为食。最大体长：70cm。光照：柔和。分布：印度洋—太平洋。

细纹叉鼻鲀

分类：鲀形目，鲀科，叉鼻鲀属
拉丁名：*Arothron manilensis*
俗名：条纹狗头。背部灰褐色，腹部白色，体侧有8~20条黑褐色细纵纹。栖息于岩礁、珊瑚礁中层。性格凶猛，以无脊椎动物、鱼类为食。最大体长：50cm。光照：柔和。分布：印度洋—西太平洋热带海域。

星斑叉鼻鲀

分类：鲀形目，鲀科，叉鼻鲀属
拉丁名：*Arothron stelatus*
俗名：金狗头。幼鱼金黄色，散布暗色斑点；成鱼灰黑色，散布黑色斑点。栖息于珊瑚礁外缘斜面，有海流的地方，栖息水深10~20m。性格凶猛，以无脊椎动物、鱼类为食。最大体长：90cm。光照：柔和。分布：印度洋—太平洋。

横带扁背鲀

分类：鲀形目，鲀科，扁背鲀属
拉丁名：*Canthigster valentine*
俗名：日本婆。体侧有4条黑棕色横带和许多黄棕色圆斑。栖息于珊瑚礁斜面有潮流的地方，活动水深10~50m。性格凶猛，以无脊椎动物、小型鱼类为食。最大体长：20cm。光照：柔和。分布：印度洋—太平洋。

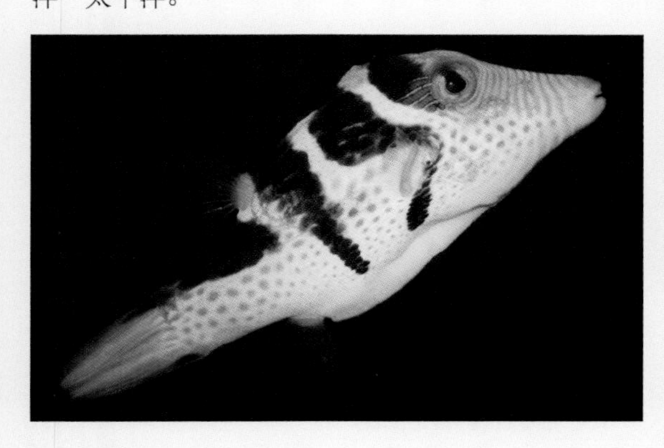

白斑扁背鲀

分类：鲀形目，鲀科，扁背鲀属
拉丁名：*Canthigaster janthinoptera*
俗名：珍珠日本婆。鱼体红棕色，散布大小不一的蓝色至白色小斑点，眼睛周围具放射状蓝色细纹。栖息于珊瑚礁水深5m左右的浅水处。性格凶猛，以无脊椎动物、小型鱼类为食。最大体长：9cm。光照：明亮。分布：太平洋。

花冠扁背鲀

分类：鲀形目，鲀科，扁背鲀属
拉丁名：*Canthigaster coronate*
俗名：花婆。鱼体灰色，体侧具3条带橘红色边缘的黑色横带。栖息于岩礁及珊瑚礁斜面有海流的地方，栖息水深10m左右。性格凶猛，以无脊椎动物、鱼类为食。最大体长：13cm。光照：柔和。分布：印度洋—太平洋。

贝氏扁背鲀

分类：鲀形目，鲀科，扁背鲀属
拉丁名：*Canthigaster bennetti*
体背部灰褐色，腹部灰白色。栖息于岩礁海域水深10m处。性格凶猛，以无脊椎动物、鱼类为食。最大体长：10cm。光照：柔和。分布：印度洋—太平洋热带海域。

索氏扁背鲀

分类：鲀形目，鲀科，扁背鲀属
拉丁名：*Canthigaster solandri*
鱼体褐色，全身布满天蓝色小圆点，背鳍基部有一个带蓝边的黑色眼斑。栖息于珊瑚礁海域水深5~20m处。性格凶猛，以无脊椎动物、鱼类为食。最大体长：11cm。光照：柔和。分布：印度洋—西太平洋。

点斑扁背鲀

分类：鲀形目，鲀科，扁背鲀属
拉丁名：*Canthigaster amboinensis*
鱼体褐色，全身布满蓝色小斑点，眼睛周围具放射状蓝色细纹。栖息于珊瑚礁外缘水深5m左右。性格凶猛，以无脊椎动物、鱼类为食。最大体长：15cm。光照：明亮。分布：印度洋—太平洋。

水纹扁背鲀

分类：鲀形目，鲀科，扁背鲀属
拉丁名：*Canthigaster rivulata*
俗名：花婆。鱼体背部黑褐色，腹部灰褐色，自眼眶下方至尾柄上方有一条暗色纵带。栖息于岩礁海域水深5m左右。性格凶猛，以无脊椎动物、鱼类为食。最大体长：20cm。光照：明亮。分布：太平洋热带和亚热带海域。

凹鼻鲀

分类：鲀形目，鲀科，凹鼻鲀属
拉丁名：*Chelondon patoca*
俗名：深水炸弹。背部黄褐色布满圆形白斑，背部有3条黑色横带，腹部白色。栖息于沿岸泥沙底质上。性格凶猛，以甲壳类、贝类、多毛类、鱼类为食。最大体长：10cm。光照：柔和。分布：西太平洋、大西洋、印度洋热带海域。

豹纹东方鲀

分类：鲀形目，鲀科，东方鲀属
拉丁名：*Takifugu pardalis*

俗名：豹纹深水炸弹。鱼体灰白色，全身散布白色斑点。栖息于岩礁海域水深10m左右。性格凶猛，以鱼类、无脊椎动物为食。最大体长：35cm。光照：明亮。分布：西北太平洋。

其他

在鱼类分类学上。那些血缘关系比较疏远，且家族又不兴旺的鱼类，现把它们归纳在一起介绍。它们中间不乏身怀绝技的种类，有神枪手——射手鱼，有鲨鱼伴侣——印鱼，有……

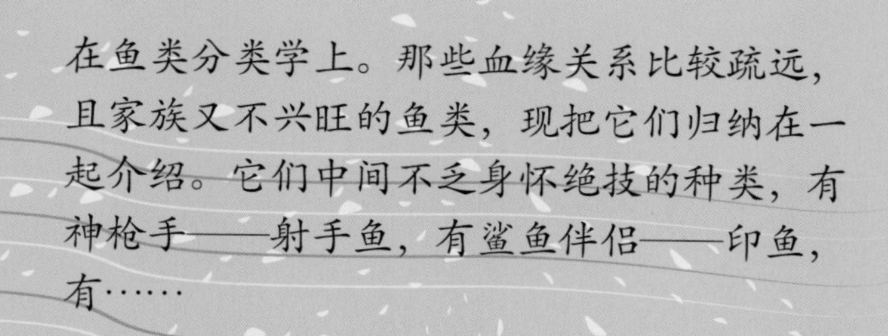

蓝带海鲫

分类：鲀形目，海鲫科，海鲫属
拉丁名：*Embiotoca lateralis*
俗名：海鲫鱼。鱼体灰褐色，每一鳞片下方为蓝色并由此形成许多细蓝色纵纹。栖息于岩礁海域。性格温柔，以无脊椎动物为食。最大体长：39cm。光照：柔和。分布：东部太平洋。

银汤鲤

分类：鲈形目，汤鲤科，汤鲤属
拉丁名：*Kuhlia mugil*
鱼体银色，尾鳍上下叶各有2条黑色纵带。栖息于沿岸波浪带海淡水混合处。性格温柔，以小型甲壳类、多毛类、小型鱼类为食。最大体长：12cm。光照：柔和。分布：印度洋—太平洋。

大舒

分类：鲈形目，舒科，舒属
拉丁名：*Sphyraena barracuda*
俗名：狗鱼。背部深蓝色或铁灰色，腹部银白色。栖息于水深10m的热带海域。性格凶猛，以鱼类为食。最大体长：2m。光照：柔和。分布：印度洋—太平洋。

遮目鱼

分类：鼠鱚目，遮目鱼科，遮目鱼属
拉丁名：*Chanos chanos*
俗名：遮目鱼。典型的纺锤形体型，全身银白色，眼大，脂眼睑厚且完全遮住眼睛。栖息于沿岸浅水处，河口区，有时也进入淡水水域。性格凶猛，以无脊椎动物、鱼类为食。最大体长：180cm。光照：柔和。分布：印度洋—太平洋。

灯眼鱼

分类：金眼鲷目，灯眼鱼科，灯眼鱼属
拉丁名：*Anomalops katoptron*
俗名：电光侠。鱼体黑色，眼下有一半月形白斑，有共生发光菌。白天栖息在岩礁洞穴中，晚上趁

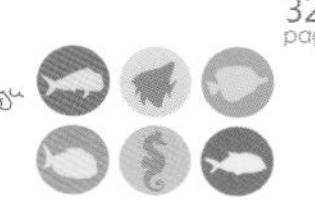

着夜色出来，眼下半月形的发光器便会发出幽幽蓝光，用以引诱浮游动物。性格温柔，以浮游动物为食。最大体长：11cm。光照：暗。分布：太平洋。

松球鱼

分类：金眼鲷目，松球鱼科，松球鱼属
拉丁名：*Monocentris japonicus*
俗名：金菠萝。头部无鳞，下颌有一发光器，内有共生发光菌。在黑暗条件下可以发出蓝绿色光，用以诱食小型甲壳类。栖息于岩礁海域洞穴之中，栖息水深10m左右。性格温柔，以浮游动物、甲壳类为食。最大体长：16cm。光照：暗。分布：印度洋—西太平洋。

盘孔喉盘鱼

分类：喉盘鱼目，喉盘鱼科，盘孔喉盘鱼属
拉丁名：*Discotrema crinophila*
鱼体黑色，有3条黄白色纵带贯穿背部。栖息于珊瑚礁海域浅水处，与海羊齿（一种棘皮动物）共生。性格温柔，以浮游动物为食。最大体长：5cm。光照：柔和。分布：太平洋。

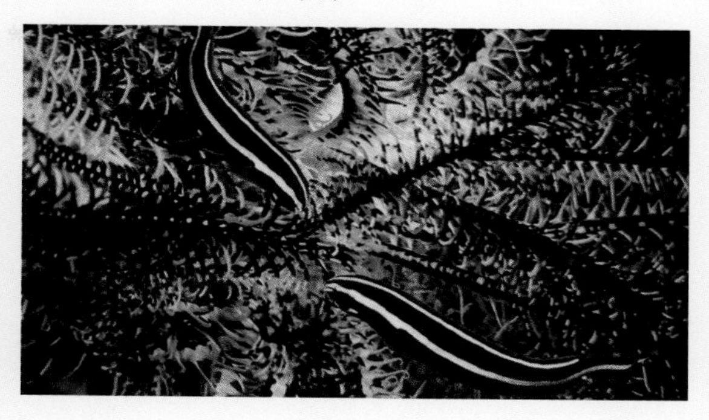

六带线纹鲈

分类：鲈形目，线纹鱼科，线纹鱼属
拉丁名：*Grammistes sexlineatus*
俗名：包公。鱼体黑褐色，体侧有多条黄色至白色纵带。栖息于珊瑚礁水深15m左右的洞穴中。性格凶猛，以甲壳类、鱼类为食。最大体长：27cm。光照：柔和。分布：印度洋—太平洋。

幼鱼

成鱼

细鳞鯻

分类：鲈形目，鯻科，鯻属
拉丁名：*Terapon jarbua*
俗名：丁公。背部灰褐色，腹部银白色，体侧有3条弧形纵带。栖息于沿岸浅水至河口区海淡水混合处，有时也能进入淡水中。性格凶猛，以甲壳类、鱼类、底栖无脊椎动物为食。最大体长：23cm。光照：柔和。分布：印度洋—太平洋。

长䲟

分类：鲈形目，䲟科，䲟属
拉丁名：*Echeneis naucrates*
俗名：吸盘鲨。鱼体灰白色，体侧有一条黑色纵带，头顶有一吸盘由第一背鳍演变而成。栖息于近海水深10m以内的浅水处。性格凶猛，利用吸盘可以牢牢地吸附在大型和轮船上，平时就吃一些大鱼遗漏的残渣余孽和船上扔下来的食物垃圾，遇到食物丰盛的海域也会自行脱离大鱼主动捕食鱼类。最大体长：100cm。光照：明亮。分布：全世界热带、亚热带、温带海域。

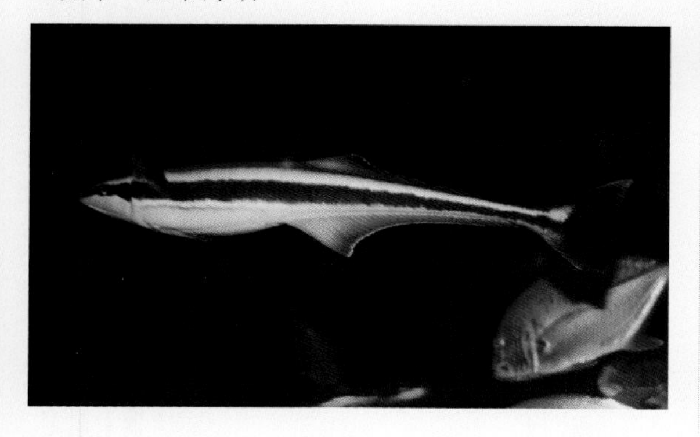

吸盘

短须石首鱼

分类：鲈形目，石首鱼科，叫姑鱼属
拉丁名：*Umbrina roncador*
俗名：美国红鱼。鱼体背部灰黑色，腹部银白色，颏下有短须，口内牙齿呈绒毛状。生活在热带和亚热带沙质沿海。性格温柔，以无脊椎动物为食。最大体长：50cm。光照：柔和。分布：墨西哥湾。

银大眼鲳

分类：鲈形目，大眼鲳科，大眼鲳属
拉丁名：*Monodactylus argenteus*
俗名：黄鳍鲳。鱼体银色，背鳍、臀鳍的末梢黄色。栖息于河口区海淡水混合处，有时也进入淡水。性格温柔，以甲壳类、海藻为食。最大体长：25cm。光照：明亮。分布：印度洋—太平洋。

油脂大眼鲳

分类：鲈形目，大眼鲳科，大眼鲳属

拉丁名：*Monodatylus sebae*

俗名：蝙蝠鲳。鱼体呈菱形，幼鱼灰色，体侧有2~3条黑色纵带，成鱼褐色，纵带消失。栖息于河口区海淡水混合处。性格温柔，以无脊椎动物、藻类为食。最大体长：20cm。光照：柔和。分布：非洲西部和大西洋沿岸。

短鳍鮠

分类：鲈形目，鮠科，鮠属

拉丁名：*Kyphosus lmbus*

俗名：柠檬。鱼体灰色,体侧有银色纵纹，身上带有斑点的是“警察”，它的职责是将混入鱼群中的其他鱼类赶出去。成群游弋于岩礁、珊瑚礁海域浅水处。性格温柔，以无脊椎动物、藻类为食。最大体长：40cm。光照：柔和。分布：印度洋—太平洋。

射水鱼

分类：鲈形目，射水鱼科，射水鱼属

拉丁名：*Toxotes jaculatorix*

俗名：高射炮。鱼体银白色，体侧上部有数个黑斑。栖息于河口区和红树林附近，有时也进入淡水中生活。性格凶猛，以浮游动物、水生昆虫、甲壳类、鱼类为食。最大体长：20cm。光照：柔和。分布：印度洋—太平洋。

斑点鸡笼鲳

分类：鲈形目，鸡笼鲳科，鸡笼鲳属

拉丁名：*Drepane punctata*

鱼体银灰色，体侧有由小黑点组成的4~11条横带，各鳍浅黄色。栖息于岩礁海域的底层，广盐性，偶尔进入淡水中。性格温柔，以底栖无脊椎动物、海藻为食。最大体长：50cm。光照：柔和。分布：印度洋—西太平洋的温带与热带海域。

金钱鱼

分类：鲈形目，金钱鱼科，金钱鱼属

拉丁名：*Scatophagus argus*

俗名：红金鼓。幼鱼鱼体褐色，体侧有许多大小不一的黑斑；成鱼后鱼体银白色，体侧布满黑色小斑点。栖息于河口区海淡水混合处，有时也进入淡水。性格凶猛，以无脊椎动物、海藻为食。最大体长：40cm。光照：柔和。分布：印度洋—太平洋。

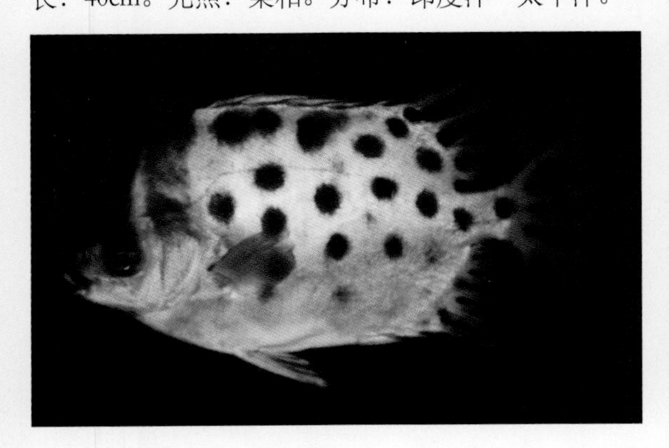

多带金钱鱼

分类：鲈形目，金钱鱼科，*Selenotoca*属

拉丁名：*Selenotoca multifasciata*

俗名：银鼓。鱼体银白色，背部有数条由斑点组成的黑色横带。栖息于河口区海淡水交汇处。性格凶猛，以无脊椎动物、藻类为食。最大体长：40cm。光照：柔和。分布：印度西太平洋。

细刺鱼

分类：鲈形目，蝎鱼科，细刺鱼属

拉丁名：*Microcanthus strigatus*

俗名：柴鱼。鱼体淡黄色，体侧有5条黑色纵带。栖息于岩礁海域。性格温柔，以小型无脊椎动物为食。最大体长：20cm。光照：明亮。分布：西太平洋。

条石鲷

分类：鲈形目，石鲷科，石鲷属

拉丁名：*Oplegnathus fasciatus*

俗名：条石鲷。鱼体灰黄色，雌鱼和幼鱼体侧有7条黑色横带，雄鱼头部黑色，体侧无黑色横带。栖息

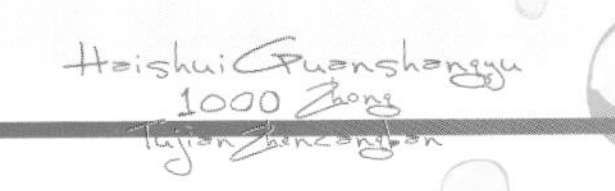

于岩礁海域水深30~50m处。性格凶猛，以贝类、海胆、海藻为食。最大体长：80cm。光照：柔和。分布：西北太平洋—东部太平洋。

斑石鲷

分类：鲈形目，石鲷科，石鲷属
拉丁名：*Oplegnathus punctatus*

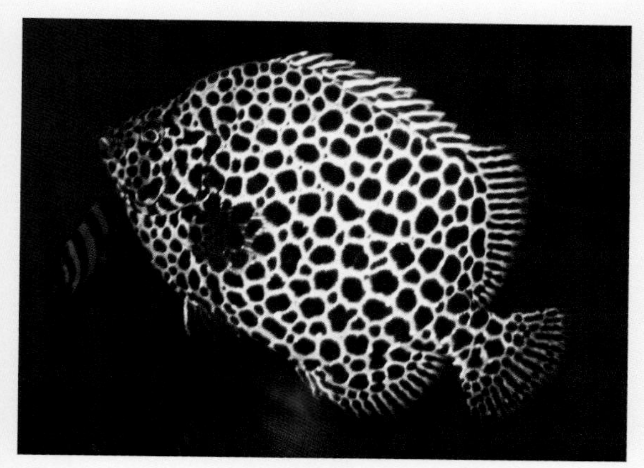

幼鱼

成鱼

俗名：海胆鲷。全身布满不规则的黑色斑点。栖息于岩礁海域水深10米处。性格凶猛，以贝类、海胆、海藻为食。最大体长：86cm。光照：柔和。分布：太平洋。

军曹鱼

分类：鲈形目，军曹鱼科，军曹鱼属
拉丁名：*Rachycentron canadum*
俗名：海鲡。鱼体褐色，体侧中央有一条黑色纵带。全世界仅此一属一种。栖息于大陆架外缘的近海。性格凶猛，以甲壳类动物、鱼类为食。最大体长：200cm。光照：柔和。分布：除东太平洋外，遍及其余热带与亚热带海域。

毛背鱼

分类：鲈形目，毛背鱼科，毛背鱼属
拉丁名：*Trichonotus setigerus*
俗名：丝鳍鱚。鱼体棕色，体侧有不明显的黑斑，同时散布许多黄色斑点。栖息于潮间带水深15m左右的沙质海底。性格温柔，以小型底栖无脊椎动物为食。光照：柔和。分布：印度洋—西太平洋。

黄头后颌鰧

分类：鲈形目，后颌鱼科，后颌鰧属

拉丁名：*Opistognathus aurifrons*

俗名：美国大帆古B。鱼体灰白色，头部黄色，各鳍蓝灰色。栖息于岩礁海域的洞穴中，常出来以直立的姿态游泳。性格温柔，以无脊椎动物、小型鱼类为食。最大体长：10cm。光照：柔和。分布：大西洋。

长副海蛾鱼

分类：海蛾鱼目，海蛾鱼科，副海蛾鱼属

拉丁名：*Parapegasus natans*

俗名：飞机鱼。鱼体灰色有黑色斑纹，身体延长，吻特别凸出，胸鳍宽大，尾柄细长。栖息于岩礁、珊瑚礁沙质海底，栖息水深5m左右。性格温柔，以底栖无脊椎动物为食。最大体长：10cm。光照：明亮。分布：西北太平洋、西太平洋以及澳大利亚南部海域。

金眼拟棘鲷

分类：金眼鲷目，金眼鲷科，金眼鲷属

拉丁名：*Centroberyx rubricaudus*

俗名：锦灯鱼。鱼体粉红色，眼大，夜行性。栖息于岩礁海域水深100~800m处。性格凶猛，以小型无脊椎动物、鱼类为食。最大体长：20cm。光照：柔和。分布：中国台湾。

红金眼鲷

分类：金眼鲷目，金眼鲷科，金眼鲷属

拉丁名：*Beryx splendens*

俗名：金眼鲷。背部红色，腹部银灰色，口大，眼大。栖息于岩礁海域水深100~300m处。性格凶猛，以无脊椎动物、鱼类为食。最大体长：50cm。光照：柔和。分布：印度洋—太平洋。

红目大眼鲷

分类：鲈形目，大眼鲷科，牛目鲷属
拉丁名：*Cookeolus boops*
俗名：大眼鲷。鱼体红色，体侧有暗色斑纹，腹鳍特别大，眼大，口大。栖息于100m以内的海域。性格凶猛，以底栖无脊椎动物、鱼类为食。最大体长：30cm。光照：柔和。分布：印度洋—西太平洋。

远东海鲂

分类：海鲂目，海鲂科，海鲂属
拉丁名：*Zeus faber*

俗名：靶心。成鱼背鳍延长呈丝状，体侧中央有一黑色眼斑。栖息于岩礁海域水深30~200m的底层鱼类。性格凶猛，以无脊椎动物、鱼类为食。最大体长：50cm。光照：柔和。分布：各海域。

背点棘赤刀鱼

分类：赤刀鱼总科，赤刀鱼科，棘赤刀鱼属
拉丁名：*Acanthocepola limbata*
俗名：红带。体长约为体高的4倍，鱼体红色，背鳍前端有一个带白边的深红色或黑色斑点。体侧具多条黄色横带。栖息水深80~100m的泥沙海底。性格凶猛，以鱼虾为食。最大体长：41cm。光照：明亮。分布：西太平洋。

参考文献

阿部正之. 1997.海水鱼·海の无脊椎动物1000种图鉴.日本：株式会社ピヘシヘピ.

H.H. 朱波夫. 1965.海洋学常用表.北京：科学出版社.

刘瑞玉. 2008.中国海洋生物名录. 北京：科学出版社.

南海水产研究所，厦门水产学院，中科院海洋所. 1979.南海诸岛海域鱼类志.北京：科学出版社.

沈士杰.1993.台湾鱼类志.台北：台湾大学动物系.

苏永全，等. 2011.台湾海峡常见鱼类图谱.厦门：厦门大学出版社.

汪松，解炎. 2009.中国物种红色名录.北京：高等教育出版社.

谢从新. 2010.鱼类学.北京：中国农业出版社.

中科院动物研究所.1962.南海鱼类志.北京：科学出版社.

朱元鼎.1963.东海鱼类志.北京：科学出版社.